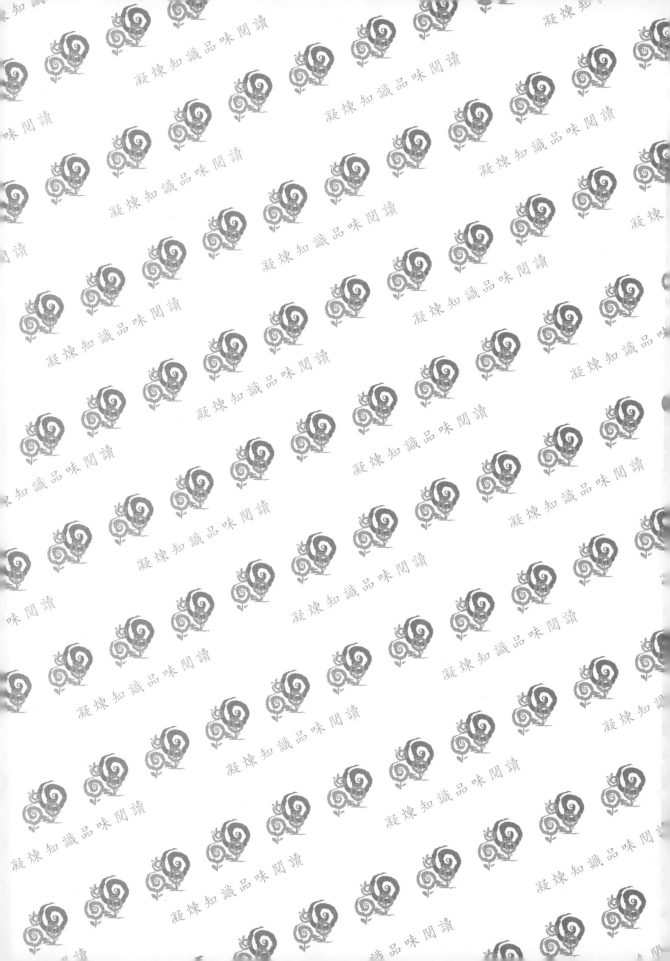

VCSEL
技術原理與應用

| 第二版 |

盧廷昌、尤信介・著

五南圖書出版公司 印行

第二版序

　　從2019本書第一版付梓到現在這個時刻，全球因為Covid-19新冠肺炎的嚴重影響，從大規模城市到國家的封鎖，從個人健康威脅與疫苗注射到許多人的求學、就業與生活都必須被迫改變，讓這個世界變得很不一樣了。在此期間，數位科技扮演了人們為了應付此突如其來的大變化一個相當重要的角色，我們開始習慣於網上購物、線上學習與視訊會議，各式各樣的機器人、無人機與自動駕駛的技術逐漸應用到我們生活周遭，最近OpenAI展示的生成式AI更開啟了人工智慧的新一波榮景；很慶幸VCSEL的優異特性與持續的發展和演進，讓其應用到前述的許多場景，尤其是近年來的資料中心的光連結，5G、6G通訊以及3D感測與自動駕駛對VCSEL的需求越來越大，也因此促成作者能夠在此刻再版此書。在此版本中更正了這幾年來所發現而累積到目前的錯誤，並在新版中加上VCSEL一些新的進展，希望此版本能提供學生、研究學者、老師與業界人員一本深入淺出介紹VCSEL各方面技術的書籍，也希望讀者能不吝回饋與指教本書仍可能存在的謬誤。

　　最後，非常感謝五南出版社對此書的再版，作者盧廷昌要感謝國立陽明交通大學光電系與穩懋半導體的支持，以及要深深感謝這位不但持續支持全心投入在工作、教學、研究還要寫書而無暇顧家的我、而且仍不斷給我鼓勵往前衝刺的妻子——詠梅。作者尤信介要感謝加州大學洛杉磯分校工學院副院長暨電機系諾斯洛普講座劉佳明教授在出版專書經驗分享與教學研究工作上的鼓勵。

盧廷昌
尤信介
2023年於新竹陽明交大

　　自從日本東京工業大學伊賀健一教授在1979年首次成功製作出垂直共振腔面射型雷射（vertical cavity surface emitting lasers, VCSELs）以來，這個全新結構且具備眾多優異操作特性的雷射元件迅速成為各大光電產業及研究機構競相投入開發的新興領域。面射型雷射也在1990年代中期成功商品化，早期主要應用於短距離光纖通訊收發模組主動光源，也成為推動90年代末期進入網路資訊化社會的主要原動力之一。由於發展過於迅速，且電子商務剛處於萌芽階段，對頻寬需求較大的數位內容相關產業尚未建立，入口網站獲利模式也還不夠明確，因此在21世紀初出現網路泡沫化危機，對寬頻網路的需求一度停滯，並且有許多已經佈建完成的光纖網路也處於閒置狀態未曾被啟用，連帶影響光收發模組需求導致許多原先從事面射型雷射研發生產製造的廠商相繼終止投資，並面臨部門裁撤甚至被購併的危機。此時開始有廠商將面射型雷射應用於感測器相關用途，開啟另一項潛在市場規模更大的應用。

　　在2007年起由於智慧型手機開始逐漸普及，社群網站與數位內容影音串流等對高速網路頻寬需求迫切的應用陸續浮現，同時各國網路服務供應商也積極佈建光纖到府等最後一哩（last mile）網路接取基礎建設，因此光通訊模組市場再度活絡，且需求較網路泡沫化之前的高峰期還要可觀，不僅是網路服務需求，數據中心與數位裝置高速傳輸介面也逐漸需要仰賴面射型雷射作為具成本效益且低功耗、高性能的傳輸模組主動光源。雖然在2014年就開始有智慧型手機裝設面射型雷射作為相機對焦輔助光源，但是在2017年，全球智慧型手機獲利龍頭廠商首次在旗艦機款搭載具備多顆面射型雷射主動光源的3D景深辨識系統，瞬間將面射型雷射的市場需求推升到前所未有的高度，隨著主要手機製造商的跟進，目前面射型雷射在感測器相關用途的需求已經超越光通訊模組，並且隨著第5代行動通訊（5G）網路的佈建，人工智慧與物聯網AIoT、自駕車技術以及擴增／虛擬實境AR/VR的蓬勃發展，對VCSELs的需求總數還有可能持續攀升。

　　臺灣學術研究單位與光電產業很早就投入面射型雷射技術研發，在過去20幾年來已經累積相當豐碩的研究成果與量產經驗。目前在面射型雷射領域已經建立完整的上游磊晶成長、中游晶粒製造以及下游封裝模組的產業鏈，所欠缺的部分環節在於最上游的研發人才培育以及最後段的產品出海口系統應用端，這也是附加價值最大的一環，因此為了提升面射型雷射產業整體競爭力，有必要吸引更多優秀人才投入先進技術研究以及產品應用開發。本書主要目的即在於提供光電相關領域研發人員，以及具備基礎知識的學生及產業分析、產品設計人員一個深入了解面射型雷射技術發展的管道，希望有助於提升並強化相關產業的競爭力。

　　本書主要針對大專院校及研究所具備物理、電子電機、材料、半導體與光電科技相關背景的學生以及相關產業研發人員，提供一個進階課程所需的參考書籍，同時部分章節中附以範例與章節習題，除了可以幫助讀者在研讀時易於了解章節的重點外，亦可當作教授大四及研究所以上的教科書使用。全書共分為七章，第一章介紹面射型雷射發展歷程，第二章簡要說明半導體雷射的基本操作原理，以最早被發明的邊射型雷射（edge emitting laser, EEL）為基礎，先介紹p-n雙異質接面的操作特性；接著再介紹半導體雷射主動層中電光轉換的部分，也就是增益介質將光放大的特性，之後則討論雷射振盪的條件以及介紹半導體雷射的速率方程式，引入載子生命期、光子生命期、自發性輻射因子等參數，列出載子密度與光子密度的速率方程式來推導半導體雷射的閾值條件與輸出特性。第三章針對面射型雷射結構設計考量，主要於介紹垂直共振腔面射型雷射的原理、設計、結構與發展現況，其中包含面射型雷射中重要的高反射率反射鏡DBR（distributed Bragg reflector）的設計與適當的材料選擇，此外對於垂直共振腔面射型雷射的設計概念、操作特性與溫度效應做詳細的說明，並介紹光學微共振腔的效應。第四章中，我們將運用載子濃度與光子密度的速率方程式，來了解雷射操作特性隨時間變化的動態行為。依受到外部調制的大小區分為大信號與小信號分析；在小信號分析裡，我們可以獲取半導體雷射的各種輸出特性的變化量對應於輸入參數的變化量，我們將介紹半導體雷射系統因為載子濃度與光子密度的速率方程式互相耦合所產生的共振現象，並推導其在共振時的振盪頻率即弛豫頻率以及其所對應的截止頻率或調制響應的頻寬，接著再介紹當半導體雷射操作在大電流或是高雷射輸出功率時所產生的非線性增益飽和的現象，以及其對半導體雷射的弛豫頻率與調制響應頻寬的影響，然後再討論載子濃度與光子密度在小信號近似下隨時間變化的暫態解。在大信號分析的介紹中，會先討論半導體雷射在瞬間輸入電流導通時產生延遲輸出的原因以及眼圖的概念。而在大信號分析的介紹中，會衍伸出所謂的雷射輸出信號啁啾的現象，為了說明這個現象，我們將介紹所謂的線寬增強因子在半導體雷射中產生的原因與影響，接著就會推導出半導體雷射光在頻譜量測中得到的發光線寬，以了解線寬增強因子在半導體雷射中所扮演的重要角色。最後，將介紹相對強度雜訊的起源與影響，以及和半導體雷射中弛豫振盪的關係。第五章著重於目前最廣泛應用的砷化鎵系列材料面射型雷射製程技術，特別是選擇性氧化面射型雷射製程技術介紹；第六章探討長波長面射型雷射製作技術以及在光通訊、光資訊以及感測技術上的應用；最後第七章主要介紹短波長的藍綠光、紫光和紫外光氮化鎵面射型雷射發展。寬能隙藍光氮化鎵材料及其相關的光電元件發展在最近十年內一直是熱門的研究議題，由於氮化鎵材料並無晶格匹配的基板，因此在磊晶成長高品質氮化鎵薄膜始終面臨了高缺陷密度的問題，加上高濃度的p型氮化鎵製作不易，使得氮化鎵相關的光電元件發展相較於一般三五族材料緩慢許多。現今氮化鎵藍光邊射型雷射已發展相當成熟，並且已有商品化的出現，然而相較於藍光邊射型雷射而言，藍光VCSEL的發展卻非常緩慢，其中重要的關鍵在於缺少晶格匹配的基板與高反射率的氮化鎵DBR反射鏡製作困難，我們將在本章介紹藍紫光VCSEL的技術發展。

　　本書的部分內容源自作者之一盧廷昌由五南圖書於2008年出版的《半導體雷射導論》以及2010年出版的《半導體雷射技術》。之後，五南圖書編輯部常與我聯繫，希望我能就其他種類的雷射編寫教科書或專業文獻，只是礙於繁重的教學與研究工作，一直無法答應，直到這兩年VCSEL的元件需求迅速攀高，加上作者之一的尤信介欣然同意加入撰寫此書的行列，才能應五南圖書王正華主編的邀請將編撰本書的具體行動付諸實現。

　　我們想感謝交通大學光電系和光電學院提供良好的環境，讓作者得以在不受打擾的氛圍中埋首寫作！本書的完成經歷了許多人的參與協助，特別感謝五南圖書的編輯部門能迅速將我們的初稿編輯成冊。作者之一盧廷昌要感謝指導教授交大光電系的王興宗老師帶領進入半導體雷射的領域，並持續鼓勵與支持其研究工作，同時也要感謝交大光電系的同仁們的支持與協助，而博士班的學生祖齊、振庭在藍光面射型雷射、高速操作分析等內容的提供，為本書增添不少可讀性。作者之一的尤信介要感謝在工研院光電所實習期間參與經濟部科專計畫與國合計畫VCSEL技術研發團隊的指導與協助，包含郭浩中教授、張慶安博士、宋嘉斌博士、楊泓斌博士、祁錦雲博士、林國瑞博士、邱舒偉博士、王智祥博士、吳易座博士、江文章博士、黃俊元博士、賴芳儀博士、張亞銜博士、李晉東博士、陳奕良博士以及俄羅斯科學院Ioffe Institute Dr. A. R. Kovsh, Dr. N. A. Maleev, Dr. S. S. Mikhrin, Dr. D. A. Livshits, Prof. M. Kokorev等，以及成功大學蘇炎坤教授、許渭州教授與張守進教授和在美國進行科技部補助博士後研究計畫期間UCLA電機系王康隆院士與史丹佛大學電機系Prof. J. S. Harris及實驗室團隊成員的諸多協助。

　　最後，作者盧廷昌要深深感謝在教學、研究還要寫書的過程中不斷給我鼓勵和支持的妻子詠梅。

盧 廷 昌

國立交通大學光電系特聘教授兼系主任

尤 信 介

國立交通大學照明與能源光電研究所助理教授

目　錄（Contents）

第 1 章 垂直共振腔面射型雷射的發展

1.1　雷射發展歷史

　　LASER 是「light amplification by stimulated emission of radiation」的縮寫，臺灣音譯為雷射，中國大陸意譯為激光，意指光在受激發放大情況下所產生的同調光源。在 1964 年諾貝爾物理獎頒發給公認雷射理論奠基者包含 Charles Townes，Nikolay Basov 與 Alexander Prokhorov 三人之前，不同種類的雷射以及相關專利已經陸續被實際製作出來，包括 1960 年在休斯實驗室（Hughes Research Laboratories）任職的梅曼（Theodore Maiman）[1] 利用閃光燈脈衝光源激發紅寶石晶體產生有史以來第一道人造的同調光源，發光波長為 694.3 nm，同一年任職於美國電話電報公司（AT&T）貝爾實驗室（Bell Lab.）的 Ali Javan，William Bennett 和 Donald Herriott 成功製作了第一台利用氦氣和氖氣作為增益介質的氣體雷射（HeNe laser）[2]，這也是第一個連續波（continuous wave, CW）操作的雷射光源，發光波長為 1153 nm[3]，半年後另一團隊所製作的氦氖雷射發光波長 632.8 nm 成為稍後較為普遍被採用的紅光雷射光源 [4]。

　　Ali Javan 與 Nikolay Basov 提出利用半導體材料製作雷射二極體的構想，但是稍早在 1956 年的時候日本東北大學的西澤潤一教授已經提出雷射二極體的專利申請，甚至比 1958 年 Gordon Gould 提出 LASER 名詞縮寫的時間都還要更早。在 1962 年 Robert N. Hall 首次利用砷化鎵（GaAs）材料同質接面（homojunction）結構製作出第一個雷射二極體 [5]，發光波長為 842 nm，可以在 77 K 液態氮溫度下脈衝操作（pulse operation），同年 Nick Holonyak Jr. 教授在任職於通用電氣公司（General Electric Co.）時率先採用磷砷化鎵（GaAsP）製作出第一個可見光波段的紅光半導體雷射二極體 [6] 並發明了第一個紅光發光二極體（light emitting diodes, LED），在 1962 年底前 GE 已經開始販售 Robert N. Hall 開發的砷化鎵雷射二極體和 Nick Holonyak Jr. 教授開發的磷砷化鎵雷射二極體與發光二極體，其中紅光 LED 一顆售價 260 美元，砷化鎵紅外光雷射二極體售價 1300 美元，磷砷化鎵紅光雷射二極體售價 2600 美元，同時期德州儀器公司（Texas Instruments, TI）販售的砷化鎵紅外光發光二極體售價為 130 美元 [7]。

　　在 1969 年時任職於貝爾實驗室的林嚴雄（Izuo Hayashi）和 Morton Panish 利用 P 型砷化鋁鎵─砷化鎵單異質接面結構（p-AlGaAs/p-GaAs heterostructure）首次製作出可以在室溫下連續波操作的半導體雷射二極體 [8][9]，任職於美國無線電公司 RCA 的 Henry

Kressel 也採用類似結構 [10]，同時期 Zhores I. Alferov 和 Herbert Kroemer 分別在俄國和美國發展出具有雙異質接面結構（double heterostructure, DHS）的半導體雷射 [11] 與高速雙載子電晶體（heterojunction bipolar transistor, HBT）製作技術，採用該方法作為半導體雷射主動層增益介質可以有效提升注入載子侷限（carrier confinement）能力，顯著降低達到雷射輸出所需的閾值電流（threshold current）值，該技術迅速提升半導體雷射操作特性，使得雷射技術更為實用，因此兩人連同積體電路發明人之一的 Jack Kilby 共同獲頒 2000 年諾貝爾物理獎。

　　時至今日有許多不同的材料可以用來作為雷射操作所需的增益介質，包括各種固態晶體（例如最早發出雷射光的紅寶石雷射、摻釹釔鋁石榴石雷射 Nd:YAG laser[12]）、氣體（例如氦氖雷射、二氧化碳雷射等）、染料雷射、化學雷射、準分子雷射、光子晶體雷射、光纖雷射甚至不需要增益介質直接藉由調控電子運動發出同調的電磁波的自由電子雷射，但是其中應用範圍最廣泛的仍然非半導體雷射二極體莫屬。

圖 1-1　黑色長方形物體為半導體光激光譜研究用氬離子（Ar^+）雷射，前方透明盒裝為 100 顆 TO 封裝紅光半導體雷射二極體，體積差異顯著

　　半導體雷射已經成為現代資訊社會中最重要的光源之一，也是引領人們進入網路資訊數位時代不可或缺的原動力。目前半導體雷射在電子資訊領域最重要的應用可大致區分為光資訊與光通訊兩大主軸；而依照元件結構的主要差異，半導體雷射又可區分為邊射型雷

射（edge emitting laser, EEL）與垂直共振腔面射型雷射。其中較晚開始發展的面射型雷射技術與傳統邊射型雷射結構相較之下具有許多先天上的優點，因此在光資訊與光通訊的應用上具有顯著的優勢。

1.2 面射型雷射發展歷程

早期所謂的面射型雷射（surface emitting laser, SEL）本質上仍然是邊射型雷射的延伸，基本上其元件結構的共振腔方向仍然與磊晶面互相平行，光子在水平方向的共振腔中來回震盪直到達到雷射增益閾值條件後從任一側的蝕刻或劈裂鏡面射出高準直性的同調光，再藉由共振腔外部利用蝕刻或其他製程方式形成的週期性光柵 [13]-[15] 或 45 度反射鏡面 [16]-[18]，使原本水平方向的雷射光束轉換成垂直方向，如下圖 1-2 所示。不過這類型的面射型雷射製程相當複雜且良率與操作特性都相對低落，許多額外的製程步驟需要克

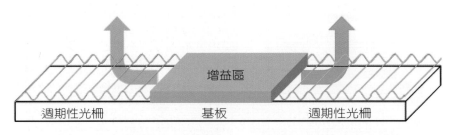

圖 1-2(a)　具週期性光柵結構的早期面射型雷射結構示意圖

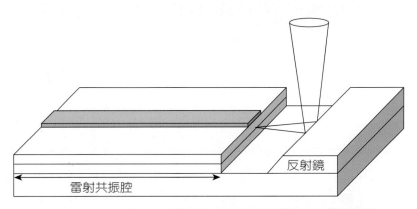

圖 1-2(b)　具 45° 反射鏡的早期面射型雷射結構示意圖

服，例如雷射鏡面與外部反射鏡之間的光軸對準、週期性光柵或鏡面蝕刻與高反射率薄膜蒸鍍、外部反射鏡角度微調等，每一項參數都會增加製程困難度並降低良率與可靠度，因此實際上這類技術並未獲得廣泛採用。

　　真正意義上的垂直共振腔面射型雷射（vertical cavity surface emitting lasers, VCSELs）結構是在 1977 年東京工業大學的伊賀健一（Kenichi Iga）教授等人所提出的概念 [19]，基本上該元件是由上下兩個高反射率的反射器夾著具有增益能力的活性層形成雷射共振腔結構，如下圖 1-3 所示。該雷射結構最關鍵的技術在於高品質的分布布拉格反射器（distributed bragg reflector, DBR）磊晶成長，基本上是藉由調整化合物半導體材料或介電質材料的化學組成，並週期性交錯排列這些不同折射率的材料，如果各層厚度精確控制在四分之一波長的奇數倍時，配合適當的光入射介面邊界值條件，通常是由高折射率材料入射低折射率材料的情況下，就可以形成高反射率鏡面。而當時的磊晶技術尚無法獲得符合雷射操作所需高反射率要求的 DBR，在 1979 年 H. Soda 和 Iga 教授與末松安晴（Yasuharu Suematsu）教授共同發表利用液相磊晶技術（liquid phase epitaxy, LPE）成長 GaInAsP–InP 磷砷化銦鎵─磷化銦材料所製作的第一個垂直共振腔面射型雷射 [20]，發光波長在 1.2 微米範圍，因為所採用的發光材料是磷化銦／磷砷化銦鎵系列材料雙異質接面結構，該材料組合導帶能障差異（conduction band offset, ΔE_c）較小所以對於注入載子侷限能力改善有限，因此初期只能在 77 K 液態氮冷卻的低溫環境下以脈衝方式操作，直到 1984 年改採用載子侷限能力更優異的砷化鎵／砷化鋁鎵系列材料，才在實驗室階段達成室溫下脈衝操作，發光波長為 874 nm[21]，在 1988 年由 Fumio Koyama 與 Iga 教授團隊進一步達成室溫下連續波操作 [22][23]，該團隊採用的磊晶成長技術已經由先前製作半導體雷射二極體時所用的液相磊晶法轉換為更先進的有機金屬化學氣相沉積法（metalorganic chemical vapor deposition, MOCVD，也稱為 metalorganic vapor phase epitaxy, MOVPE），這也是目前絕大多數化合物半導體發光元件及高速電子元件所採用的主流磊晶技術。大約同時期在 1989 年美國電話電報公司 AT&T Bell Lab.（貝爾實驗室）卓以和院士所帶領的研究團隊利用分子束磊晶技術（molecular beam epitaxy, MBE）成長全磊晶結構 VCSEL 元件，並採用離子佈植法製作注入載子侷限孔徑成功在室溫下達成電激發光連續波操作的成果。[24][25]

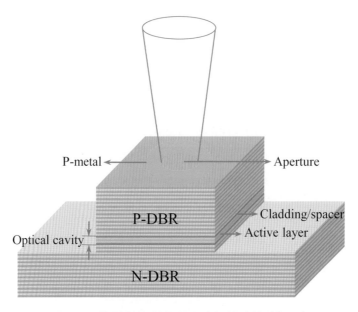

圖 1-3　典型垂直共振腔面射型雷射結構示意圖

圖 1-4　名古屋大學赤崎研究所展示 2014 年諾貝爾物理獎得主赤崎勇與天野浩建構之氮化鎵材
　　　　料磊晶用 MOVPE 系統

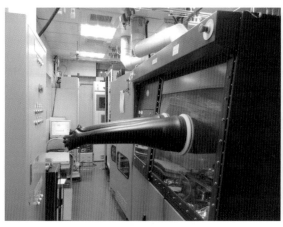

圖 1-5　目前光電產業磊晶成長多採用 MOCVD 系統為主，左圖為砷化鎵系列材料，右圖為氮化鎵系列材料 MOCVD 磊晶設備

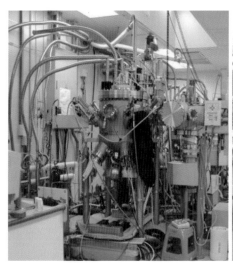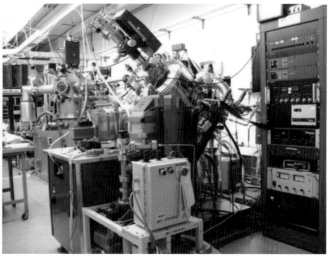

圖 1-6　學術研究機構採用分子束磊晶成長高品質光電半導體材料，左圖為串聯式三五族氮化物／砷化鎵 MBE，右圖為為串聯式矽鍺四族系列材料磊晶用 MBE。

　　面射型雷射製作技術也在 1980 年代中期開始成為眾多公司與研究單位積極發展的研究課題，包括早期擁有最多 VCSEL 相關專利的全錄公司在矽谷的 Palo Alto 研究中心 *Xerox PARC*（Xerox Palo Alto Research Center, Inc.）、Gore Photonics、Sandia 國家實驗室、Bellcore（Telcordia）等。在投入多年的研發人力與資源之後，1996 年起已有包括

Honeywell、Mitel、Emcore Mode、Agilent 和 Cielo 等公司推出多種商品化量產產品面市，並且在 1999 年全球 VCSEL 元件出貨量已經突破 1000 萬顆。然而相關的研究仍持續進行中，除了應用選擇性氧化技術製造紅外光光纖通訊用面射型雷射以外，可見光面射型雷射的相關研究也相當引人關注，特別是在 1998 年中村修二博士發表氮化鎵材料所製作的高效能藍光半導體雷射二極體後，如何製作涵蓋完整可見光頻譜範圍的紅、綠、藍光面射型雷射也成為具有高度挑戰性的研究主題。除了波長上的考量以外，如何提高調變頻寬以及製作單模輸出面射型雷射也是相當熱門的研究題目。

1.3　面射型雷射之優點

　　應用面射型雷射結構來製作可見光半導體雷射有許多優點。以光資訊的儲存應用而言，傳統可見光邊射型雷射（edge emitting lasers, EEL）應用在光碟機雷射讀寫頭光源時，經常遭遇到 COD（catastrophic optical damage）的問題，也就是雷射劈開鏡面因為光輸出功率密度較高因而產生致命的缺陷導致雷射元件失效。如果應用面射型雷射結構的話就可以避免這類問題，因為面射型雷射結構中的共振腔鏡面並不是單獨由劈開面所形成，而是由數對甚至數十對折射率不同的半導體或介電質材料交互堆疊而成，不會因為光輸出功率密度太高而導致鏡面損壞以致雷射失效。

　　除此之外面射型雷射與一般邊射型雷射相較之下具有許多的優點，因此近幾年來紅外光面射型雷射產品在光纖通訊應用方面的重要性已日漸凌駕於邊射型雷射之上，未來這些優勢亦將延伸到可見光範圍。現分述如下：

1. 可在晶圓階段測試

　　傳統邊射型半導體雷射由於先天結構上的限制，晶片在製程中必須經過劈裂才可形成與磊晶面平行的共振腔，有時候還需要在劈裂面上鍍上額外的鏡面鍍膜（facet coating）以提高反射率，再進行複雜的後續封裝及測試程序，如此將耗費大部分的生產成本後才能得知產品的發光品質，而一旦封裝好的雷射二極體經測試發現品質不良甚至無法發出雷射光，則封裝成本即屬完全浪費。

　　而 VCSEL 製程中的關鍵技術為磊晶成長品質的優劣，一旦完成該步驟，則其他後續的製程及檢測都將可在晶圓階段實現，例如在電極製作完成後即可進行發光功率—操作電流—電壓特性（L-I-V characteristics）、波長、電激發光光譜（electroluminescence spectrum, EL）、場型等各種操作特性測試，而不必將晶圓劈裂形成共振腔鏡面。這樣的測試與製程設備與積體電路製造相當類似，易於自動化，可節省大量人力、時間與成本，並有助於提高良率，較邊射型產品更加適合量產。

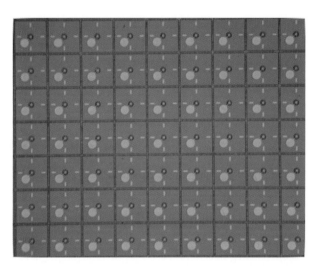

圖 1-7　已完成製程可供點測尚未切割之面射型雷射

2. 可獲得單一縱模輸出

　　VCSEL 共振腔長度通常設計為單一波長或波長的整數倍，而且可以藉由磊晶成長過程中精確的厚度控制來調整，縱模間隔達 600～800 Å 以上，因此僅有一個縱模能配合活性區的高增益而發光，相對而言，邊射型雷射共振腔長度一般藉由機械劈裂形成，通常長度無法太小，通常約在數百微米左右，若是高功率元件的話可能會達到釐米等級，相對較長的共振腔可以容許更多縱向模態在共振腔中形成駐波並獲得足夠增益成為雷射光輸出，而單一縱向模態對於光學儲存系統與單模光纖通訊傳輸模組而言是必要的光源條件，因此較短共振腔長度的面射型雷射可以輕易獲得單一縱模輸出的特性，比傳統邊射型雷射需要製作額外的分布布拉格反射器（distributed Bragg reflector, DBR）或分布回饋（distributed feedback, DFB）結構作為濾波器以獲得單一縱模輸出，更加適合用於光通訊用途。

3. 低閾值電流

　　VCSEL 活性區體積通常較傳統邊射型雷射元件更小，因此可以在較低注入電流的情況下就達到載子反轉分布（population inversion），滿足雷射操作的基本要求，再加上適當的共振腔結構設計，可以輕易使閾值電流降到 1 mA 以下，與傳統邊射型雷射最低約 20 mA 的閾值電流相較之下小許多，也因此面射型雷射的功率消耗通常比傳統邊射型雷射還要低的多。

4. 高輸出功率

　　由於面射型雷射通常單一元件的活性增益介質體積較傳統邊射型雷射要來的小，所以單一元件最高輸出功率一般小於邊射型雷射，但是與邊射型雷射相比，面射型雷射可以用陣列方式結合多顆元件來提高輸出功率。目前已有報導單一 VCSEL 元件在適當設計下可達到 100 mW 以上室溫連續輸出功率，如果將 VCSEL 製作成二維陣列（two dimensional array, 2D Array），最大輸出功率甚至可以達到 9.6 kW，已經可以用於工業用途例如熱加工、熱處理或其他雷射如光纖雷射的激發光源。

5. 低橫模輸出

　　VCSEL 共振腔自然基態輸出爲圓形 TEM_{00} 模態，與傳統邊射型雷射薄而寬的波導截面因爲繞射效應造成的橢圓型不對稱遠場圖形結果不同。而 VCSEL 的遠場發散角可以藉由製程及結構設計控制在約爲 9°～11°，經由適當設計，VCSEL 在 2.5 倍閾值電流驅動下的旁模抑制比（side mode suppression ratio, SMSR）可達到 40 dB 以上。單一橫模的傳輸模組雷射光源對於使用單模光纖而言相當重要，可有效降低色散損耗，提高光訊號傳輸距離與調變頻寬；此外對於光資訊儲存系統的讀寫頭光源而言，單橫模輸出也是相當重要的規格指標。

6. 高調變頻寬

　　單模 VCSEL 的調變頻寬可達 13 GHz 以上，而小訊號調變頻寬更可以提高到 40 GHz 的紀錄。在光通訊系統中光收發模組的調變頻寬愈大，表示單位時間內可以傳輸的資料量愈多，或者用更商業化的詞彙來說就是網路速度更快，因此在各種高畫質影音即時串流或者數據中心大容量資訊傳輸等需求日益普遍的情況下，面射型雷射所能提供的高速操作特性就成爲不可或缺的光收發模組主動光源技術。

7. 高溫操作特性

一般而言雷射二極體操作特性對溫度的變化相對敏感，同時也跟所採用的半導體材料有關。目前未加主動冷卻連續操作的 VCSEL 可以承受高達 200 ℃以上的操作溫度紀錄，但最佳操作溫度可以藉由改善共振腔設計及減少電子溢流而達到。

8. 易於形成一維或二維雷射陣列

以相位耦合的方式可以將 VCSEL 陣列的輸出光同調加成，進而獲得高輸出功率。同時 VCSEL 陣列也可以應用在分波長多工（wavelength division multiplexing, WDM），藉由個別 VCSEL 輸出波長差異透過同一條光纖可以同時傳送不同頻率的光脈衝訊號，可以有效提升單一光纖的傳輸速度，不再受限於單一雷射光源有限的調變頻寬。

9. 圓形光束輸出

傳統邊射型雷射活性區在鏡面上的剖面圖通常呈現扁平狀，由於活性層厚度很薄，光的繞射效應已經相當顯著，因此輸出雷射光的遠場發散角可達 30°～40°，並且呈橢圓形，在把雷射耦合至光纖時需要複雜的矯正透鏡組；而面射型雷射增益區通常設計為圓形，並且光輸出孔徑（aperture diameter）通常較邊射型雷射的快軸大，因此輸出遠場圖形（far field pattern）發散角較小且為接近圓形的幾何對稱圖案，容易聚焦耦合至光纖，因此可以節省許多矯正透鏡成本。而應用在光資訊的光學儲存系統時，圓形輸出光束更是不可或缺的元件特性，如能有圓形輸出光束則光學讀寫頭將可節省額外的矯正透鏡成本並簡化機構設計的困難度，提高單位面積資訊儲存容量，對於光儲存方面這是一個相當重要的優勢。

10. 體積小

VCSEL 與傳統邊射型雷射相較之下體積更小，可以藉由元件結構設計將長寬控制在數十微米左右，發光區面積可以藉由氧化侷限、離子佈植或蝕刻等方式控制在微米等級甚至奈米等級；而傳統邊射型雷射由於絕大多數需要靠機械方式劈裂以形成共振腔反射面，因此一般長度多在數百微米甚至毫米等級，而寬度從大面積（broad area）邊射型雷射的數十到上百微米，到脊狀波導（ridge waveguide）結構的數微米，雷射二極體晶粒尺寸（die size）可以相差數倍。體積縮小的好處是單位面積磊晶片在相同製程良率下可以產出更多的雷射二極體晶粒，更何況如前所述由於面射型雷射無須藉由晶粒劈裂來形成共振腔反射鏡，因此良率一般比傳統邊射型雷射高出許多，因此產量可以大幅提升，降低單價，這也是近年來消費性電子及可攜式數位裝置在使用雷射元件時 VCSEL 能脫穎而出的關鍵因素。

11. 較易與其他元件整合

　　VCSEL 反射鏡可以在磊晶成長時形成，因此可以在磊晶過程中將其他構成完整電路功能的元件也一併成長在基板上，例如異質接面雙載子電晶體（heterojunction bipolar transistor, HBT）、高電子移動率電晶體（high electron mobility transistor, HEMT）、金屬－半導體場效電晶體（MESFET）或 PIN 感光二極體、金－半－金光檢測器（metal-semiconductor-metal, MSM photodetector）等，然後在後續製程中可以利用蝕刻或離子佈植、鋅擴散（Zn diffusion）等方式定義不同的元件結構，再另外製作電極連接這些高頻元件與 VCSEL 等主動元件或光檢測器等被動元件，形成具有完整電路功能的模組或次系統，例如光收發模組。這個技術稱為光電積體電路（optoelectronic integrated circuits, OEIC），傳統邊射型雷射由於需要晶粒劈裂或額外蝕刻形成共振腔反射鏡，因此較難與其他元件整合成單石光電積體電路（monolithic optoelectronic integrated circuit），通常需要相對複雜的覆晶（flip-chip）、貼合（bonding）以及光路光軸對準等額外步驟，相較之下 VCSEL 的優勢就突顯出來。

圖 1-8　TO 封裝未封蓋之選擇性氧化面射型雷射元件與五十元硬幣之比較圖，插圖中箭頭所指處為面射型雷射晶粒，長寬高尺寸僅為 300 μm×300 μm×100 μm，下方較大方塊為矽感光二極體

由上述諸多優點即可了解為何面射型雷射能吸引如此多產業界及研究單位全力投入相關磊晶及製程技術開發工作。

1.4　面射型雷射初期研發進展

早期面射型雷射由於半導體磊晶技術尚在發展初期階段，因此還無法直接成長反射率符合雷射操作需求的全磊晶半導體分布布拉格反射器，以 Iga 教授團隊所發表的最早電激發光 VCSEL 元件為例，所採用的共振腔反射鏡面由金和二氧化矽材料所組成 [21]，由於該結構反射率和電流侷限能力較差，因此達到雷射增益所需的電流值較高，閾值電流大小為 510 mA。稍後該團隊採用圓形埋入式異質接面結構（circular buried heterostructure, CBH），並採用 TiO_2/SiO_2 做為其中一側的反射鏡，由於埋入式結構可以改善載子注入和侷限能力同時也提供光子侷限的折射率波導效果，而且 TiO_2/SiO_2 折射率差異 Δn 超過 1，因此只要鍍上少數幾個週期就可以獲得相當高的反射率，綜合上述的結構與製程改善，所製作的 VCSEL 共振腔長度為 7 μm，在室溫下脈衝操作閾值電流大小降低至 6 mA，如果在液態氮冷卻至 77 K 環境下甚至可以進一步降低到 4.5 mA 且連續波操作。[22]

兩年後 Iga 教授團隊改採用 MOCVD 磊晶成長技術，首次成功達成室溫下連續波操作的紀錄，該元件發光層厚度為 2.5 μm，整體共振腔長度為 5.5 μm，上方的分布布拉格反射器同樣採用 5 對的 TiO_2/SiO_2 做為反射鏡，下方則採用 $Au/SiO_2/TiO_2/SiO_2$，並藉由 MOCVD 二次成長埋入式結構來做為注入載子侷限方法，所製作的元件在室溫下操作閾值電流值約為 28～40 mA，最大輸出功率可達 12 mW。由於共振腔長度縮短，因此該元件可以發出單一縱模波長為 894 nm，旁模抑制比（side mode suppression ratio, SMSR）可以達到 35 dB，同時觀察其近場與遠場發光圖案可以發現元件也操作在單一橫模，光束為圓形對稱直徑約 4 μm，半高寬（full width at half maximum, FWHM）發散角為 13°。[23]

由於採用介電質材料或金屬製作面射型雷射反射鏡製程相對複雜，特別是在製作電激發光面射型雷射時，因為一般介電質材料能隙寬度大通常是絕緣體，因此需要採用特殊結構設計來導通電流，如果能在面射型雷射磊晶同時就直接成長半導體 DBR，除了厚度可以更精確控制以外，也有機會可以藉由摻雜方式成長可以導電的 DBR，簡化電激發光面射型雷射的製程步驟。在 1988 年時 AT&T Bell Lab. 卓以和院士所帶領的研究團隊就利用 MBE 系統成長全磊晶結構 VCSEL 元件，其結構主要包含 22 或 23 對的 AlAs/Al$_{0.1}$Ga$_{0.9}$As n 型摻雜（Si, 5×10^{17} cm^{-3}）DBR 以及 5 對 Al$_{0.7}$Ga$_{0.3}$As /Al$_{0.1}$Ga$_{0.9}$As p 型摻雜（Be, 10^{19} cm^{-3}）DBR，每層 DBR 厚度均爲發光波長的四分之一，同時摻雜濃度相當高因此導電率也較好，由於 p 型 DBR 對數較少因此會在元件製程中額外鍍金屬（銀或金）形成混成式反射鏡（hybrid metal-DBR reflector），除了可以有效提高反射率同時也可以做爲電流注入的電極。同時該團隊也首次採用氧離子佈植做爲電流侷限方法，因此元件除了可以在室溫下連續波操作，臨界電流大小在脈衝操作時爲 26 mA 連續波操作時爲 40 mA，且元件串聯電阻僅爲 30 Ω。[24][25]

　　同屬 Bell Lab. 的研究團隊的 J. L. Jewell 等人也在 1989 年利用蝕刻方式製作微柱狀結構面射型雷射，圓柱狀結構直徑從 1 微米、1.5 微米、2 微米、3 微米、4 微米到 5 微米，蝕刻深度 5.5 微米，方形柱狀結構邊長 5 微米、10 微米、25 微米、50 微米、100 微米與 200 微米也同樣被製作在砷化鎵基板上，最大元件密度可以高達每平方公分 200 萬顆面射型雷射元件，在典型的 7×8 mm 樣品上包含超過 100 萬顆。該研究最大貢獻除了展現高密度面射型雷射陣列的可行性以外，同時也採用厚度 10 nm 的 In$_{0.2}$Ga$_{0.8}$As 單一量子井（single quantum well, SQW）和每層厚度 8 nm 的三重量子井（triple quantum wells, 3QW）結構取代原本的雙異質接面結構，進一步提升面射型雷射載子侷限能力與量子效率，同時由於在砷化鎵材料中添加銦可以使能隙大小降低，因此元件發光波長變爲 960～980 nm [26][27]，介於磷化銦系列材料的 1.3 微米長波長範圍和砷化鎵材料的 850 nm 之間，而且砷化銦鎵材料通常具有較高增益，因此往後經常被用於製作高功率雷射二極體做爲其他固態雷射或光纖雷射激發光源用途。

　　由於 Bell Lab. 團隊成功的製作全磊晶面射型雷射元件並且證實可以在室溫下連續波操作，此後面射型雷射的發展大多採用磊晶成長方式沉積包含上下 DBR 和主動發光層，而發光波長也由最早的磷化銦系列材料 1.3 微米範圍，縮短爲採用砷化鎵系列材料的 850 nm，在砷化鎵材料中添加鋁可以進一步提高其能隙大小縮短發光波長，但是鋁含量如果超過 0.45 莫耳分率的話，該砷化鋁鎵材料能帶結構會由直接能隙轉變爲間接能隙，反而抑制發光效率，因此要如何再進一步將面射型雷射發光波長推進到可見光波段就成爲 1990 年代起各大研究機構與相關產業的研發重點。上述採用量子井結構製作面射型雷射的 Bell

Lab. 團隊成員 Y. H. Lee 和 B. Tell 等人在 1991 年時將發光層材料改爲 $Al_{0.14}G_{0.86}As$ 超晶格（superlattice）結構，藉由 MBE 成長的該超晶格結構由 14 對交錯排列的 GaAs 層（厚度 33.9 Å）和 AlAs 層（厚度 5.7 Å）所組成，光激發光頻譜波長爲 771 nm，而且具有比直接磊晶成長 $Al_{0.14}G_{0.86}As$ 晶體更高的光激發光強度 [28]。所製作的元件利用離子佈植法製作電流孔徑分別爲直徑 10 微米和 15 微米兩種尺寸的元件，在室溫下均可連續波操作，其閾值電流大小分別爲 4.6 mA 和 6.3 mA，室溫下操作未加散熱情況下最大輸出功率爲 1.1 mW，這個發光波長也是後來光碟機和 CD 雷射讀寫頭最早採用的波段。

1.5　可見光面射型雷射

若要將面射型雷射應用到光資訊領域相關應用，例如光碟機讀寫頭或塑膠光纖（plastic optical fiber, POF）主動光源，那麼發光波長進一步縮短到可見光範圍相當必要，以紅光爲例，用來製作光碟機讀寫頭的話其資訊儲存密度可以比 780 nm 紅外光雷射還要高出數倍，也就是同樣面積的光碟片可以儲存數倍的資訊；而應用在塑膠光纖的話也可以獲得較低的傳輸損耗，如下圖 1-9 所示，典型的聚甲基丙烯酸甲酯（PMMA）塑膠光纖與玻璃光纖不同，在可見光紅光 650 nm、黃光 570 nm 與藍綠光 500 nm 波段耗損率均比紅外光波段還要低，採用可見光雷射光源可以獲得較遠的訊號傳輸距離，因此在 1990 年代起面射型雷射研究重點往較短波長的可見光頻譜範圍推進也就成爲必然的趨勢。最早報導紅光波段面射型雷射的文獻是 1992 年 Bell Lab. 的 B. Tell 團隊延續上述發光波長 770 nm 類似結構，主要差別在於發光層的超晶格結構等效組成（equivalent composition）由 $Al_{0.14}G_{0.86}As$ 變爲 $Al_{0.4}G_{0.6}As$（由 12 對厚度分別爲 25.4 Å 的 GaAs 層和 17.0 Å 的 AlAs 層所組成），光激發光頻譜理論峰值波長爲 645 nm，下方 30 對 n 型 DBR（Si 摻雜濃度 $3×10^{18}$ cm^{-3}）與上方 22 對 p 型 DBR（Be 摻雜濃度 $2×10^{18}$cm^{-3}）均由 430 Å 厚的 $Al_{0.3}Ga_{0.7}As$ 和 490 Å 厚的 AlAs 組成，$Al_{0.3}Ga_{0.7}As$ 和 AlAs 之間的介面處有 80 Å 的 $Al_{0.65}Ga_{0.35}A$ 漸變層以降低介面串聯電阻。整體元件的反射率頻譜具有 Fabry-Perot 共振腔模態波長爲 699 nm，也就是最後元件實際發光波長，該元件可以在室溫下脈衝電流操作，閾值電流值爲 10 mA[29]。

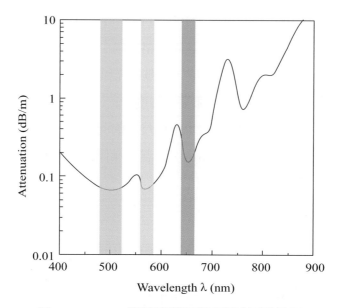

圖 1-9　PMMA 塑膠光纖損耗率與波長關係圖

　　如前所述，如果要再進一步縮短發光波長到 650 nm 左右的話，採用 AlGaAs 材料作為活性層則其中鋁含量莫耳分率勢必會接近 0.45，造成直接能隙與間接能隙的轉變導致發光效率急遽下降，因此如果要製作 650 nm 甚至 635 nm 的紅光面射型雷射，勢必要採用其他材料才能獲得比較好的發光效率。因此在 1992 年美國 Sandia 國家實驗室 J. A. Lott 和 R. P. Schneider 的團隊利用低壓有機金屬氣相磊晶設備（low pressure metalorganic vapor phase epitaxy, LPMOVPE）成長 $In_{0.54}Ga_{0.46}P/In_{0.48}(Al_{0.7}Ga_{0.3})_{0.52}P$ 應變量子井活性層（strained quantum well active region）作為發光區材料，上下 DBR 則分別由 30 對和 40 對四分之一波長厚度的 $Al_{0.5}Ga_{0.5}As/AlAs$ 交錯排列組成，該面射型雷射可以在室溫下以光激發光操作，發光波長為 657 nm[30]。隨後在 1993 年發表的論文中 [31]，他們同樣採用砷化鎵基板成長 55.5 對 n 型 DBR（Si 摻雜濃度 2×10^{18} cm^{-3}）和 36 對 p 型 DBR（C 摻雜濃度 4×10^{18} cm^{-3}），每一對 DBR 由四分之一波長厚度的 $Al_{0.5}Ga_{0.5}As/AlAs$ 交錯排列組成且介面處為 10 nm 厚鋁含量莫耳分率 0.75 的漸變層，以減低 DBR 的串聯電組。發光區厚度為 8 倍發光波長（8λ cavity），主要由 InAlGaP 組成的步進式漸變能障分布侷限異質接面結構（step graded-barrier separate confinement heterostructure, SCH）包圍著中央三層厚度各為 10 nm 的 InGaP 應變量子井結構所組成，元件經過 BCl_3 電漿蝕刻形成直徑 20 微米柱狀結構並完成上下金屬電極製作後，可以在室溫下脈衝電激發光操作，發光波長在 639～661 nm 之間，發光波長 650 nm 的元件閾值電流大小為 30 mA，最高輸出功率超過 3.3 mW 且遠場發散角僅為 6.5°。

臺灣交通大學黃凱風教授和戴國仇教授的研究團隊也在 1993 年發表紅光面射型雷射電激發光的成果 [32]，該團隊同樣採用 MOCVD 成長磊晶結構，發光層由四對 $In_{0.5}Ga_{0.5}P$（80 Å）/$In_{0.5}Al_{0.35}Ga_{0.15}P$（60 Å）量子井結構所組成且位於等效 1 個波長厚度的共振腔（1λ cavity）中央位置，上下 DBR 分別為 30 對 Zn 摻雜（p 型）和 40 對 Si 摻雜（n 型）的 $Al_{0.5}Ga_{0.5}As$/$Al_{0.75}Ga_{0.25}As$/$AlAs$/$Al_{0.75}Ga_{0.25}As$ 依序交錯排列組成，每層厚度分別為 375 Å，100 Å，435 Å，100 Å，基本上與 Sandia 國家實驗室採用的漸變介面以降低 DBR 串聯電阻的材料組成相同。主要差異在於元件製程中電流偏限方式改用離子佈植法並採用化學濕式蝕刻對不同元件之間作電性隔絕。所製作的元件可以在較低溫操作環境下連續波電激發光，發光波長為 660 nm，元件發光區直徑 15 微米的元件在攝氏零下 75 度時閾值電流值為 3.9 mA，操作溫度攝氏零下 25 度時閾值電流值為 4.6 mA，同時也可以在室溫下操作但是僅能以脈衝方式電激發光，在攝氏 25 度時脈衝操作閾值電流值為 12 mA，遠場發散角為 7.5°。

在 1993 年 Sandia 國家實驗室 R. P. Schneider 和 K. D. Choquette 等人與新墨西哥大學研究團隊合作首次達成室溫下電激發光連續波操作的 670 nm 紅光面射型雷射 [33] [34]，藉由 LPMOVPE 成長的元件磊晶結構大致上與先前所述類似 [31]，包含上下 DBR 組成、對數和活性層厚度同樣均為 8λ，但是活性層主要增益材料變成 3 層 $Ga_{1-x}In_xP$ 應變量子井被 6 nm 厚的 $Al_{0.25}Ga_{0.25}In_{0.5}P$ 能障層區隔開。元件製程與先前最顯著差異在於採用質子佈植定義電流偏限孔徑（直徑控制在 10～25 微米），再利用電漿乾式蝕刻成 125×75 微米的個別元件以獲得電性隔絕。由於離子佈植的平面化製程與先前蝕刻成 20 微米柱狀結構相較之下保留較多可以協助散熱的半導體材料，因此元件在電流注入操作過程中產生的熱可以較快逸散至發光區以外，讓元件可以在室溫下達到連續波操作的成果，電流孔徑 10 微米的元件閾值電流僅為 1.25 mA，最大輸出功率為 0.33 mW，直到攝氏 45 度仍然可以連續波操作。同一團隊稍後在 1995 年時進一步採用 1994 年由 D.L. Huffaker 首先應用到面射型雷射元件製程的選擇性氧化電流偏限技術 [35]，所製作的 AlGaInP 面射型雷射發光波長範圍從 678 nm 到 642 nm，不但可以在室溫下連續波操作，同時最低閾值電流值僅為

660 μA[36]，這個成功的製程技術演進也加速了面射型雷射從學術研究走向商品化量產應用的過程，上述的蝕刻柱狀結構、離子佈植法以及選擇性氧化電流侷限將會在後面章節中更詳細介紹。

在 90 年代中期 850 nm 面射型雷射製程相對成熟且成功商品化之後，研究單位開始回過頭來針對長波長（發光波長大於 1 微米）的面射型雷射元件製程技術及材料進行研究，同時由於更短波長的化合物半導體發光元件及材料陸續被成功開發出來，包含 II-VI 族化合物半導體 ZnSe 系列材料和 III-V 族化合物半導體 GaN 等藍光、綠光發光元件的研究成果，均啟發了研究人員探討採用這些材料製作更短波長可見光面射型雷射的可能性。

1.6　長波長面射型雷射

如同先前所述，最早被成功製作出來的面射型雷射元件採用 GaInAsP/InP 磷砷化銦鎵／磷化銦材料所製作 [20]，發光波長在 1.2 微米範圍，磷砷化銦鎵／磷化銦系列材料有一個特性是導帶能障差異 ΔE_c 較小所以對於注入載子侷限能力較差，經常因為電流注入操作過程中產生的熱而讓導帶電子溢流（overflow）到活性層外，無法在發光層形成電子電洞輻射復合，造成元件量子效率低落且特性溫度（characteristic temperature, T_0）也較低，因此初期只能在 77 K 液態氮冷卻的低溫環境下以脈衝方式操作。雖然稍後改用砷化鎵系列材料已經有效改善載子溢流和特性溫度的問題，同時砷化鎵／砷化鋁鎵的顯著折射率差異也比較容易獲得高反射率的 DBR，相較之下磷化銦系列材料折射率差異較小，因此要獲得足夠高的反射率的話需要磊晶成長的 DBR 對數相當可觀，通常會超過 50 對，如此一來不僅磊晶成長耗時，所製作的元件串聯電阻也相當高，直接用磷化銦系列材料成長全磊晶的面射型雷射並不實際。

1991 年由日本沖電氣工業前往 UCSB 休假研究的 H. Wada 與胡玲院士團隊和 Bell Lab. 合作成功製作出可以在室溫下脈衝操作的 1.3 微米 GaInAsP/InP 面射型雷射 [37]。該元件結構基本上是利用 MOCVD 在 p 型 InP 基板上成長發光波長 1.3 微米的 GaInAsP/InP 發光層，然後再利用濺鍍法（sputtering）製作在發光區上方和下方分別鍍上 8 對及 5 對的 SiN/Si 介電質 DBR，其反射率分別可達 99% 以及 98.5%。元件在室溫下可以電激發光脈衝操作，閾值電流值為 50 mA，在 77 K 液態氮溫度下連續波操作閾值電流為 3.9 mA，脈衝操作閾值電流則降低為 1.5 mA。

在 1992 年日本電信電話公司 NTT 光電實驗室 T. Tadokoro 團隊發表利用 MOCVD 在 n 型 InP 基板上成長 34 對反射率可達 97% 的 GaInAsP/InP 磊晶 DBR，以及 2 倍等效光學波長厚度（2λ cavity）也就是 0.88 微米未摻雜的雙異質接面 GaInAsP 活性層，上方繼續成長 0.49 微米厚 Zn 摻雜（$\sim$7$\times$10^{17} cm^{-3}）的 InP 披覆層（cladding layer）以及 0.22 微米厚的 Zn 摻雜（$\sim$3$\times$10^{18} cm^{-3}）GaInAsP 做為金屬電極接觸層（contact layer）。在這個磊晶片表面以熱蒸鍍法（thermal evaporation）鍍上環形的 p 型金屬電極後，用硫酸：雙氧水：水 = 3：1：1 的比例以及鹽酸：磷酸 = 1：1 的溶液進行濕式蝕刻以形成直徑 50～15 微米的蝕刻高台（mesa），蝕刻深度為 1.6 微米。去除蝕刻保護光阻後，利用電子束蒸鍍（electron beam evaporation）在上方鍍上 3.5 對的 SiO$_2$/Si 介電質 DBR 作為上反射鏡，再利用 C$_2$F$_6$ 活性離子蝕刻（reactive ion etching, RIE）移除環狀金屬電極上的介電質以供後續元件點測，基板背面經過研磨拋光後鍍上背電極並留下 200$\times$300 μm^2 的窗口供雷射輸出。完成製程後元件可以在室溫下以脈衝電激發光操作，直徑 40 微米的元件閾值電流值為 260 mA，在液態氮冷卻至 77 K 環境下最低閾值電流為 13 mA，這是首次利用磊晶 DBR 結合介電質 DBR 的混成式 GaInAsP 長波長 1.55 微米範圍面射型雷射電激發光的紀錄 [38]。

1993 年東京工業大學 T. Baba 和 Iga 教授團隊製作出接近室溫下連續波操作的 GaInAsP/InP 面射型雷射 [39]，與先前成果相較之下主要差異在於發光波長 1.37 微米的 GaInAsP/InP 發光層藉由製程方式再成長形成圓形平面埋入式異質結構（circular planar buried heterostructure, CPBH）[40]，p 側鏡面由 8.5 對 MgO/Si DBR 與 Au/Ni/Au 所組成，n 側鏡面則由 6 對 SiO$_2$/Si 介電質 DBR 構成。元件 p 側藉由鎵銲料（Ga solder）貼合到鍍金的鑽石導熱板，藉由 MgO/Si 較高的熱傳導係數以及散熱片有助於移除元件電激發光操作過程中產生的熱，使元件可以在接近室溫環境下連續波操作。在 77 K 溫度下元件可以連續波操作且大多數元件閾值電流值約為 10 mA，最低可達 0.42 mA。在 20 ℃ 下可以脈衝電激發光操作，閾值電流為 18 mA。最高可以維持連續波操作的溫度為 14 ℃，此時閾值電流值為 22 mA，遠場發散角為 4.2°，這已經是 GaInAsP 長波長面射型雷射最接近室溫下連續波操作的紀錄。

　　由於晶圓貼合（wafer bonding 或 wafer fusion）技術的發展 [41]，也開始有研究團隊嘗試結合 GaInAsP/InP 活性層的長波長特性與 GaAs/AlAs 的高反射率 DBR 技術來製作面射型雷射。在 1992 年時 UCSB 的 J. J. Dudley 與胡玲院士團隊利用 MOVPE 在 p 型 InP 基板上成長波長 1.3 微米的 InGaAsP 發光層，另外用 MBE 系統在 GaAs 基板上成長 27 對 AlAs/GaAs 的磊晶 DBR，經過表面蝕刻清洗步驟後將兩個晶片樣品的磊晶面相對貼合在一起放入爐管中並以 200 克重的石墨塊壓著，爐管內經過氮氣沖吹後通入氫氣並升溫到 650 ℃持溫 2 小時，兩個磊晶片表面因而熔合在一起，隨後樣品取出後用鹽酸將 InP 基板移除後再濺鍍上 5 對 Si/SiNₓ 反射鏡 [42]。該元件可以光激發光操作，波長為 1.22 微米，且最高操作溫度可以高達 144 ℃。隨後在 1993 年該團隊改善製程參數並將晶圓貼合溫度設定為 630 ℃通氫氣持溫 30 分鐘，上方濺鍍 4 對 Si/SiO₂ 反射鏡，元件可以電激發光操作，發光波長為 1301 nm，最高連續波操作溫度為 230 K，此時閾值電流值為 3.6 mA，在室溫 300 K 時元件可以電激發光脈衝操作，此時閾值電流值為 9 mA[43]。1994 年同一團隊在 InP 基板上以 MOCVD 成長 40 對 InGaAsP/InP DBR 以及 2 倍等效波長厚度的共振腔（2λ cavity），活性層為發光波長 1.55 微米的 InGaAsP。另外上方 DBR 為 MBE 在 GaAs 基板上成長的 25 對 GaAs/AlAs DBR，兩個磊晶片在 650 ℃氫氣氣氛下持溫 10 分鐘進行貼合，所製作的全磊晶 DBR 元件僅能在室溫下光激發光操作，最大平均輸出功率僅約 1 μW [44]。1994 年底進一步將上下的 DBR 都採用 AlAs/GaAs 並以晶片貼合方式夾著中間具有應變補償的 InGaAsP 量子井發光層，在室溫下達成脈衝電激發光操作，發光波長 1.52 微米，最低閾值電流 12 mA[45]。

　　在 1995 年該團隊在 GaAs 基板上以 MBE 成長 28 對 n 型 AlAs/GaAs DBR，另外成長的 p 型 DBR 為 30 對四分之一波長的 Al₀.₆₇Ga₀.₃₃As-GaAs（Be 摻雜濃度 4×10¹⁷ cm⁻³）先與 MOVPE 成長的 7 層應變補償 InGaAsP 量子井發光層在 630 ℃下通氫氣持溫 20 分鐘進行第一次晶片貼合，移除 InP 基板後再與 n 型 DBR 進行第二次晶片貼合 [46]。所製作的元件可以在室溫下電激發光連續波操作，最低閾值電流為 2.3 mA，發光波長 1542 nm，符合玻璃光纖最低損耗的波段。

　　儘管長波長面射型雷射可以藉由晶片貼合方式結合 InGaAsP 的發光層與 Al（Ga）As/GaAs DBR 的高反射率優勢同樣達成室溫下連續波電激發光操作，但是兩種材料之間晶格常數不匹配達 3.7%，同時熱膨脹係數也有顯著差異（α(InP) = 4.6×10⁻⁶ K⁻¹，α(GaAs) =

6.3×10^{-6} K^{-1}）[43]，因此並不適用在較大面積的晶圓貼合製程。同時藉由晶片貼合方式製作面射型雷射製程相對複雜，良率及元件可靠度也有疑慮，因此許多研究單位仍然持續尋找與砷化鎵基板晶格常數相近，可以直接磊晶成長波長符合 1.3 微米和 1.55 微米範圍的光通訊波段面射型雷射活性層材料，在本書第六章中我們將會進一步探討這些可能的材料結構與研究進展。

1.7　多波長與可調波長面射型雷射

由於 1980 年代末期分波長多工（wavelength division multiplexing, WDM）光纖通訊技術也開始發展，能發出不同波長的雷射二極體是滿足此一需求不可或缺的關鍵零組件 [47]。在 1991 年時任職於 AT&T 因應反托拉斯法分拆後的子公司 Bell Communication Research（Bellcore）的李天培博士與轉任教於 UC Berkeley 的常瑞華教授共同發表利用 MBE 磊晶成長過程中藉由控制磊晶片旋轉與否所造成的磊晶層厚度些微差異，可在同一個磊晶片上獲得不同共振腔發光波長的面射型雷射陣列，最初採用的活性層材料為波長 980 nm 的 InGaAs 應變量子井，成功製作出 7×20 共 140 顆發光波長間距 3 Å，總波長可選擇範圍達 430 Å 的面射型雷射陣列 [48]。1994 年東京工業大學 F. Koyama 和 Iga 教授團隊利用 MOCVD 在蝕刻的圖案化基板（patterned substrate）上成長多波長面射型雷射陣列，藉由不同磊晶表面尺寸造成長晶速率差異，可在單一磊晶成長過程中獲得不同的共振腔發光波長。其中活性層為三層 8 nm 厚的 $Ga_{0.8}In_{0.2}As$ 應變量子井，上下分別為 20.5 對的 p 型與 n 型 GaAs/AlAs DBR。所製作的 3×3 面射型雷射陣列閾值電流為 3 mA，主要發光波長 1 微米，平均發光波長間隔為 2.8 nm，最大發光波長可選擇範圍大於 45 nm[49]。1995 年常瑞華教授團隊與史丹佛大學 J.S. Harris 教授合作利用 MBE 磊晶過程中加熱基板局部溫度差異造成磊晶層厚度變化，同樣可以在平面基板上獲得不同的發光波長。相鄰的九個元件中發光波長從 960 nm 到將近 980 nm，可選擇範圍約 20 nm[50]。稍後該團隊進一步將波長可選擇範圍擴展到 62.7 nm，單一元件閾值電流值為 2.16±0.81 mA。[51]

日本 NEC 公司 H. Saito 團隊也在 1995 年 [52] 和 1996 年 [53] 發表利用 MBE 搭配金屬遮罩部分屏蔽分子束沉積在基板的方式，選擇性成長額外的磊晶層以調整面射型雷射共振腔長度，因而獲得不同的輸出波長。在相鄰的四個面射型元件中發光波長從 927 nm 到

943 nm，閾值電流值小於 1 mA 且輸出功率可達 1.5 mW 以上。

　　若要獲得更大的波長可調範圍因應密集分波長多工（dense wavelength division multiplexing, DWDM）的需求，利用微機電方式製作可動式機械結構以調整共振腔長度獲得特定波長輸出成為較可行的方案。常瑞華教授團隊率先在 1995 年實現微機電調整共振腔長度的可調波長面射型雷射元件，採用懸臂（cantilever）式上反射鏡結構可以在施加 5.7 V 的偏壓下達到 15 nm 波長可調範圍 [54]，稍後史丹佛大學 J. S. Harris 教授團隊也同樣在 GaAs 基板上達成類似的波長可調面射型雷射元件，採用懸空的薄膜（membrane）式 Au/SiN$_x$H$_y$/GaAs 上反射鏡，可以在 20.5 V 鏡面偏壓下達到 17.9 nm 波長可調範圍 [55]。1999 年美國 CoreTek 公司研究團隊發表利用半對稱共振腔（half-symmetric cavity）懸空薄膜反射鏡結構，980 nm 激發光源照射下可以發出 1.55 微米雷射光輸出，功率可達 2 mW，且薄膜鏡面在 0～39 V 偏壓範圍下可以使輸出雷射波長從 1564 nm 縮短到 1514 nm，波長可調範圍達 50 nm [56]。此時已經有上述研究團隊成立公司專門從事可調波長面射型雷射研發生產，正式將長波長面射型雷射商品化。

1.8　短波長面射型雷射

　　在 1998 年光電產業受到中村修二博士成功利用氮化鎵材料製作出理論壽命可達 1 萬小時的藍光雷射二極體且室溫連續波操作最大輸出功率可達 420 mW 的激勵 [57][58]，氮化物材料短波長可見光面射型雷射研究開始成為各大研究機構競相投入資源的研究領域。先前氮化鎵材料因為缺乏晶格匹配的磊晶基板因此較難取得低缺陷密度的磊晶層，同時要形成 p 型摻雜也相當困難，直到 1989 年名古屋大學的赤崎勇教授和當時指導的博士生天野浩成功開發出鎂摻雜 p 型氮化鎵磊晶成長技術，因而製作出具有 p-n 接面的氮化鎵藍光發光二極體，稍後在 1993 年時任職日亞化學的中村修二開發出雙流式 MOCVD 磊晶技術可以成長高品質的氮化鎵材料以製作高亮度藍光發光二極體，並且添加 In 形成 InGaN 材料進一步改善發光效率，在 1994 年以 InGaN 高亮度藍光 LED 相關研究論文取得博士學位後，隔年 1995 年就成功製作出可以在室溫下脈衝操作的 InGaN/GaN 藍光雷射二極體 [59]。1996 年 Iga 教授應邀在藍光雷射及 LED 研討會中發表論文倡議利用氮化鎵製作涵蓋綠、藍及紫外光波段面射型雷射之可行性 [60]，幾乎在同時期美國先進科材公司的 J. M.

Redwing 等人與麻州大學研究團隊合作在藍寶石基板上以 MOVPE 系統直接成長上下各 30 對 $Al_{0.40}Ga_{0.60}N/Al_{0.12}Ga_{0.88}N$ 的 DBR 夾著中間 10 μm 厚的 GaN 發光層,成功在室溫下以脈衝光激發光獲得波長 363.5 nm 的雷射光輸出 [61]。東京大學荒川泰彥教授團隊在 1998 年採用下層磊晶 DBR(35 對 $Al_{0.34}Ga_{0.66}N/GaN$)與上層介電質 DBR(6 對 SiO_2/TiO_2)夾著中間 $In_{0.1}Ga_{0.9}N$ 發光層,在 77 K 溫度下光激發光脈衝操作 [62],隨後在 1999 年採用下層磊晶 DBR(43 對 $Al_{0.34}Ga_{0.66}N/GaN$)與上層介電質 DBR(15 對 ZrO_2/SiO_2)達成室溫電激發光脈衝操作 [63]。由於直接成長可導電且具有高反射率的氮化物 DBR 相當困難,因此一直遲至 2008 年初才由臺灣交通大學王興宗教授團隊發表氮化鎵藍光面射型雷射在 77 K 溫度下實現電激發光連續波操作的紀錄 [64],隨後在 2008 底日亞化學也成功達成室溫下電激發光連續波操作的成果 [65],詳細的氮化鎵藍光面射型雷射結構設計考量與應用將在第七章更詳盡介紹。

　　本書第二章起將從半導體雷射操作原理開始介紹,讓讀者建立雷射理論相關基礎後,第三章再針對面射型雷射結構中最關鍵的分布布拉格反射鏡原理與設計考量、元件操作特性、溫度效應、微共振腔效應以及載子與光學侷限結構差異進行介紹,讓讀者對面射型雷射的特性有一個初步認識。在第四章中深入介紹面射型雷射的動態操作特性包含小信號響應、大信號響應、線寬增強因子以及相對強度雜訊等特性分析。第五章將介紹目前最廣泛應用的砷化鎵系列材料面射型雷射製程技術,包含不同電流侷限方法的差異、常見製程步驟使用之設備與參數介紹,特別著重於目前技術主流之選擇性氧化侷限製程。第六章將探討於紅外光面射型雷射操作特性,包含高頻操作與單橫模操作特性,並介紹長波長(發光波長大於 1 微米)發光材料之選擇以及採用高應變量子井結構與量子點結構作為發光層之研究成果,以及紅外光面射型雷射在光通訊、光資訊以及感測技術上的應用。第七章將介紹採用氮化鎵系列材料製作短波長(發光波長小於 600 nm)面射型雷射之最新進展以及相關應用及發展趨勢。

參考資料

[1]　T. H. Maiman "Optical and Microwave-Optical Experiments in Ruby" Phys. Rev. Lett. 4, 564, 1960. and T. H. Maiman "Stimulated Optical Radiation in Ruby" Nature, 187, 493-494, 1960.

[2] A. Javan, W. R. Bennett, Jr., and D. R. Herriott "Population Inversion and Continuous Optical Maser Oscillation in a Gas Discharge Containing a He-Ne Mixture" Phys. Rev. Lett. 6, 106, 1961.

[3] A. Javan, E. A. Ballik, and W. L. Bond "Frequency Characteristics of a Continuous-Wave He-Ne Optical Maser" J. of the Optical Society of America, 52(1), 96-98, 1962.

[4] A.D. White and J.D. Rigden,"Continuous Gas Maser Operation in the Visible" Proc. IRE, 50, 1697, 1962.

[5] R. N. Hall, G. E. Fenner, J. D. Kingsley, T. J. Soltys, and R. O. Carlson "Coherent Light Emission From GaAs Junctions" Phys. Rev. Lett. 9, 366, 1962

[6] Nick Holonyak Jr. and S. F. Bevacqua "Coherent (visible) light emission from $Ga(As_{1-x}P_x)$ junctions" Appl. Phys. Lett. 1, 82, 1962.

[7] Laura Schmitt "The Bright Stuff: The LED And Nick Holonyak's Fantastic Trail Of Innovation" BookBaby; 1st edition, 2012.

[8] I. Hayashi, M. B. Panish, and P. W. Foy, "A low-threshold room- temperature injection laser," IEEE J. Quantum Electron., vol. QE-5, pp. 211-213, 1969.

[9] I. Hayashi, M. B. Panish, P. W. Foy, and S. Sumski, "Junction lasers which operate continuously at room temperature," Appl. Phys. Lett., vol. 17, no. 3, pp. 109-111, Aug. 1970.

[10] H. Kressel and H. Nelson, "Close-confinement gallium arsenide PN junction lasers with reduced optical loss at room temperature," RCA Rev., pp. 106-113, Mar. 1969.

[11] Z. I. Alferov, V. M. Andreev, D. Z. Garbuzov, Y. V. Zhilyaev, E. P. Morozov, E. L. Portnoi, and V. G. Trofim," Investigation of the influence of the AlAs-GaAs heterostructure parameters on the laser threshold current and the realization of continuous emission at room temperature," Soviet Physics-Semicon., vol. 4, no. 9, pp. 1573-1575, Mar. 1971.

[12] J. E. Geusic, H. M. Marcos, and L. G. Van Uitert "Laser oscillations in ND-doped yttrium aluminum, yttrium gallium and gadolinium garnets" Appl. Phys. Lett. 4 (10), 182,1964.

[13] R. Burnham, D. Scifres, W. Streifer, "Single-heterostructure distributed-feedback GaAs-diode lasers" IEEE J. of Quantum Electronics, 11 (7), 439-449, 1975.

[14] Z.H. Alferov, V. Andreyev, S. Gurevich, R. Kazarinov, V. Larionov, M. Mizerov, E. Portnoy "Semiconductor lasers with the light output through the diffraction grating on the surface of the waveguide layer" IEEE J. of Quantum Electronics, 11 (7), 449-451, 1975.

[15] P. Zory, L. Comerford "Grating-coupled double-heterostructure AlGaAs diode lasers" IEEE J.

of Quantum Electronics, 11 (7), 451-457, 1975.

[16] A. J. SpringThorpe "A novel double-heterostructure p-n-junction laser" Appl. Phys. Lett. 31, 524, 1977.

[17] Z. L. Liau and J. N. Walpole "Surface-emitting GaInAsP/InP laser with low threshold current and high efficiency" Appl. Phys. Lett. 46, 115, 1985.

[18] J. N. Walpole and Z. L. Liau "Monolithic two-dimensional arrays of high-power GaInAsP/InP surface-emitting diode lasers" Appl. Phys. Lett. 48, 1636, 1986.

[19] K. Iga, "Surface emitting laser-its birth and generation of new optoelectronics field" IEEE J Select. Topics Quantum Electron., Vol. 6, no. 6, pp. 1201-1215, 2000.

[20] H. Soda, K. Iga, C. Kitahara, and Y. Suematsu, "GaInAsP/InP surface emitting injection lasers," Jpn. J. Appl. Phys., vol. 18, pp. 2329-2330, Dec. 1979.

[21] K. Iga, S. Ishikawa, S. Ohkouchi, and T. Nishimura, "Room temperature pulsed oscillation of GaAlAs/GaAs surface emitting injection laser," Appl. Phys. Lett., Vol. 45, pp. 348-350, 1984.

[22] K. Iga, S. Kinoshita, and F. Koyama, "Microcavity GaAlAs/GaAs surface emitting laser with I_{th}=6 mA," Electron. Lett., Vol. 23, no. 3, pp. 134-136, 1987.

[23] F. Koyama, S. Kinoshita, and K. Iga,"Room-temperature continuous wave lasing characteristics of GaAs vertical cavity surface-emitting laser," Appl. Phys. Lett., vol. 55, no. 3, pp. 221-222, July 1989.

[24] K. Tai, R. J. Fischer, K. W. Wang, S. N. G. Chu and A. Y. Cho, "Use of Implant Isolation for Fabrication of Vertical Cavity Surface-Emitting Laser Diodes" Electronics Letters, 25 (24), 1644-1645, 1989.

[25] R. J. Fischer, K. Tai, M. Hong and A. Y. Cho, "Use of Hybrid Reflectors to Achieve Low Thresholds in All MBE Grown Vertical Cavity Surface Emitting Laser Diodes" IEEE IEDM 89, 861-863, 1989.

[26] J. L. Jewell, A. Scherer, S. L. McCall, Y. H. Lee, S. Walker, J. P. Harbison, and L. T. Florez, "Low-threshold vertical-cavity surface emitting microlasers," Electron. Lett., vol. 25, p. 1123, 1989

[27] J.L. Jewell, A. Scherer, S.L. McCall, Y.H. Lee, S.J. Walker, J.P. Harbison, and L.T. Florez, "Low threshold electrically-pumped vertical-cavity surface-emitting micro-lasers" OSA Optics News, 10-11, Dec. 1989.

[28] Y. H. Lee, B. Tell, K. F. Brown-Goebeler, R. E. Leibenguth, and V.D. Mattera, "Deep-red

continuous wave top-surface-emitting vertical-cavity AlGaAs superlattice lasers," IEEE Photon. Technol. Lett., vol. 3, no. 2, pp. 108-109, Feb. 1991.

[29] B. Tell, R. E. Leibenguth, K. F. Brown-Goebeler, and G. Livescu"Short wavelength (699 nm) electrically pumped vertical-cavity surface-emitting lasers" IEEE Photonics Technol. Lett.,, 4, (11), pp, 1195-1196, 1992

[30] R. P. Schneider Jr., R. P. Bryan, J. A. Lott and G. R. Olbright "Visible (657 nm) InGaP/InAlGaP strained quantum well vertical-cavity surface-emitting laser" Appl. Phys. Lett. 60 (15), 1830-1832, 1992.

[31] J. A. Lott and R. P. Schneider, "Electrically injected visible (639-661nm) vertical cavity surface emitting lasers," Electronics Letters, vol. 29, no. 10, pp. 830-832, 1993.

[32] K. F. Huang, K. Tai, C. C. Wu, and J. D. Wynn, "Continuous wave visible InGaP/InGaAlP quantum-well surface-emitting laser diodes" IEEE Trans. on Electron Devices, 40 (11), 2119, 1993.

[33] J.A. Lott, R.P. Schneider, K.D. Choquette, S.P. Kilcoyne, J.J. Figiel "Room temperature continuous wave operation of red vertical cavity surface emitting laser diodes" Electronics Letters, 29 (19), 1693-1694, Sept. 1993.

[34] R. P. Schneider Jr., K. D. Choquette, J. A. Lott, K. L. Lear, J. J. Figiel, and K. J. Malloy, "Efficient room-temperature continuous-wave AlGaInP/AlGaAs visible (670nm) vertical-cavity surface-emitting laser diodes," IEEE Photonics Technology Letters, vol. 6, no. 3, pp. 313-316, 1994.

[35] D.L. Huffaker; J. Shin; D.G. Deppe "Low threshold half-wave vertical-cavity lasers" Electronics Letters, 30 (23), 1946-1947, Nov. 1994.

[36] K. D. Choquette, R. P. Schneider, M. H. Crawford, K. M. Geib, and J. J. Figiel, "Continuous wave operation of 640-660 nm selectively oxidised AlGaInP vertical-cavity lasers," Electronics Letters, vol. 31, no. 14, pp. 1145-1146, 1995.

[37] H. Wada, D.I. Babic, D.L. Crawford, T.E. Reynolds, J.J. Dudley, J.E. Bowers, E.L. Hu, J.L. Merz, B.I. Miller, U. Koren, M.G. Young "Low-threshold, high-temperature pulsed operation of InGaAsP/InP vertical cavity surface emitting lasers" IEEE Photonics Technology Letters, 3 (11), 977-979, Nov. 1991.

[38] T. Tadokoro, H. Okamoto, Y. Kohama, T. Kawakami, T. Kurokawa "Room temperature pulsed operation of 1.5 mu m GaInAsP/InP vertical-cavity surface-emitting laser" IEEE Photonics

Technology Letter, 4 (5), 409-411,May 1992.

[39] T. Baba, Y. Yogo, K. Suzuki, F. Koyama, K. Iga "Near room temperature continuous wave lasing characteristics of GaInAsP/InP surface emitting laser" Electronics Letters, 29 (10), 913-914, May 1993.

[40] T. Baba, K. Suzuki, Y. Yogo, K. Iga, F. Koyama "Threshold reduction of 1.3μm GaInAsP/InP surface emitting laser by a maskless circular planar buried heterostructure regrowth" Electronics Letters, 29 (4), 331-332, Feb. 1993.

[41] Z. L. Liau and D. E. Mull, "Wafer fusion: A novel technique for optoelectronic integration and monolithic integration," Appl. Phys. Lett., 56 (8), 737-739, 1990.

[42] J. J. Dudley, M. Ishikawa, D. I. Babic, B. I. Miller, R. Mirin, W. B. Jiang, J. E. Bowers, and E. L. Hu "144 °C operation of 1.3μm InGaAsP vertical cavity lasers on GaAs substrates" Appl. Phys. Lett. 61, 3095-3097, 1992.

[43] J. J. Dudley, D. I. Babi , R. Mirin, L. Yang, B. I. Miller, R. J. Ram, T. Reynolds, E. L. Hu, and J. E. Bowers "Low threshold, wafer fused long wavelength vertical cavity lasers" Applied Physics Letters 64, 1463-1465, 1994.

[44] D.I. Babi ; J.J. Dudley; K. Streubel; R.P. Mirin; E.L. Hu; J.E. Bowers "Optically pumped all-epitaxial wafer-fused 1.52μm vertical-cavity lasers" Electronics Letters, 30 (9), 704-706, 29 Apr 1994.

[45] D. I. Babi , J. J. Dudley, K. Streubel, R. P. Mirin, J. E. Bowers, and E. L. Hu "Double-fused 1.52-μm vertical-cavity lasers" Appl. Phys. Lett. 66(9), 1030-1032, 1995.

[46] D.I. Babi ; K. Streubel; R.P. Mirin; N.M. Margalit; J.E. Bowers; E.L. Hu; D.E. Mars; Long Yang; K. Carey "Room-temperature continuous-wave operation of 1.54-μm vertical-cavity lasers" IEEE Photonics Technology Letters, 7 (11), 1225-1227, Nov. 1995.

[47] Connie J. Chang-Hasnain "Tunable VCSEL" IEEE J. of Selected Topics in Quantum Electronics, 6(6), 978-987, 2000.

[48] C. J. Chang-Hasnain, J. P. Harbison, C. E. Zah, M. W. Maeda, L. T. Florez, N. G. Stoffel, and T. P. Lee, "Multiple wavelength tunable surface emitting laser arrays," IEEE J. Quantum Electron., 27 (6), 1368-1376, 1991.

[49] F. Koyama, T. Mukaihara, Y. Hayashi, N. Ohnoki, N. Hatori, and K. Iga,"Two-dimensional multiwavelength surface emitting laser arrays fabricated by nonplanar MOCVD," Electron. Lett., 30, 1947-1948,1994.

[50] L. E. Eng, K. Bacher, W. Yuen, J. S. Harris, and C. J. Chang-Hasnain, "Multiple wavelength vertical cavity laser arrays on patterned substrates," IEEE J. Select. Topics Quantum Electron., vol. 1, pp.624-628, June 1995.

[51] W. Yuen, G. S. Li, and C. J. Chang-Hasnain,"Multiple-wavelength vertical-cavity surface-emitting laser arrays with a record wavelength span," IEEE Photon. Technol. Lett., vol. 8, pp. 4-6, Jan. 1996.

[52] H. Saito, I. Ogura, Y. Sugimoto, and K. Kasahara, "Monolithic integration of multiple wavelength vertical-cavity surface-emitting lasers by musk molecular beam epitaxy," Appl. Phys. Lett., vol. 66, pp. 2466-2468, 1995.

[53] H. Saito, I. Ogura, and Y. Sugimoto, "Uniform CW operation of multiple-wavelength vertical-cavity surface-emitting lasers fabricated by mask molecular beam epitaxy," IEEE Photon. Technol. Lett., vol. 8, pp. 1118-1120, Sept. 1996.

[54] M. S. Wu, E. C. Vail, G. S. Li, W. Yuen, and C. J. Chang-Hasnain,"Tunable micromachined vertical cavity surface emitting laser," Electron. Lett., vol. 31, pp. 1671-1672, Sept. 1995.

[55] M. C. Larson, A. R. Massengale, and J. S. Harris, "Continuously tunable micromachined vertical cavity surface emitting laser with 18 nm wavelength range," Electron. Lett., vol. 32, pp. 330-332, Feb. 15, 1996.

[56] D. Vakhshoori, P. Tayebati, C.-C. Lu, M. Azimi, P. Wang, J.-H. Zhou, and E. Canoglu, "2mW CW singlemode operation of a tunable 1550 nm vertical cavity surface emitting laser with 50 nm tuning range," Electron.Lett., vol. 35, pp. 900-901, 1999.

[57] S. Nakamura, M. Senoh, S. Nagahama, N. Iwasa, T. Yamada, T. Matsushita, H. Kiyoku, Y. Sugimoto, T. Kozaki, H. Umemoto, M, Sano and K, Chocho "High-Power, Long-Lifetime InGaN/GaN/AlGaN-Based Laser Diodes Grown on Pure GaN Substrates" Jpn. J. Appl. Phys. 37, L309-L312, 1998.

[58] S. Nakamura, M. Senoh, S. Nagahama, N. Iwasa, T. Yamada, T. Matsushita, H. Kiyoku, Y. Sugimoto, T. Kozaki, H. Umemoto, M. Sano and K. Chocho "Violet InGaN/GaN/AlGaN-Based Laser Diodes with an Output Power of 420mW" Jpn. J. Appl. Phys. 37, L627-L629, 1998.

[59] S. Nakamura, M. Senoh, S. Nagahama, N. Iwasa, T. Yamada, T. Matsushita, H. Kiyoku and Y. Sugimoto "InGaN Multi-Quantum-Well-Structure Laser Diodes with Cleaved Mirror Cavity Facets" Jpn. J. Appl. Phys. 35, L217-L220, 1996.

[60] K. Iga, "Possibility of green/blue/UV surface emitting lasers" International Symposium of Blue Laser and Light Emitting Diodes, No. Th-11, 263, Mar. 1996.

[61] J.M. Redwing, D.A.S. Loeber, N.G. Anderson, M.A. Tischler, J.S. Flynn, "An optically pumped GaN-AlGaN vertical cavity surface emitting laser" Appl. Phys. Lett. 69, 1-3, 1996.

[62] T. Someya, K. Tachibana, J. Lee, T. Kamiya, Y. Arakawa, "Lasing Emission from an $In_{0.1}Ga_{0.9}N$ Vertical Cavity Surface Emitting Laser" Jpn. J. Appl. Phys. 37, L1424-L1426, 1998.

[63] T. Someya, R. Werner, A. Forchel, M. Catalano, R. Cingolani, Y. Arakawa, "Room temperature lasing at blue wavelengths in gallium nitride microcavities" Science 285, 1905-1906, 1999.

[64] T.C. Lu, C.C. Kao, H.C. Kuo, G.S. Huang, S.C. Wang, "CW lasing of current injection blue GaN-based vertical cavity surface emitting laser" Appl. Phys. Lett. 92, 141102 2008.

[65] Y. Higuchi, K. Omae, H. Matsumura, T. Mukai, "Room-Temperature CW Lasing of a GaN-Based Vertical-Cavity Surface-Emitting Laser by Current Injection" Appl. Phys. Express 1, 121102, 2008.

第 2 章　半導體雷射基本操作原理與結構

雷射發明至今已有超過半世紀的歷史，在眾多種類的雷射中，半導體雷射一直在雷射的應用與產值中占有最重要的角色之一，因為半導體雷射有許多特點，諸如：具有極小的體積與極輕的重量、低操作電壓、高效率和低耗能、可直接調制的特性、波長可調整的範圍大、可供應的雷射波長多、信賴度高、操作壽命長、具有可量產的特性並可相容於其他半導體元件整合成 OEIC。這些優異特性，使得半導體雷射得以迅速的發展並應用在許多不同的領域上，舉凡光纖通信，光儲存，高速雷射列印，雷射條碼識別，分子光譜與生醫應用，軍事用途，娛樂用途、測距與指示以及近期的雷射滑鼠、微型雷射投影等應用深入生活各個層面。

在本章中我們會簡要說明半導體雷射的基本操作原理，在本章中我們會以最早被發明的邊射型雷射（edge emitting laser, EEL）為基礎，一開始我們會先介紹 p-n 雙異質接面的操作特性；接著再介紹半導體雷射主動層中電光轉換的部分，也就是增益介質將光放大的特性，之後則討論雷射振盪的條件以及介紹半導體雷射的速率方程式，引入載子生命期、光子生命期、自發性輻射因子等參數，列出載子密度與光子密度的速率方程式來推導半導體雷射的閾值條件與輸出特性。

2.1　雙異質接面

一個基本的半導體雷射如圖 2-1 所示，包含了兩個平行劈裂鏡面組成的共振腔，稱為 Fabry-Perot（FP）共振腔，雷射光在共振腔中來回振盪，再從兩邊鏡面發出雷射光，這種雷射又被稱作為邊射型雷射（edge emitting laser, EEL）。而夾在 n–type 與 p-type 區域中的主動增益層為發光區域，透過適當的結構設計與激發過程可以將雷射光放大，其中採用雙異質接面的 n–type 與 p-type 的披覆層可分別作為電子與電洞的注入層，又可作為雷射光的光學侷限層，這種雙異質結構同時可達到載子與光場的良好侷限。

一般的半導體材料因為摻雜種類不同，可分為 i 型（本質半導體）、p 型、n 型半導體。本質半導體無雜質摻雜，而 n 型或 p 型半導體利用摻雜不同的施體（donor）或受體（acceptor），使費米能階的能量在能帶中上移或下降。n 型半導體的多數載子為電子，p 型則是電洞。p-n 接面可以說是半導體雷射的核心，可分為同質接面（homojunction）與異質接面（heterojunction），同質接面是指同種材料所構成的接面，而異質接面則是兩種

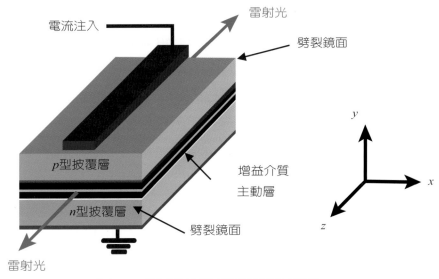

圖 2-1　雙異質結構半導體雷射示意圖

不同材料，能隙大小不同，晶格常數相近，所形成的接面。早期半導體雷射多採用同質接面製作，但因同質接面的載子復合效率較差且沒有光學侷限能力，操作電流相當高，而異質接面則可以克服這些缺點，因此目前大部分的半導體雷射皆採用雙異質接面（double heterostructure, DH）結構。

　　圖 2-2 為雙異質接面雷射結構順向偏壓下的能帶圖與折射率分布和光場分布示意圖。在順向偏壓下，可發現 *N-p* 接面只允許電子的注入，使得 N 型材料成為電子注入層；而 *p-P* 接面只允許電洞的注入，使得 *P* 型材料成為電洞注入層。位於中央的主動層材料同時匯集了電子和電洞，而電子和電洞因為受到了 *p-P* 和 *N-p* 接面的阻擋而被侷限，將注入載子侷限在主動層中，因此電子和電洞產生輻射復合，最後達到居量反轉（population inversion）以及閾值條件（threshold condition）而發出雷射光，而主動層能隙的大小換算成波長約等於雷射光的波長。此外，由於能隙較小的材料通常具有較大的折射率，因此雙異質結構其折射率分布如圖 2-2 所示具有波導功能，可以讓垂直於接面的光場侷限在主動層中，關於雙異質結構的波導模態對於垂直共振腔面射型雷射在光學上所扮演的角色和邊射型雷射不太相同，但是在載子侷限上的優點仍然保存著，相關的討論會在之後的章節說明。綜合上述的討論，雙異質結構擁有良好的載子與光場的侷限，可以大幅降低閾值電流，使得此結構製成的半導體雷射具有優異的性能而成為最早被發展出可以在室溫連續操

作的元件！

　　圖 2-3 爲 N-$Al_{0.3}Ga_{0.7}As$/p-GaAs/P-$Al_{0.3}Ga_{0.7}As$ DH structure 的能帶圖。在圖 2-3(a) 中，兩材料還未形成接面時，能隙較小的 p 型材料其能隙爲 E_{g2}，其費米能階和 E_v 之間的差異爲 δ_2，其電子親和力（即眞空能隙和 E_c 間的能量差）爲 χ_2，而功函數（眞空能隙和 E_f 間的能量差）爲 Φ_2；而能隙較大的 N 型材料其參數皆以下標 1 作爲區分。此時，E_{c1} 和 E_{c2} 間的差異即爲導電帶偏移（conduction band offset）ΔE_c；而 E_{v2} 和 E_{v1} 間的差異爲價電帶偏移（valence band offset）ΔE_v。

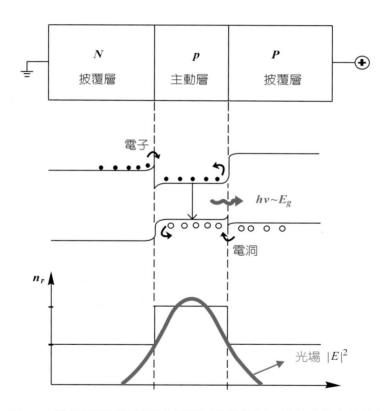

圖 2-2　雙異質接面結構順向偏壓下的能帶圖、折射率與光場分布

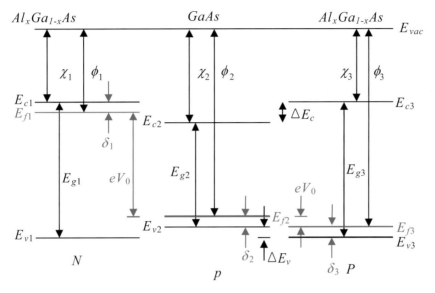

圖 2-3(a)　N-Al$_{0.3}$Ga$_{0.7}$As/p-GaAs/P-Al$_{0.3}$Ga$_{0.7}$As 未接觸前之能帶圖

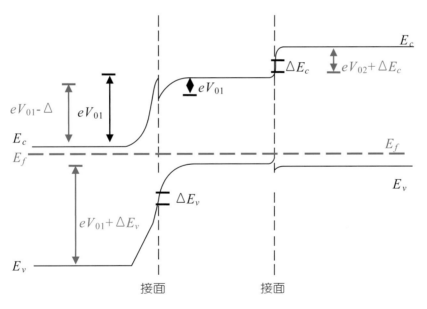

圖 2-3(b)　達到熱平衡時之能帶圖

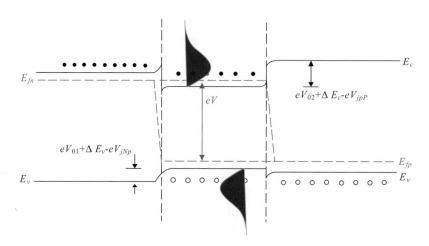

圖 2-3(c)　順向偏壓時之能帶圖

　　半導體中的載子濃度，在低濃度條件下可利用 Boltzmann 近似來計算 Fermi-Dirac 積分式，得到簡化解析解算出載子濃度為：

$$n_1 = N_{c_1} e^{-(E_{c_1} - E_{f_1})/k_B T} \tag{2-1}$$

$$p_2 = N_{v_2} e^{-(E_{f_2} - E_{v_2})/k_B T} \tag{2-2}$$

$$p_3 = N_{v_3} e^{-(E_{f_3} - E_{v_3})/k_B T} \tag{2-3}$$

其中等效能態密度為

$$N_{c_i, v_j} \equiv 2 \times \left(\frac{2\pi m^*_{c_i, v_j} k_B T}{h^2} \right)^{3/2} \tag{2-3}$$

　　接著，當接面接觸時，利用費米能階相對於導電帶或價電帶的相對位置，計算出 δ_1、δ_2，δ_3，最後得到 N-p 接面的接觸電位 V_{01} 以及 p-P 接面的接觸電位 V_{02}。

$$\begin{aligned} V_{juntion_{N-p}} &= (E_{g_2} - \delta_2) + (\Delta E_c - \delta_1) \\ &= (E_{g_2} + \Delta E_c) - (\delta_1 + \delta_2) \end{aligned} \tag{2-5}$$

$$V_{juntion_{p-P}} = \Delta E_v + (\delta_2 - \delta_3) \tag{2-6}$$

而在順向偏壓時，*p-N* 大部分電流由電子所貢獻，因此我們可以定義在 *p-N* 接面上電子比電洞的載子注入比率（injection ratio）γ 為：

$$\gamma = \frac{J_n}{J_p} \propto e^{\Delta E_g / k_B T} \tag{2-7}$$

除了注入比率之外，我們可以定義電子的注入效率（injection efficiency）為 η_e：

$$\eta_e \equiv \frac{J_n}{J_n + J_p} = \frac{1}{1 + (\frac{J_p}{J_n})} = \frac{1}{1 + (1/\gamma)} \tag{2-8}$$

<hr>

範例 2-1

試比較同質 *p-n* 接面，單異質接面與雙異質接面中在相同注入電流下電子濃度的差異。

解：

由於電子濃度和注入電流以及電子復合時間有關，也就是電子濃度隨時間的變化可表示成：

$$\frac{dn}{dt} = \frac{J}{ed} - \frac{n}{\tau_n} \tag{2-9}$$

其中等號右邊第一項代表載子流入項，J 為注入之電流密度，d 為厚度；而第二項代表載子損耗項，n 為載子濃度，而 τ_n 為載子生命期。在穩定注入的條件下，載子濃度不應隨時間而變化，因此 $dn/dt = 0$，由（2-9）式可得：

$$n = \frac{J\tau_n}{ed} \tag{2-10}$$

對同質接面而言，d 為擴散長度 L_n，而 J 僅有 J_n 的貢獻，則同質接面的載子濃度為：

$$n_H = \frac{J_n \tau_n}{eL_n} = \frac{\tau_n}{eL_n} \eta_e J \cong \frac{\tau_n}{2eL_n} J \qquad (2\text{-}11)$$

對單異質接面而言，d 仍為擴散長度，但趨近於 1，其載子濃度為：

$$n_{SH} = \frac{J_n \tau_n}{eL_n} = \frac{\tau_n}{eL_n} \eta_e J = \frac{\tau_n}{eL_n} J \qquad (2\text{-}12)$$

對雙異質接面而言，d 為主動層厚度，約在 0.1～0.3 μm 之間，而也趨近於 1，因此其載子濃度為：

$$n_{DH} = \frac{\tau_n}{ed} J \qquad (2\text{-}13)$$

一般而言 L_n 約為 3 到 10 μm，我們可以取 L_n = 3 μm，d = 0.1 μm，則此三種結構的載子濃度比率為

$$n_H : n_{SH} : n_{DH} = \frac{1}{2L_n} : \frac{1}{L_n} : \frac{1}{d}$$
$$= 1 : 2 : 60$$

由此可知，雙異質結構具有最高的載子濃度以及最好的載子侷限能力！

2.2　半導體光增益與放大特性

　　在半導體中，光子的放射是由電子和電洞藉由垂直躍遷所達成的，我們可以把具有相同 k 值的電子—電洞看成一種新的激發粒子，一旦電子電洞復合放出光子後，此激發粒子便回到低能態的基態中，此種新激發粒子的能量動量關係，可由其能量動量關係曲線中得出激發粒子的有效質量，稱之為縮減有效質量（reduced effective mass），及激發粒子的能態密度，稱之為聯合能態密度（joint density of state），圖 2-4 中導電帶（conduction band）和價電帶（valence band）中的有效質量分別爲 m_c^* 與 m_v^*。其中縮減等效質量和 m_c^* 與 m_v^* 的關係爲：

$$\frac{1}{m_r^*} = \frac{1}{m_c^*} + \frac{1}{m_v^*}$$

（2-14）

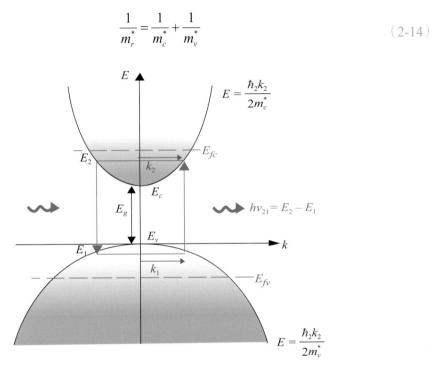

圖 2-4　電子和電洞垂直躍遷示意圖

　　而圖 2-4 中準費米能階爲 E_{fc} 和 E_{fv}，其之間的能量差異是由注入的電子與電洞的多寡所決定，當主動層中的載子濃度愈高，準費米能階之間的能量差異愈大，反之則會減少。

　　雷射主要是架構在光放大器的基礎上，而「增益」是指把光放大的程度，在半導體雷射中，利用主動層中載子濃度變化來改變材料光學特性，當高載子注入時，電子與電洞注入主動層，產生雷射增益，達到居量反轉，最後放出雷射光。增益係數 γ 定義爲：

$$\gamma = \frac{1}{I} \times \frac{dI}{dz}$$

（2-15）

$$= \frac{淨放出之光功率 / 單位體積}{輸入光功率 / 單位面積} \quad （單位：cm^{-1}）$$

（2-16）

我們可借用原子二能階系統以 Einstein 模型來描述在半導體中具有相同 k 值的電子—電洞與光的交互作用，可得到另一種半導體塊材增益係數頻譜表示式：

$$\gamma = A_{21}(\frac{\lambda_0^2}{8\pi n_r^2})hN_r(E)[f_2 - f_1] \quad (\text{cm}^{-1}) \qquad （2\text{-}17）$$

上式中 $f_c(E)$ 和 $f_v(E)$ 為準費米能階 E_{fc} 和 E_{fv} 的 Fermi-Dirac 機率分布。定義如下：

$$f_2 = f_c(E_2) = \frac{1}{1 + e^{(E_2 - E_{fc})/k_BT}} \qquad （2\text{-}18）$$

$$f_1 = f_v(E_1) = \frac{1}{1 + e^{(E_1 - E_{fv})/k_BT}} \qquad （2\text{-}19）$$

準費米能階 E_{fc} 和 E_{fv} 的位置非常重要，可決定半導體是否具有增益的能力，E_{fc} 和 E_{fv} 又是注入載子濃度的函數，所以半導體的增益大小為注入載子濃度的函數，其增益頻譜會隨著注入載子濃度的增加而逐漸變大，在載子濃度很低的時候，能隙以上的能量都呈現吸收的情況，此時淨受激放射 $R_{st} < 0$，$f_2 - f_1 < 0$，即

$$(E_2 - E_1) > (E_{fc} - E_{fv}) \qquad （2\text{-}20）$$

而當增益開始大於零時，淨受激放射 $R_{st} = 0$，光不會被放大，也不會被吸收，此時 $hv = E_2 - E_1 = E_{fc} - E_{fv}$，$f_2 - f_1 = 0$，我們稱為透明條件（transparency condition），此時的載子濃度被稱為透明載子濃度（transparency carrier density）n_{tr}。當注入的載子濃度大於 n_{tr} 以上時，半導體增益值愈來愈高與增益頻寬愈來愈大，但只有那些能量介於 E_g 和（$E_{fc} - E_{fv}$）之間的光子通過此半導體時，才會有被放大的現象，此時 $R_{st} > 0$，表現出增益現象，$f_2 - f_1 > 0$ 化簡可得

$$E_g < (E_2 - E_1) = hv < (E_{fc} - E_{fv}) \qquad （2\text{-}21）$$

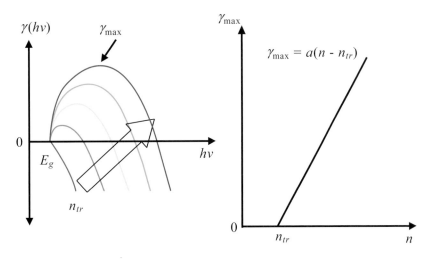

圖 2-5　塊材半導體隨不同載子濃度的增益頻譜以及最大增益對載子濃度呈現線性近似的關係

　　增益頻譜中另一重要的資訊是最大增益值。圖 2-5 為塊材半導體的最大增益值對載子濃度圖，將最大增益值對載子濃度作圖可以得到圖 2-5 右邊近似線性的圖形，為最大增益 γ_{max} 和載子濃度 n 的線性近似：

$$\gamma_{max} = a(n - n_{tr}) \tag{2-22}$$

其中 a 為 $\partial\gamma_{max}/\partial n$，定義為微分增益（differential gain），微分增益對於半導體雷射動態操作的速度影響非常大，我們將會在之後的章節作詳細的討論。

範例 2-2

室溫下，一光放大器主動層為 InGaAs，其透明載子濃度 $n_{tr} = 1.05 \times 10^{18}$ cm^{-3}，而微分增益 $a = 3 \times 10^{-16}$ cm^2，當注入載子濃度 $n = 1.5 n_{tr} = 1.575 \times 10^{18}$ cm^{-3}，試求增益係數。

解：

$$\gamma = a(n - n_{tr}) = 3 \times 10^{-16} \times 0.5 \times 1.05 \times 10^{18} = 157.5 \text{ cm}^{-1}$$

若此放大器的長度是 1 cm，假設不考慮飽和效應，則光放大的倍數為：

$$\frac{I_0}{I_i} = e^{\gamma L} = e^{157.5} = 2.5 \times 10^{68}$$

上面的數字實為非常驚人的放大倍率，這個例子告訴我們半導體的增益係數是相當大的！

半導體雷射的操作，往往是由增益頻譜中最大的增益值所決定的，雷射閾值（threshold）條件之一在於增益的最大值等於共振腔中的損耗（loss）之際，一旦最大增益（peak gain）到達損耗值（或臨界值）時，雷射開始啟動發出同調的雷射光，此時的載子濃度即為閾值載子濃度（threshold carrier density）n_{th}。

（2-22）式增益係數的線性近似為最簡便使用的一種近似，然而增益係數的變化常會隨著載子濃度高低而不同，例如在量子井結構中最大增益係數隨著載子濃度的增加開始有飽和的趨勢時，我們改用對數近似的方式來擬合增益係數對載子濃度的變化：

$$\gamma = \gamma_0 \ln(\frac{n}{n_{tr}}) \qquad (2\text{-}23)$$

上式為二參數對數近似，當 n/n_{tr} 趨近於 1 時，（2-23）式可近似為：

$$\gamma = \gamma_0 (\frac{n}{n_{tr}} - 1) \qquad (2\text{-}24)$$

上式和式（2-22）相等，其中微分增益 $\gamma_0 / n_{tr} = a$。我們也可以將（2-23）式對 n 微分，計算微分增益：

$$\frac{\partial \gamma}{\partial n} = \frac{\gamma_0}{n} \qquad (2\text{-}25)$$

當 $n \cong n_{tr}$ 時，微分增益即為 γ_0 / n_{tr}。

若為了更精準擬合增益係數，可以在（2-23）式中再加一個參數，成為三參數對數近似：

$$\gamma = \gamma_0 \ln(\frac{n + n_s}{n_{tr} + n_s})$$

（2-26）

其中 n_s 為擬合參數，若 $n_s \to 0$，上式變回（2-23）式。

2.3　半導體雷射震盪條件

共振腔中雷射光來回（round trip）振盪後保持光學自再現（self-consistency）的邊界條件，讓我們可以求得雷射要穩定存在於共振腔必須符合兩條件，第一部分為振幅條件，第二則為相位條件。振幅條件說明了「閾值條件為增益與損耗相等」，接著就可以由閾值條件求得半導體雷射的閾值載子濃度（threshold carrier density）與閾值電流（threshold current）。接下來我們就可以推導在閾值條件以上時雷射光輸出的功率和注入電流的關係，進而討論半導體雷射的操作效率。下一節，我們再引入半導體雷射的速率方程式（rate equation）來推導閾值條件與輸出特性。

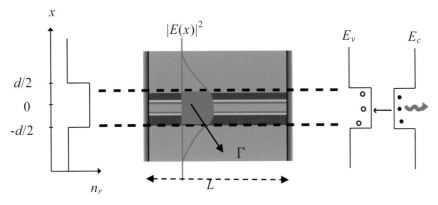

圖 2-6　光場強度在主動層附近的分布

2.3.1 振幅條件

圖 2-6 中，主動層爲提供增益的區域，而主動層中的折射率和披覆層的折射率因存在差異而形成波導結構。我們先來看雷射振盪的第一個條件——振幅條件：

$$\Gamma\gamma_{th} = \alpha_i + \frac{1}{2L}\ln\frac{1}{R_1R_2} \equiv \alpha_i + \alpha_m \qquad (2\text{-}27)$$

在（2-27）式中，左側爲半導體主動層的增益，Γ 爲光學侷限因子（optical confinement factor），代表光強度在主動層中佔所有光強的比率，相關的推導會在下一章中詳細介紹，α_i 與 α_m 分別爲內部損耗（internal loss）與鏡面損耗（mirror loss）。增益係數隨著注入載子濃度增加而變大，當增益等於（2-27）式右側固定內部損耗時及鏡面損耗，會達到穩定條件而發出雷射光，此時的增益值即稱閾值增益（threshold gain）。

範例 2-3

若一雙異質結構的 GaAs 邊射型半導體雷射，共振腔長度 $L = 500$ μm，$\alpha_i = 10$ cm^{-1}，$n_r = 3.6$，$\Gamma = 0.8$，試求 γ_{th}。

解：

由於此半導體雷射二端爲劈裂鏡面，因此反射率爲

$$R_1 = R_2 = R = (\frac{n_r - 1}{n_r + 1})^2 = (\frac{3.6 - 1}{3.6 + 1})^2 = 0.32$$

而由（2-27）式的閾值條件爲：

$$\Gamma\gamma_{th} = \alpha_i + \frac{1}{2L}\ln(\frac{1}{R^2}) = \alpha_i + \frac{1}{L}\ln(\frac{1}{R})$$

所以

$$\gamma_{th} = \frac{1}{\Gamma}(\alpha_i + \frac{1}{L}\ln\frac{1}{R}) = \frac{1}{0.8}(10 + \frac{1}{500 \times 10^{-4}}\ln\frac{1}{0.32}) = 41\,\text{cm}^{-1}$$

在得到了雷射操作閾值條件與閾值增益後，我們使用線性近似的增益係數，可得到閾值電流密度為：

$$J_{th} = \frac{d}{b\eta_i\Gamma}\left[\alpha_i + \frac{1}{2L}\ln(\frac{1}{R_1R_2})\right] + \frac{dJ_o}{\eta_i} \qquad （2\text{-}28）$$

其中內部量子效率 η_i（internal quantum efficiency）定義為留在主動層中的載子和注入載子之間的比率，而其他參數定義如下：

$$b \equiv \frac{a\tau_n}{d}$$
$$J_0 \equiv \frac{J_{tr}}{d} \qquad （2\text{-}29）$$
$$J_{tr} \equiv \frac{e \cdot d \cdot n_{tr}}{\tau_n}$$

由上式可知影響閾值電流密度的因素很多，有主動層厚度 d、內部量子效率 η_i、透明電流密度 J_0、微分增益 a（differential gain）及載子生命期 τ_n（carrier lifetime）等。

2.3.2　相位條件

而雷射操作的第二個條件——相位條件部分，相位的變化要等於 2π 的整數倍，即：

$$2kL = q \cdot 2\pi \qquad （2\text{-}30）$$

其中 q 為正整數，因為 $k = 2n_r\pi / \lambda$，上式可整理得：

$$q(\frac{\lambda}{2n_r}) = L \qquad （2\text{-}31）$$

上式符合駐波條件，也就是雷射共振腔的長度為雷射半波長的整數倍。這種模態我們稱為雷射縱模（longitudinal mode），如圖 2-7 所示。

　　由於在雷射共振腔中，不同的 q 值對應到不同的雷射縱橫，q 值愈大，雷射光波長愈短；相反的，q 值愈小，雷射光波長愈長。當雷射共振腔中的折射率有色散（dispersion）特性，也就是 n_r 會隨著波長的變化而變化時，我們若將雷射共振腔的縱模從 q 變化到 $q-1$，對應的波長則由 λ 變成 $\lambda + \Delta\lambda$，則：

$$(q-1) = \frac{2n_r(\lambda + \Delta\lambda)}{\lambda + \Delta\lambda} \cdot L \tag{2-32}$$

因為 $n_r(\lambda)$ 可以近似成：

$$n_r(\lambda + \Delta\lambda) = n_r(\lambda) + \frac{\partial n_r(\lambda)}{\partial \lambda} \cdot \Delta\lambda \tag{2-33}$$

代入（2-32）式，可得：

$$q - 1 = \frac{2n_r(\lambda)L}{\lambda} - 1 = \frac{2\left[n_r(\lambda) + \dfrac{\partial n_r(\lambda)}{\partial \lambda}\Delta\lambda\right]}{\lambda + \Delta\lambda} \cdot L \tag{2-34}$$

整理可得：

$$\Delta\lambda = \frac{\lambda^2}{2L\left[n_r(\lambda) - \lambda\dfrac{\partial n_r(\lambda)}{\partial \lambda} - \dfrac{\lambda}{2L}\right]} \tag{2-35}$$

對一般邊射型半導體雷射來說，$\lambda \ll 2L$，因此上式可簡化為：

$$\Delta\lambda = \frac{\lambda^2}{2n_r L[1 - (\dfrac{\lambda}{n_r})\dfrac{\partial n_r(\lambda)}{\partial \lambda}]} = \frac{\lambda^2}{2n_{eff}L} \tag{2-36}$$

其中

$$n_{eff} \equiv n_r\left[1 - (\frac{\lambda}{n_r})\frac{\partial n_r}{\partial \lambda}\right] \tag{2-37}$$

通常 n_r 會隨著波長的增加而變小，因此 n_{eff} 會比原本的 n_r 還大。若我們以 Δv 來表示縱模的頻率差異，因為 $\Delta v / v = \Delta \lambda / \lambda$，則：

$$\Delta v = \Delta \lambda \cdot \frac{v}{\lambda} = \frac{\Delta \lambda \cdot c}{\lambda^2} = \frac{c}{2 n_{efff} L} \qquad (2\text{-}38)$$

若 n_r 的色散效應很小，使得 $(\frac{\lambda}{n_r})\frac{\partial n_r}{\partial \lambda} << 1$，則（2-36）和（2-38）式又可簡化為：

$$\Delta \lambda = \frac{\lambda^2}{2 n_r L} \qquad (2\text{-}39)$$

$$\Delta v = \frac{c}{2 n_r L} \qquad (2\text{-}40)$$

不管是 $\Delta \lambda$ 或 Δv 都是指雷射縱模之間的模距（mode spacing），其中（2-40）式較常被使用，因為模距僅和 n_r 及 L 有關，一旦雷射共振腔長決定了，模距也就會固定下來。而這些模態表示在雷射共振腔中可容許的頻率，如圖 2-7 所示，只有在這些頻率上才可以發出雷射光，圖 2-7 中顯示了此雷射的增益頻譜在不同的電流密度注入下的曲線，隨著電流密度愈高，增益頻譜就愈大且頻寬愈廣，若 γ_{th} 為閾值增益，在注入 J_1 時的增益尚未超過 γ_{th}，因此仍不能發出雷射光，圖 2-7 下半部顯示由雷射共振腔的一端所測得的發光頻譜，在 $J_1 < J_{th}$ 時，因為發光頻譜和準費米能階的位置有關，其發光頻譜的半高寬很大；當注入電流密度為 J_2 時的增益頻譜其最高點和 γ_{th} 相等，符合了雷射振盪的振幅條件——增益等於損耗，因此在 $J_2 = J_{th}$ 時開始發出雷射光，若此時增益的最高點位置恰在縱模上，則雷射光的波長則由此縱模決定，我們可以看到圖 2-7 中當 $J_2 = J_{th}$ 時，雷射頻譜只有單一個非常窄線寬的模態。

在理想情況下，當注入半導體的電流持續增加時，主動層中的增益不再隨之變大，這些大於閾值電流而多出來的載子都會變成雷射光子輸出，雷射頻譜也仍舊維持單模操作。然而實際上，由於主動層可能在空間上有不均勻的現象，使得半導體雷射的增益頻譜存在著不均勻加寬（inhomogeneous broadening）的情形，在這種情況 γ_{th} 下，增益只會在縱模的譜線位置上被耗盡並箝制在上，多注入的載子可貢獻到其他的增益頻譜上，如圖 2-7 下半部所示，因此在那些超過 γ_{th} 的增益頻寬 Δv_{osc} 中的雷射縱模都會發出雷射光，形成多縱

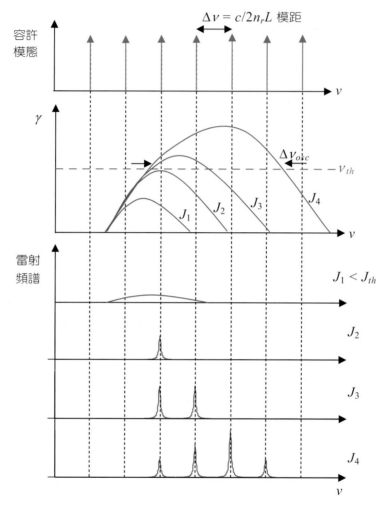

圖 2-7　雷射共振腔中可容許的模態、雷射增益頻譜以及功率頻譜圖

模態雷射光輸出，一般的邊射型雷射其共振腔長大約在 200 μm 以上，遠大於發光波長，多呈現多縱模的雷射輸出頻譜；而垂直共振腔面射型雷射的共振腔短，一般跟波長的長度相仿，可以輕易的達到單縱模的雷射輸出頻譜。

2.4　速率方程式與雷射輸出特性

半導體雷射的操作可以用蓄水槽注水的模型來類比 [2]，如圖 2-8 所示。

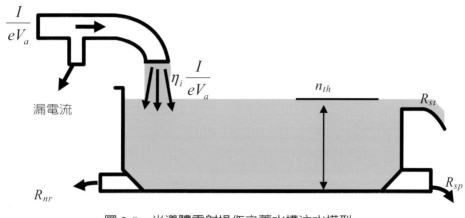

圖 2-8　半導體雷射操作之蓄水槽注水模型

　　半導體雷射的主動層可以比擬成一個蓄水槽，主動層中的載子則如同蓄水槽中的水，由外界注入的水就如同半導體雷射的載子從兩端的電極注入，在注入的過程中會有一些漏水的現象，即為漏電流的產生，因此電流注入主動層的比率可以使用 η_i 代表所有注入載子在主動層的比率；另一方面，注入主動層的載子會因為載子復合而消失，正如同在蓄水槽底部的排水孔造成蓄水槽中的水流失的現象，而載子復合又可分為兩種模式，一種為產生光子的輻射復合（radiative recombination），在尚未達到閾值條件前，主要為自發放射，共振腔中的光子皆屬於雜亂分布且屬於不同模態的自發放射的光子；另一種為不會產生光子的非輻射復合（nonradiative recombination）。在理想的情況下，當半導體雷射的注入電流密度到達 J_{th} 後到達閾值條件，即蓄水槽的水已經注滿，其蓄水池的容量是由閾值條件所決定。在閾值條件以上，多注入的載子可以透過受激放射放出單模的同調光子，就如同滿出蓄水池的水由蓄水池邊緣流洩一般。

　　更精確的半導體雷射操作模型，如圖 2-9 所示。半導體雷射基本上是藉由注入電流 I（電流密度 J），在主動層中形成載子濃度 n，然而並不是所有的注入電流都會到達主動層，因此會存在一些漏電的損失。這些在主動層中的載子會經由輻射復合與非輻射復合的過程而損失，到達閾值條件後，這些載子會受到另一個受激放射的途徑損失，而單一模態的光子 n_p 隨之產生，n_p 為光子密度，這些光子會受到內部損耗與鏡面損耗的途徑而損失，其中經由鏡面損失的光子即為半導體雷射的輸出。

　　我們有興趣的是在半導體雷射中電流和 n 以及 n_p 之間的相對變化，電流是輸入變量，

而 n 和 n_p 為隨著電流的輸入而變化的應變量，參考此圖的模型，我們可以分別列出對載子濃度 n 以及對光子密度 n_p 的速率方程式。

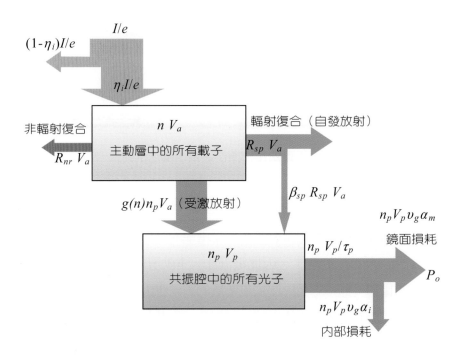

圖 2-9　雷射速率方程式示意圖 [2]

我們先看所有載子數目對時間的變化為：

$$V_a \frac{dn}{dt} = \eta_i \frac{I}{e} - \frac{n}{\tau_n} \cdot V_a - g(n)n_p \cdot V_a \; (\text{單位：} \mathrm{sec}^{-1}) \qquad (2\text{-}41)$$

其中 V_a 為主動層的體積，換算成載子濃度對時間的變化為：

$$\frac{dn}{dt} = \eta_i \frac{J}{ed} - \frac{n}{\tau_n} - g(n)n_p \; (\text{單位：} \mathrm{cm}^{-3}\mathrm{sec}^{-1}) \qquad (2\text{-}42)$$

等式右邊的第一項代表電流密度的注入而轉換為主動層中的載子濃度增加率，主動層的厚度為 d，η_i 代表所有注入載子在主動層的比率即內部量子效率。而等式右邊第二項代表載子經復合而消失的減少速率，我們用 τ_n 來表示所有的載子復合速率的時間常數，稱為載子生命期（carrier lifetime）。而等式右邊第三項為載子受到共振腔中光子激發而放出受激放射光子的減少速率，因此和 $g(n)$ 以及 n_p 的乘積成正比，而 $g(n)$ 為一個和時間相依的增益速率，其單位為 $\sec^{-1}$，正比於每秒光子增加的速率，因此 $g(n) = \upsilon_g \cdot \gamma(n)$。

接著，我們看所有光子數目的變化速率：

$$V_p \frac{dn_p}{dt} = g(n)n_p \cdot V_a - \frac{n_p}{\tau_p} \cdot V_p + \beta_{sp} \cdot \frac{n}{\tau_n} \cdot V_a \text{（單位：} \sec^{-1}\text{）} \tag{2-43}$$

其中 V_p 為光學共振腔的體積，因此 $V_a / V_p \equiv \Gamma$，定義為光學侷限因子，換算成光子密度對時間的變化為：

$$\frac{dn_p}{dt} = \Gamma g(n)n_p - \frac{n_p}{\tau_p} + \Gamma \beta_{sp} \cdot \frac{n}{\tau_n} \text{（單位：} cm^{-3}\sec^{-1}\text{）} \tag{2-44}$$

等式右邊第一項表示光子的增加速率，而第二項表示光子的減少速率，我們用 τ_p 表示所有的光子衰減速率的時間常數，稱為光子生命期（photon lifetime）；第三項為自發性輻射貢獻到雷射光子模態的部分，用自發放射因子（spontaneous emission factor, β_{sp}）表示，在此我們若只考慮邊射型雷射的例子，其 β_{sp} 太小（約 10^{-5} 左右）可忽略不計，因此可以得到一組載子濃度 n 以及對光子密度 n_p 互相耦合的速率方程式。

在（2-42）式與（2-44）式中，若假設增益速率值為線性近似，則：

$$\begin{aligned}
g(n) &= (\frac{c}{n_r})\gamma(n) \\
&= (\frac{c}{n_r})a(n - n_{tr}) \\
&\equiv g_0(n - n_{tr}) \qquad (\sec^{-1})
\end{aligned} \tag{2-45}$$

其中 g_0 為時間上的微分增益。

而光子生命期為：

$$\frac{1}{\tau_p} = \upsilon_g \cdot \alpha_i + \upsilon_g \cdot \alpha_m = (\frac{c}{n_r})(\alpha_i + \alpha_m) \quad (\sec^{-1}) \tag{2-46}$$

其中 v_g 是雷射光的群速度，α_i 與 α_m 分別為內部損耗與鏡面損耗。

有了上面所列出的速率方程式後，我們可以在穩態（steady-state）條件下，藉由已知的雷射現象，分三個階段來簡化速率方程式並解（2-42）式與（2-44）式這二個耦合方程式。

(1)低於閾值條件

在未達閾值條件前，雷射共振腔中幾乎沒有光子，因此 $n_p \cong 0$，而（2-42）式為：

$$\frac{dn}{dt} = 0 = \eta_i \frac{J}{ed} - \frac{n}{\tau_n} \qquad (2\text{-}47)$$

因此

$$n = \eta_i \frac{J\tau_n}{ed} \qquad (2\text{-}48)$$

載子濃度和注入電流密度成正比。

(2)到達閾值條件

閾值條件時，n_p 雖不為零，但值很小，因此仍可忽略，我們可以得到閾值載子濃度為：

$$n = \eta_i \frac{J\tau_n}{ed} \qquad (2\text{-}49)$$

另一方面由（2-45）式在閾值條件下，

$$n_{th} = \frac{\alpha_i + \alpha_m}{\Gamma a} + n_{tr} \qquad (2\text{-}50)$$

代回（2-49）式，我們得到閾值電流密度：

$$J_{th} = \frac{n_{th} \cdot e \cdot d}{\eta_i \cdot \tau_n}$$
$$= \frac{d}{b\eta_i \Gamma}(\alpha_i + \frac{1}{2L}\ln\frac{1}{R_1 R_2}) + \frac{dJ_0}{\eta_i} \qquad (2\text{-}51)$$

其中 b 與 J_0 的定義同（2-29）式所列。

(3)高於閾值條件

在閾值條件以上，載子濃度將會被箝止在 n_{th}，因爲高於 n_{th} 的載子都會立刻藉由受激輻射轉換成光子，使得載子濃度得以維持動態的平衡。因此由（2-42）式，

$$\eta_i \frac{J}{ed} - \frac{n_{th}}{\tau_n} = g(n_{th})n_p \tag{2-52}$$

所以

$$
\begin{aligned}
n_p &= \frac{1}{g(n_{th})}(\eta_i \frac{J}{ed} - \frac{n_{th}}{\tau_n}) \\
&= \Gamma \tau_p \eta_i (\frac{J}{ed} - \frac{J_{th}}{ed}) \\
&= \Gamma (\frac{\tau_p}{ed}) \eta_i (J - J_{th})
\end{aligned}
\tag{2-53}
$$

若 $\eta_i = 1$ 以及 $\Gamma = 1$，我們也可將上式表示爲：

$$\frac{n_p}{\tau_p} = \frac{J - J_{th}}{ed} = \frac{n - n_{th}}{\tau_n} \tag{2-54}$$

如此一來，可以讓我們輕易的了解到上式中等號左邊表示光子產生速率，而右邊爲大於 n_{th} 的部分載子消失的速率。

而在共振腔中所產生的光子總數爲：

$$N_p = n_p \cdot V_p = \frac{n_p \cdot V_a}{\Gamma} = \frac{n_p}{\Gamma} \cdot Lwd = \frac{\tau_p}{e} \eta_i (I - I_{th}) \tag{2-55}$$

因此，在共振腔中的總功率爲：

$$P_c = (\frac{N_p}{\tau_p}) \cdot h\nu = \eta_i (\frac{h\nu}{e})(I - I_{th}) \tag{2-56}$$

因為光子由鏡面損耗的速率為 $\upsilon_g \cdot \alpha_m$，則輸出到共振腔外的功率為：

$$P_o = 光子密度 \times 體積 \times 鏡面損耗速率 \times 光子能量$$

$$= n_p \times Lwd \times (\frac{c}{n_r})\alpha_m \times hv \tag{2-57}$$

若考慮內部量子效率，則由（2-55）式：

$$P_o = \eta_i (\frac{\tau_p}{ed})(J - J_{th})Lwd \cdot \frac{c}{n_r} \cdot \alpha_m \cdot hv$$

$$= \eta_i (\frac{hv}{e})(\frac{\alpha_m}{\alpha_i + \alpha_m})(I - I_{th}) \tag{2-58}$$

我們可以得到雷射光輸出與輸入電流之間的關係，若對輸出與輸入作圖，則可得到如圖 2-10 的半導體雷射的 *L-I* 曲線圖。

由於半導體雷射是由電流載子注入主動層來激發產生光，為了衡量半導體雷射的電光轉換效率，我們定義微分量子效率（differential quantum efficiency）為：

$$\eta_d \equiv \frac{每秒光子輸出數目的增加量}{臨界條件以上每秒注入載子數目的增加量} \tag{2-59}$$

$$= \eta_i \frac{\alpha_m}{\alpha_i + \alpha_m} \ （單位：\%）$$

$$= \eta_i \frac{\frac{1}{2L}\ln(\frac{1}{R_1 R_2})}{\alpha_i + \frac{1}{2L}\ln(\frac{1}{R_1 R_2})} \ （單位：\%）$$

簡單來說，微分量子效率是用來衡量每注入一個載子轉換為一個光子的比率。而斜率效率（slope efficiency）為

$$\eta_s \equiv \frac{輸出功率增量}{輸入電流增量} = (\frac{\Delta P_o}{\Delta I}) = (\frac{hv}{e}) \cdot \eta_d \ （單位：W/A） \tag{2-60}$$

即為圖 2-10 中雷射輸出功率對輸入電流變化的斜率。

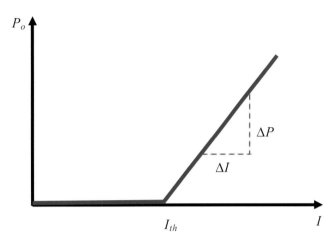

圖 2-10　半導體雷射的 L-I 曲線

範例 2-4

波長 1.55 μm 之 InGaAlAs 雷射的增益線性近似可表示為：

$$\gamma_{max} = a(n - n_{tr}) = 3 \times 10^{-16}(n - 2 \times 10^{18})\ (\mathrm{cm}^{-1})$$

若共振腔長為 500 μm，二端為劈裂鏡面，主動層之等效折射率為 3.4，內部損耗為 25 cm⁻¹，輻射復合生命期為 1.5 nsec，內部量子效率 $\eta_i = 0.8$，主動層的厚度為 50 nm，光學侷限因子為 0.2。(a) 試計算閾值電流密度，(b) 若主動層的面積為 2.5 μm×500 μm，試求此半導體雷射之閾值電流，(c) 試估計斜率效率。

解：

求閾值增益前要先知道鏡面損耗，由於兩端鏡面的反射率為

$$R = (\frac{n_r - 1}{n_r + 1})^2 = (\frac{3.4 - 1}{3.4 + 1})^2 = 0.3$$

則鏡面損耗爲 $\alpha_m = \frac{1}{2L}\ln(\frac{1}{R_1 R_2}) = \frac{1}{2 \times 500 \times 10^{-4}}\ln(\frac{1}{0.3 \times 0.3}) = 24.1\,\mathrm{cm}^{-1}$

根據（2-50）式 $n_{th} = \frac{\alpha_i + \alpha_m}{\Gamma a} + n_{tr} = \frac{25 + 24.1}{0.2 \times 3 \times 10^{-16}} + 2 \times 10^{18} = 2.82 \times 10^{18}\,\mathrm{cm}^{-3}$

再由（2-51）式得閾值電流密度爲

$$J_{th} = \frac{n_{th} \cdot e \cdot d}{\eta_i \cdot \tau_n} = \frac{2.82 \times 10^{18} \times 1.6 \times 10^{-19} \times 50 \times 10^{-7}}{0.8 \times 1.5 \times 10^{-9}} = 1.88\,\mathrm{kA/cm}^2$$

而閾值電流爲 $I_{th} = J_{th} \times w \times L = 1.88\,\mathrm{KA/cm}^2 \times 2.5 \times 10^{-4} \times 500 \times 10^{-4} = 23.5\,\mathrm{mA}$

根據（2-59）式，$\eta_d = \eta_i \alpha_m / (\alpha_i + \alpha_m) = 0.8 \times 24.1 / (25 + 24.1) = 0.39$，再由（2-60）式得斜率效率爲

$$\eta_s = (hv / e) \cdot \eta_d = (1.24 / 1.55) \times 0.39 = 0.31（單位：\mathrm{W/A}）。$$

在前面（2-42）式中的載子復合時間若把非輻射復合的貢獻考慮進去，則載子復合速率可表示爲

$$R_n = \frac{n}{\tau_n} = An + Bn^2 + Cn^3 \tag{2-61}$$

其中 A 和 C 分別爲 Shockley-Read-Hall（SRH）復合係數與 Auger 復合係數，皆屬於非輻射復合；而 B 則爲自發放射的輻射復合係數。

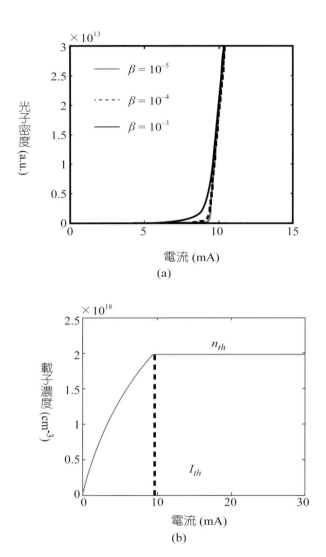

圖 2-11　不同的自發放射因子條件下的注入電流對 (a) 載子濃度與 (b) 光子密度的圖形

因此（2-44）式中最後一項為自發放射的貢獻，因此其復合速率為 Bn^2。我們將速率方程式改寫為：

$$\frac{dn}{dt} = \eta_i \frac{J}{ed} - (An + Bn^2 + Cn^3) - g(n)n_p \qquad (2\text{-}62)$$

$$\frac{dn_p}{dt} = \Gamma g(n)n_p - \frac{n_p}{\tau_p} + \Gamma \beta_{sp} \cdot Bn^2 \qquad (2\text{-}63)$$

考慮在穩態的情況下，使用線性增益近似以及包含自發放射因子的影響在內，由（2-63）式可推導出光子密度 n_p：

$$n_p = \frac{\Gamma \beta_{sp} \cdot Bn^2}{\frac{1}{\tau_p} - \Gamma g(n)}$$

（2-64）

將 n_p 代入（2-62）式可得一條載子濃度 n 的四次方程式，對於不同注入的電流密度 J，可用電腦輔助軟體解出載子濃度 n，以及所對應的光子密度 n_p。圖 2-11 則畫出了在不同的自發放射因子條件下的注入電流對載子濃度與光子密度的圖形。

由圖 2-11(a) 可知當自發輻射因子愈來愈大時，光子密度在閾值電流時的變化就會偏離如圖 2-10 的理想情況，因為有自發輻射的貢獻其閾值變化變得比較平緩，這種情形常見於雷射共振腔很小的情況，如 VCSEL 或缺陷型光子晶體雷射等的微共振腔雷射元件，當雷射共振腔的體積愈小，通常伴隨著自發輻射因子愈來愈大，使得其雷射閾值愈不容易判斷。

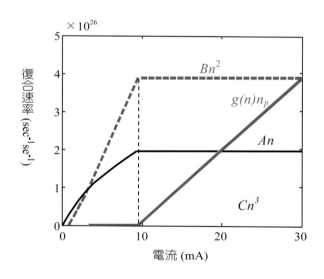

圖 2-12　注入電流對非輻射復合速率、自發放射與受激放射復合速率的關係圖

此外，我們可以看到圖 2-11(b) 中當到達閾值電流之後，其載子濃度箝止在固定的值 n_{th} 上，這是因為當愈接近閾值條件時，（2-64）式中的分母愈趨近於零，於是光子密度

迅速增加,使得在(2-62)式中的受激放射的復合速率開始會主導了載子的復合速率,我們可參考圖 2-12 的載子復合速率比較圖,由此可知高於閾值條件的載子濃度必須要迅速轉換成光子以維持平衡狀態。

本章習題

1. 設一 GaAs 半導體雷射,波長為 0.87 μm,$n_r = 3.65$,共振腔長 $L = 300$ μm,二端鏡面為劈裂鏡面,$\eta_i = 0.8$,$\alpha_i = 20$ cm^{-1},閾值電流為 18 mA,試求 $I = 30$ mA 時,輸出功率 P_o 的大小。

2. 長度 $L = 300$ μm 的 GaAs 雷射,波長為 0.88 μm,$n_r = 3.6$,若折射率沒有色散現象,試求模距 $\Delta\lambda$ 以及模數 q。

3. 780 nm 雷射其腔長 $L = 300$ μm,$n_r = 3.54$,試求模距及模數。

4. GaAs 雷射的波長為 0.84 μm,鏡面為劈裂鏡面,折射率為 3.7,內部損耗為 10 cm^{-1},共振腔長 $L = 500$ μm,輸入電壓為 2 V,$\eta_i = 0.9$,若 $I_{th} = 200$ mA,試計算 η_s、η_d 以及要輸出 5 mW 所需要的電流 I。

5. 半導體雷射共振腔長為 300 μm,內部損耗 $\alpha_i = 10$ cm^{-1},二端為劈裂鏡面,折射率為 3.4,試求光子生命期。

6. 藍光 InGaN 半導體雷射,發光波長為 410 nm 時的增益線性近似可表示為:

$$\gamma_{max} = 6.3 \times 10^{-17}(n - 5.2 \times 10^{19})\ (\text{cm}^{-1})$$

若閾值增益為 77 cm^{-1},輻射復合生命期為 1.5 nsec,內部量子效率 $\eta_i = 0.35$,主動層的厚度為 10 nm

(a) 試計算閾值電流密度。

(b) 若主動層的面積為 2.5 μm×600 μm,試求此半導體雷射之閾值電流。

(c) 若閾值增益降為 40 cm^{-1},試求此半導體雷射之閾值電流。

7. 欲設計波長為 830 nm 的對稱雙異質結構 Al$_x$Ga$_{1-x}$As 半導體雷射,二端為劈裂鏡面,

而 $Al_xGa_{1-x}As$ 之能隙與折射率和 Al 成分的關係爲：

$$E_g(x) = 1.424 + 1.247x$$
$$n(x) = 3.59 - 0.71x$$

(a) 試求主動層所需的 Al 成分爲多少？

(b) 若此半導體雷射具有以下的參數：

腔長 $L = 300$ μm，寬 $w = 3$ μm，主動層厚 $d = 0.1$ μm，內部量子效率爲 1，內部損耗爲 20 cm^{-1}，載子生命期爲 2 nsec，透明載子密度 $n_{tr} = 1.5 \times 10^{18}$ cm^{-3}，微分增益 $a = 1.5 \times 10^{-16}$ cm^2，光學侷限因子 $\Gamma = 0.3$，試求此雷射之微分量子效率。

(c) 同 (b)，試求欲使此半導體雷射輸出功率爲 5 mW 時的注入電流。

8. 試用（2-65）式代入（2-62）式，在穩態條件下寫出載子濃度 n 的四次方程式之各次項的係數。若雷射的參數如下

$L = 300$ μm，$d = 0.1$ μm，$w = 0.1$ μm，$\eta_i = 0.6$，$\alpha_i = 10$ cm^{-1}，$\Gamma = 0.3$，$a = 2.5 \times 10^{-16}$ cm^2，$n_{tr} = 1.5 \times 10^{18}$ cm^3，反射率 = 0.3，A = 10^8 sec^{-1}，B = 10^{-10} cm^{3}sec^{-1}，C = 10^{-29} cm^{6}sec^{-1}，自發放射因子 = 10^{-3}，發光波長爲 0.76 μm，試用電腦輔助軟體畫出雷射輸出功率對輸入電流關係圖。

參考資料

[1] 盧廷昌、王興宗，半導體雷射導論，五南出版社，2008

[2] L. A. Coldren, and S. W. Corzine, *Diode Lasers and Photonic Integrated Circuits*, John Wiley & Sons, Inc., 1995

[3] S. L. Chuang, *Physics of Optoelectronics Devices*, Wiley, 1995

[4] G. P. Agrawal, and N. K. Dutta, *Semiconductor Lasers*, 2nd Ed., Van Nostrand Reinhold, 1993

第 **3** 章

VCSEL基本操作原理

　　本章主要介紹垂直共振腔面射型雷射（vertical-cavity surface-emitting laser, VCSEL）
的原理、設計、結構與發展現況，其中包含面射型雷射中重要的高反射率反射鏡 DBR
（distributed Bragg reflector）的設計與適當的材料選擇，此外對於垂直共振腔面射型雷射
的設計概念與不同波長的面射型雷射發展亦會在本章中作詳細探討。由於垂直共振腔面射
型雷射具有低閾值電流、高調變速度、容易製作二維雷射陣列、低雷射發散角與對稱圓形
雷射光束等優點，非常適合作為光纖通訊與其他應用的光源。目前紅外光波長 850 nm、
980 nm 面射型雷射已發展相當成熟，而 1.3 mm 與 1.55 mm 面射型雷射已有商品化的出
現，然而往短波長的藍光、紫光和紫外光氮化鎵面射型雷射發展相對緩慢，其中關鍵的原
因亦會在之後的章節中作詳細的說明。

3.1　VCSEL 與 EEL 的比較

　　相較於傳統邊射型半導體雷射的發展，垂直共振腔面射型雷射（VCSEL）的設計概
念直到 1979 年首先被 Iga 等人提出 [1]。而 Soda 等人則在同年利用發光在 1300 nm 波段的
InGaAsP-InP 材料實際製作出第一個低溫且脈衝操作的 VCSEL。其後隨著半導體材料布
拉格反射鏡（distributed Bragg reflector, DBR）的使用與改善，Ogura 和 Wang 等人在 1987
年首次成功製作出室溫操作的 GaAs 面射型雷射 [2]，隨後 Lee 等人在 1989 年改善 DBR
的反射率到達約 99.9% 而成功製作出低閾值電流密度（J_{th}, 1.8 kA/cm^2）的 VCSEL[3]。
半導體材料的 DBR 是用兩種不同折射率的材料交互堆疊而成，其介面上能隙的不連續往
往會造成電阻過大的情形發生，Geels 等人在 DBR 介面上使用超晶格的方式減少能帶不
連續而降低操作電壓以及閾值電流密度到 0.6 kA/cm^2 [4]。接下來，VCSEL 在電流與光學
侷限的結構上持續改善，其中氧化侷限（oxide-confined）VCSEL[5]，使得閾值電流密度
與操作特性更進一步獲得優化，VCSEL 的總功率轉換效率可以達到 57% 以上 [6][7]。現
今，VCSEL 已成為 Gigabit 乙太網路的主要光源，VCSEL 的調變速度可以到達 25 Gb/s 以
上 [8]，此外許多不同發光波長的 VCSEL 已實際商品化，雷射滑鼠也是目前 VCSEL 的
應用之一。另外，多波長 VCSEL 陣列或元件也可以應用到分波多工（wavelength division
multiplexing, WDM）通訊系統上，例如使用 MBE 成長特性製作出的二維多波長陣列 [9]，

或是使用微機電（MEMS）的方式來製作波長可調式的 VCSEL[10]-[13] 都已有相當不錯的成果。

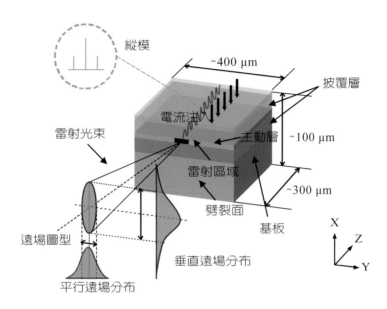

圖 3-1(a)　邊射型雷射（edge emitting laser, EEL）的結構以及雷射模態與雷射發散的示意圖

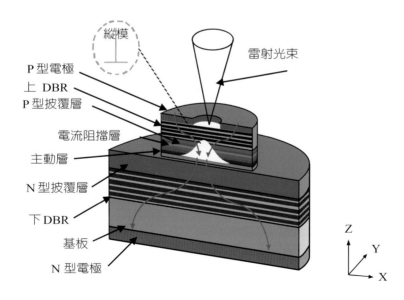

圖 3-1(b)　垂直共振腔面射型雷射（vertical cavity surface emitting laser, VCSEL）的結構以及雷射模態與雷射發散的示意圖

從元件結構的差異上比較，傳統的邊射型雷射和垂直共振腔面射型雷射結構如圖 3-1 所示，由於傳統的邊射型雷射其橫截面方向上光學侷限機制在垂直與平行異質接面方向上不同，故雷射光的遠場發散角為橢圓型，造成與光纖耦合的困難。相反地，VCSEL 在橫截面方向上對光學的侷限較小且成對稱結構，因此具有低發散角的圓型雷射光點的特性，為光纖通訊的理想光源，除此之外，製作 VCSEL 的過程中，不需要用劈裂的方式來製作雷射共振腔，因此可以直接在未切過的晶圓上測試，具有提高製作元件的產量與降低製作成本的優點，而 VCSEL 的雷射反射鏡直接由磊晶成長時製作，不像傳統邊射型雷射需要後續的晶片劈裂與側向的鍍膜，在製作上需要花費更高的時間與成本。

我們將圖 3-1(b) 的 VCSEL 結構簡化如圖 3-2 所示，R_1 和 R_2 分別為上下 DBR 的反射率，若不考慮穿透深度（penetration depth）的效應，則 VCSEL 的共振腔長 L 包括了 P, N 披覆層以及主動層厚度 d，若主動層的吸收為 α_a，披覆層中的吸收為 α_c，由來回振盪模型中需保持一致性的原則，我們可以得到：

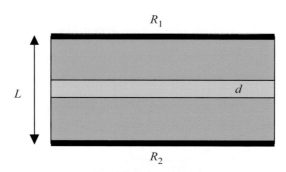

圖 3-2　簡化 VCSEL 共振腔示意圖

$$2\gamma_{th}d = 2\alpha_a d + 2\alpha_c(L-d) + \ln\frac{1}{R_1 R_2} \qquad (3\text{-}1)$$

整理上式可得 VCSEL 的閾值增益為：

$$\gamma_{th} = \alpha_a + \alpha_c(\frac{L-d}{d}) + \frac{1}{2d}\ln\frac{1}{R_1 R_2} \qquad (3\text{-}2)$$

由於雷射光為上下來回振盪，雷射光在水平方向的強度分布會和主動層完全重疊，因此在（3-2）式的左邊不需要再乘上光學侷限因子 Γ，因為水平方向的 $\Gamma \cong 1$。一般使用量子井或多重量子井的 VCSEL，其主動層的厚度若為 $d = 50$ nm，其共振腔長約 500 nm，若 $\alpha_a = \alpha_c = 10$ cm^{-1}，$R_1 = R_2 = R$，則閾值增益為

$$\gamma_{th} = 10 \times \frac{500}{50} + \frac{1}{2 \times 50 \times 10^{-7}} \ln \frac{1}{R^2}$$
$$= 100 + 2 \times 10^5 \ln \frac{1}{R} \ (\text{cm}^{-1})$$

　　由於鏡面損耗的前置係數就高達 2×10^5，因此反射率 R 需要趨近於 1 才能使鏡面損耗該項降下來，對一般 GaAs 的 VCSEL，即使其材料增益係數達到 2000 cm^{-1}，DBR 的反射率也必須要大於 99% 才能達到閾值增益。和邊射型雷射相比，VCSEL 的雷射光經過主動層的長度太短，需要高的反射率讓雷射光能夠盡量停留在共振腔內以達到閾值條件。

範例 3-1

若一 VCSEL 的 $\gamma_{th} = 1000$ cm^{-1}，主動層厚度 $d = 2$ μm，共振腔長度為 5 μm，$\alpha_i = \alpha_c = \alpha_a = 20$ cm^{-1}，試求所需的 DBR 反射率。

解：

(a) 由（3-2）式：

$$1000 = 20 + 20(\frac{5-2}{2}) + \frac{1}{2 \times 2 \times 10^{-4}} \ln \frac{1}{R^2}$$
$$R = 83\%$$

(b) 若 γ_{th} 降為 500 cm^{-1}，則

$$500 = 20 + 20(\frac{5-2}{2}) + \frac{1}{2 \times 2 \times 10^{-4}} \times \ln \frac{1}{R^2}$$
$$R = 97\%$$

(c) 若主動層的折射率 3.6，披覆層的折射率為 3.3，雷射波長為 0.9 μm，不考慮色散效應則此 VCSEL 的縱模模距為：

$$\Delta\lambda = \frac{\lambda^2}{2\left[n_{ra}d + n_{rc}(L-d)\right]}$$

$$= \frac{0.9^2}{2\left[3.6 \times 2 + 3.3 \times (5-2)\right]}$$

$$\cong 23.7 \text{ nm}$$

由於一般的 VCSEL 共振腔長度約爲 1 μm，因此縱模模距會比範例 3-1 所計算的值再大五倍以上，而半導體主動層的增益頻寬多在數十奈米以內，在此增益頻寬中僅會有一個縱模位於其中，因此 VCSEL 特別容易達到單一縱模輸出的特性。然而這種短共振腔的特點也讓 VCSEL 結構在設計時需特別注意。由上面的討論可知，VCSEL 中的一個重要結構──布拉格反射鏡（DBR）對雷射的操作有決定性的影響，以下我們將介紹 DBR 的基本原理以及應用到 VCSEL 中的考量。

3.2　布拉格反射鏡

早期 VCSEL 的發展是利用高反射率的金屬作爲雷射的反射鏡，例如金薄膜受到了高吸收係數的侷限其最高反射率約在 98% 左右，因此在雷射功率與閾值電流表現上不甚理想，對於 VCSEL 而言，另一種形式的反射鏡更爲理想，即爲利用多層膜結構所構成的 DBR，Ogura 等人在 1987 年首次利用 DBR 結構成功製作出 GaAs VCSEL [2]，因此一個正確與適當的 DBR 設計對於 VCSEL 而言甚爲重要。DBR 主要由兩種不同的材料所組成，這兩種材料必須具備一定的折射率差異與約 1/4 光學波長厚度（optical wavelength thickness），這裡所謂的光學波長厚度 d 是指光波在眞空中的波長（λ）除上在介質中於該波長時的折射率 $n_r(\lambda)$。最常見的 DBR 是用氧化物等介電材料製成，介電質材料已被大量使用在各種光學鍍膜的應用中，雖然利用介電質材料可以提供較大的折射率差異，但是介電質材料不導電且熱導性差，大大限制了雷射元件的操作，因此爲了簡化 VCSEL 的製作過程並達到具導電性 DBR 的優點，大部分 VCSEL 仍是利用半導體材料來製作 DBR。

由於利用半導體製作 DBR 所採用的兩組半導體材料，相對而言具有較小的折射率差異，因此需要較多層的結構以達到較高的反射率。由磊晶的觀點而言，GaAs 材料的晶格常數與 AlAs 十分接近，因此 AlGaAs 材料系統被廣泛的應用於製作 DBR。此外值得注意的是，用於製作 DBR 所選用的材料對於元件所發出的雷射光波長必須是透明不可吸光的，否則將會造成雷射閾值電流的增加與雷射輸出功率的下降。

3.2.1　傳遞矩陣

為了計算 DBR 的反射率與反射頻譜，可以使用傳遞矩陣法（transfer matrix method）來計算光學多層膜結構的問題[14]。如圖 3-3 所示的多層膜結構共 N 層往 x 方向延伸，折射率與厚度分別為 $n_1, n_2, \cdots, n_N$ 與 $h_1, h_2, \cdots, h_N$，假設一個 TE 極化的入射光平面波可表示為

$$\vec{E}_i = \hat{y} E_0 \mathrm{e}^{jk_{0x}x + jk_{0z}z} \qquad (3\text{-}3)$$

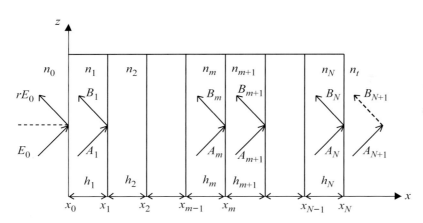

圖 3-3　TE 極化的平面波入射於多層材料分布示意圖

而反射光可表示為

$$\vec{E}_r = \hat{y} r E_0 \mathrm{e}^{-jk_{0x}x + jk_{0z}z} \qquad (3\text{-}4)$$

在第 m 層中 $x_{m-1} \le x \le x_m$，其電場與磁場可分別表示為 $\vec{E}_m = \hat{y} E_y^m$ 與 $\vec{H}_m = \hat{z} H_z^m$：

$$E_y^m = \left(A_m e^{jk_{mx}(x-x_m)} + B_m e^{-jk_{mx}(x-x_m)} \right) e^{jk_{mz}z} \tag{3-5}$$

$$H_z^m = \frac{k_{mx}}{\omega\mu_0} \left(A_m e^{jk_{mx}(x-x_m)} - B_m e^{-jk_{mx}(x-x_m)} \right) e^{jk_{mz}z} \tag{3-6}$$

其中假設 z 方向上沒有結構上的變化，因此 $k_{mz} = k_{0z}$，而在 x 方向上：

$$k_{mx} = \frac{2\pi\, n_m}{\lambda} \cos\theta + j\alpha_m \tag{3-7}$$

α_m 為第 m 層中的散射與吸收損失。利用在 x_m 的邊界條件，我們可以得到

$$\begin{bmatrix} A_m \\ B_m \end{bmatrix} = M_{m(m+1)} \begin{bmatrix} A_{m+1} \\ B_{m+1} \end{bmatrix} \tag{3-8}$$

其中

$$M_{m(m+1)} = \frac{1}{2} \begin{bmatrix} (1+P_{m(m+1)})e^{-jk_{(m+1)x}h_{m+1}} & (1-P_{m(m+1)})e^{jk_{(m+1)x}h_{m+1}} \\ (1-P_{m(m+1)})e^{-jk_{(m+1)x}h_{m+1}} & (1+P_{m(m+1)})e^{jk_{(m+1)x}h_{m+1}} \end{bmatrix} \tag{3-9}$$

我們定義 $h_{m+1} = x_{m+1} - x_m$

$$P_{m(m+1)} = \frac{k_{(m+1)x}}{k_{mx}} \tag{3-10}$$

入射光與反射光的振幅可由矩陣方式連結

$$\begin{aligned}
\begin{bmatrix} E_0 \\ rE_0 \end{bmatrix} &= M_{01}M_{12}M_{23}\cdots M_{N(N+1)} \begin{bmatrix} A_{N+1} \\ B_{N+1} \end{bmatrix} \\
&= \begin{bmatrix} m_{11} & m_{12} \\ m_{21} & m_{22} \end{bmatrix} \begin{bmatrix} tE_0 \\ 0 \end{bmatrix}
\end{aligned} \tag{3-11}$$

其中由於 $N+1$ 區沒有入射光如圖 3-3 所示，故 $B_{N+1} = 0$。因此光學多層膜材料的反射係數可表示為

$$r = \frac{m_{21}}{m_{11}} \tag{3-12}$$

另一方面，光學多層膜材料的穿透係數可表示爲

$$t = \frac{1}{m_{11}} \tag{3-13}$$

因此，多層膜材料的總反射率可表示爲

$$R = |\, r \,|^2 \tag{3-14}$$

表 3-1　不同 DBR 材料的折射率差（針對 1550 nm）與製作高反射率所需的對數與對應的穿透
　　　　深度表

DBR材料	$\Delta n/n_{\mathrm{o}}$	R > 99.9%所需對數	穿透深度（L_{pen}）
InP/Air	1.038	4	0.11 μm
TiO$_2$/SiO$_2$	0.509	7	0.14 μm
GaAs/AlAs	0.153	27	0.79 μm
AlGaAsSb/AlAsSb	0.149	28	0.87 μm
InGaAlAs/InP	0.102	41	1.26 μm
InGaAlAs/InAlAs	0.090	47	1.45 μm
InGaAsP/InP	0.082	51	1.59 μm

　　圖 3-4 爲利用傳遞矩陣法計算 5 對、15 對與 40 對 Al$_{0.15}$Ga$_{0.85}$As/Al$_{0.9}$Ga$_{0.1}$As DBR 之
反射頻譜圖。此組 DBR 材料被廣泛應用於 850 nm 之 VCSEL。由圖 3-4 可以發現，當
DBR 的對數增加時，反射率亦隨之提高，因此要達到高反射率的 DBR，其 DBR 的對數
要提高，然而反射頻譜的禁止帶（stopband）寬度將隨著 DBR 對數的增加而下降。這裡
所謂的禁止帶是指反射率高的波段。DBR 反射率與禁止帶的大小與兩種材料的折射率差
異成正向的比例關係，而兩種材料的折射率差異對 DBR 的反射率也有正向的比例關係，
如表 3-1 列出了不同 DBR 材料的折射率差（針對 1550 nm，Δn 是指折射率差，而 n_{o} 爲

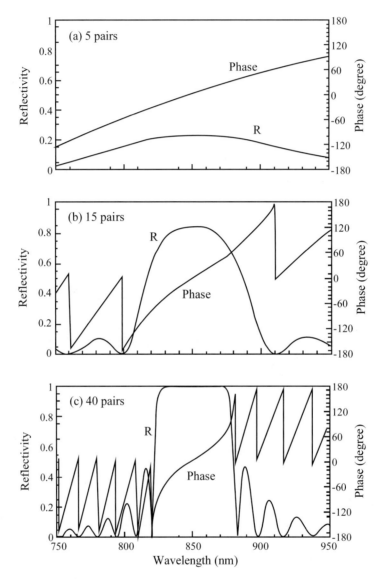

圖 3-4　設計在 850 nm 波長之 (a)5 對、(b)15 對與 (c)40 對 $Al_{0.15}Ga_{0.85}As/Al_{0.9}Ga_{0.1}As$ DBR 之反射頻譜與相位變化圖

平均折射率）與製作高反射率所需的對數與對應的穿透深度，因此爲了能夠使 DBR 達到較高的反射率和較大的禁止帶，選擇 DBR 的兩種材料應在不吸光的情況下盡量增加兩種材料的折射率差值。

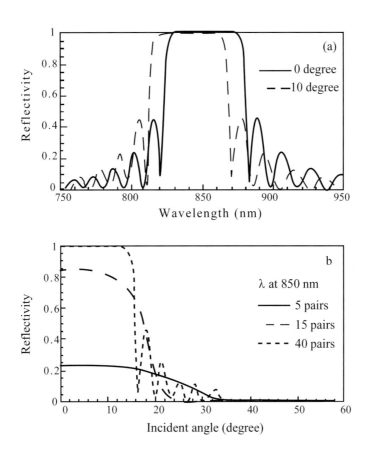

圖 3-5　(a) 入射角度分別為 0 度與 10 度時之 40 對 $Al_{0.15}Ga_{0.85}As/$ $Al_{0.9}Ga_{0.1}As$ DBR 反射頻譜；
　　　　(b) 波長設計在 850 nm 之 5 對、15 對與 40 對之 $Al_{0.15}Ga_{0.85}As/Al_{0.9}Ga_{0.1}As$ DBR 反射率
　　　　隨入射角度變化之關係

　　圖 3-5(a) 為 40 對 $Al_{0.15}Ga_{0.85}As/Al_{0.9}Ga_{0.1}As$ DBR 在入射角度為 0 度與 10 度時的反射
頻譜圖。圖中可以發現當入射角度由 0 度增加為 10 度時，反射頻譜將會出現藍移的現象。
由於 DBR 亦被廣泛應用於共振腔式的發光二極體（resonant cavity light emitting diode，簡
稱 RCLED），因此對於特定波長在不同入射角度時的反射率亦十分重要。圖 3-5(b) 為 5
對、15 對與 40 對 $Al_{0.15}Ga_{0.85}As/Al_{0.9}Ga_{0.1}As$ DBR 反射率隨著入射角度變化的關係。圖中
可以發現，當 DBR 對數增加時，高反射率角度範圍將縮小。

3.2.2 穿透深度

當入射光入射 DBR 時，DBR 的多層介面會出現反射光，這些經過多次的反射光最後再加總一起成為 DBR 的總反射光，因此入射光會有部分穿透入 DBR 中然後再反射出來，因此入射光和反射光在 DBR 的入射面會產生相位差，這種反射鏡和一般固定相位的金屬反射鏡不同，因為對金屬反射鏡而言，因為電場的穿透深度非常短，因此我們可以將反射和入射的位置視為在同一處。假設 DBR 的對數非常多，且所設計的 DBR 單層的光學厚度和入射光的波長相同時（符合 Bragg 條件），其反射光的相位不會受到改變；然而當入射光波長偏離 DBR 單層的光學厚度而在所設計的 DBR 波長附近時，其反射光的相位將線性地隨著入射光的波長而變化。因此，我們可以將 DBR 近似成一個固定相位的金屬反射鏡，並且位於 DBR 表面內部深度為 L_{pen} 的距離 [15]，如圖 3-6(a) 所示，而 DBR 的反射係數可以表示為

$$r_{DBR} \approx |r_{DBR}| e^{-j2(\beta - \beta_0)L_{pen}} \qquad (3\text{-}15)$$

其中 $\beta_0 = 2p/\lambda_0$ 為符合 Bragg 條件的傳播常數，而 λ_0 為所設計的 DBR 中心波長，$\beta = 2p/\lambda$ 為入射光在入射端的傳播常數，由上式可知若入射光的波長符合 Bragg 波長時，反射的相位等於零。若我們將（3-15）式的相位變化項對 β 微分，可以求得穿透深度（penetration depth）：

$$L_{pen} = -\frac{1}{2}\frac{d\phi}{d\beta} \qquad (3\text{-}16)$$

若 DBR 為四分之一波長的結構厚度所組成，其穿透深度可以近似表示為

$$L_{pen} = \frac{L_1 + L_2}{4r}\tanh(2mr) \qquad (3\text{-}17)$$

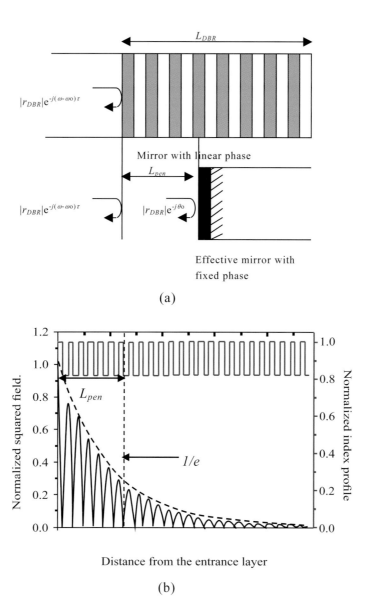

(a)

(b)

圖 3-6　(a) 穿透深度示意圖；(b)DBR 折射率分布與電場平方分布圖

其中 L_1 與 L_2 分別為一對 DBR 各層的厚度，r 為只有一對 DBR 並在正向入射時的反射係數：

$$r = \frac{n_H - n_L}{n_H + n_L}$$

$$(3\text{-}18)$$

其中 n_H 與 n_L 分別表示的 DBR 材料的高折射率與低折射率、m 為 DBR 的對數。當 DBR 對數趨近於無限大時，穿透深度可進一步近似表示為

$$L_{pen} \approx \frac{L_1 + L_2}{4r}$$ （3-19）

由此可知，折射率差異愈大，其穿透深度愈短，同時從前小節可以知道，折射率差異愈大，DBR 的反射率愈高，禁止帶愈大。圖 3-6(b) 為利用傳遞矩陣法計算入射波穿透進 DBR 之結果，其中穿透深度大約為電場平方的強度降為入射介面時的 $1/e$ 的深度。

由於從圖 3-4 可以看到反射係數的相位對波長（或頻率）的變化，由於相位對頻率的微分代表反射光進入到 DBR 中再反彈出來的延遲時間（delay time）：

$$\tau_{delay} = -\frac{d\phi}{d\omega}$$ （3-20）

我們可以利用上式計算出圖 3-4 中在不同波長（或頻率）的延遲時間，由圖中可知在禁止帶中接近中心波長的附近，相位對波長（或頻率）的變化接近線性，因此延遲時間為定值，若知道入射端的反射率，我們可以利用延遲時間來計算穿透深度為：

$$L_{pen} = \frac{1}{2}\frac{c \cdot \tau_{delay}}{n_r}$$ （3-21）

其中分母的 2 表示延遲時間包含了光來回傳播的次數。

在 VCSEL 的 DBR 設計中，通常會要求短穿透深度的設計，因為長穿透深度的 DBR 會等效地使雷射共振腔加長，讓雷射在縱方向上的光侷限因子下降；同時，因為 DBR 中仍然會有光學損耗產生，其中包括自由載子吸收、異質介面的散射等，若穿透深度愈長，光學損耗就會愈大，這些因素都會造成 VCSEL 的閾值條件上升，操作電流增大的不良影響。

3.2.3　布拉格反射鏡結構設計

　　進一步考量到 DBR 的設計時，雖然界面平整的異質結構可以提供較大而明顯的折射率差異以達到較高的 DBR 反射率，然而這樣的設計同時也將造成界面處產生明顯的能隙差異，進而阻礙電流在半導體 DBR 中的傳導，這將容易導致 VCSEL 的串聯電阻增加 [16]。此外，由於 p 型半導體的電洞具有較大的有效質量（effective mass），因此在 p 型半導體的 DBR 更加需要考慮串聯電阻的問題。雖然 DBR 的串聯電阻可以藉由增加摻雜濃度來降低，但是較高的摻雜濃度亦會導致垂直共振的雷射光在 DBR 中傳遞時光被吸收，造成雷射的閾值電流增加。因此，在 DBR 的界面處利用化合物含量的漸變方式或是使用能隙差異較小的材料都能有效降低串聯電阻的產生 [17][18]。另一方面，在 DBR 光學駐波（standing wave）的節點處提高摻雜濃度亦是一種可以同時降低串聯電阻與減少光學吸收的有效方法 [19]。

　　圖 3-7 表示典型的量子井 VCSEL 結構導電帶能量變化與光學共振光強度的關係圖，圖中深灰色的部分代表光學共振光節點處增加摻雜濃度的位置。雖然在 VCSEL 的製作上考慮這些設計的技巧是相當複雜的過程，尤其在磊晶的過程中，晶體成長速度必須要控制得很好，分子束磊晶（MBE）系統能夠達到非常好的晶體厚度控制能力，但是分子束磊晶系統的特性不適合成長成分漸變的化合物材料，為了達到降低介面能帶不連續的情況，分子束磊晶系統採用週期漸變的超晶格（superlattice）的方式同樣可以達到降低串聯電阻的效果。

　　另一方面，金屬有機化學氣相沉積系統（MOCVD）則可以輕易的達成成長成分漸變的化合物材料，為了達到好的晶體厚度控制能力，通常要在反應器中加裝光學即時監控系統，關於以上這兩種磊晶系統，我們會在後面的章節中再作詳細的討論。值得一提的是，一個高串聯電阻的 VCSEL 在連續操作時將會產生大量的熱，在這樣的情況下，將造成主動層中量子井的增益頻譜往長波長移動，並且快於共振腔模態的隨著熱而紅移的速度。這兩項頻譜上的不匹配將導致雷射輸出功率特性的下降，此項特性將在下面的章節中作更詳細的討論。

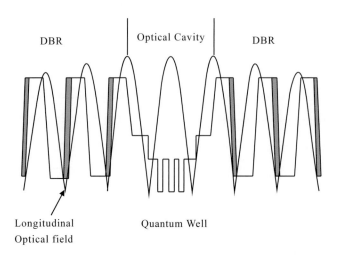

DBR   Optical Cavity   DBR

Longitudinal
Optical field   Quantum Well

圖 3-7　典型的量子井 VCSEL 結構導電帶能量變化與光學共振光強度的關係圖，圖中兩側
　　　　DBR 中的深灰色部分代表光學共振光節點處增加摻雜濃度的位置

3.3　垂直共振腔面射型雷射之特性

　　由於雷射光在 DBR 中具有部分穿透的效應，VCSEL 共振腔的長度就必須考慮到穿透
深度，因此推導 VCSEL 的閾值條件就不能僅使用成長結構中的共振腔為整體 VCSEL 的
雷射共振腔長度。如圖 3-8(a) 的 VCSEL 結構包含了左右兩邊的 DBR 以及中央的共振腔
和主動層。

　　中央的共振腔和主動層的厚度分別為 L 與 d_a，而雷射光場在左右兩邊 DBR 的部分逐
漸衰減，我們可以定義其穿透深度分別為 $L_{eff,\,L}$ 與 $L_{eff,\,R}$，表示這些逐漸衰減的雷射光場強
度可以改用一個固定雷射光場強度的區域來替代，如圖 3-8(b) 所示，此時 VCSEL 的結構
簡化為兩面固定反射率的反射鏡，其反射率分別為 R_1 和 R_2，共振腔的長度為

$$L_{eff} = L + L_{eff,\,L} + L_{eff,\,R} \qquad\qquad （3-22）$$

而共振腔中只有兩個區域，一是主動層，一是披覆層的區域。儘管共振腔的有效長度變大
了，但是本質上 VCSEL 共振腔的有效長度還是在數個光學波長厚度的範圍內，如圖 3-8(b)

中的電場平方分布圖，屬於短共振腔的雷射。

假設雷射共振腔的方向是往 z 方向，因此 VCSEL 的閾值條件可表示為：

$$\Gamma_{xy}\xi L_{eff}\gamma_{th} = \Gamma_{xy}\xi L_{eff}\alpha_a + <\alpha_i>(L_{eff}-d_a) + \frac{1}{2}\ln\frac{1}{R_1R_2}$$

（3-23）

其中 Γ_{xy} 代表雷射光在 x-y 水平方向的模態和主動區域之間的重疊比例，也就是在 x-y 水平方向的光學侷限因子，而 ξ 代表雷射光在 z 垂直方向的模態和主動區域之間的重疊比

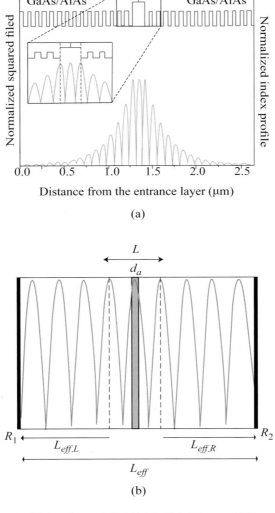

(a)

(b)

圖 3-8　(a) 典型的 VCSEL 結構之電場平方與折射率分布圖；(b) 等效 VCSEL 的電場平方分布圖

例，也就是在 z 垂直方向的光學侷限因子。ξ 可以表示成：

$$\xi = \frac{\int_{d_a} |E(z)|^2 \, dz}{\int_{L_{eff}} |E(z)|^2 \, dz} \tag{3-24}$$

而 α_a 為主動層中的吸收系數，$<\alpha_i>$ 代表在主動層外的平均光學損耗。定義增益增強因子（gain enhancement factor）為：

$$\Gamma_r = \xi \frac{L_{eff}}{d_a} \tag{3-25}$$

則式（3-23）可以整理為：

$$\gamma_{th} = \alpha_a + \frac{1}{\Gamma_{xy}\Gamma_r d_a} <\alpha_i> (L_{eff} - d_a) + \frac{1}{2\Gamma_{xy}\Gamma_r d_a} \ln \frac{1}{R_1 R_2} \tag{3-26}$$

在等效共振腔中的電場可以表示為 $E(z) = E_0 \cos(z \cdot 2n_r \pi / \lambda)$，而等效共振腔中的長度為 $L_{eff} = m\lambda / (2n_r)$，若主動層的中點和電場平方的峰值重合，由式可以得到：

$$\Gamma_r = \xi \cdot \frac{L_{eff}}{d_a} = \frac{\int_{-d_a/2}^{d_a/2} \cos^2(\frac{2n_r \pi}{\lambda} z) dz}{\int_{-L_{eff}/2}^{L_{eff}/2} \cos^2(\frac{2n_r \pi}{\lambda} z) dz} \cdot \frac{L_{eff}}{d_a} = 1 + \frac{\sin(\frac{2n_r \pi}{\lambda} d_a)}{\frac{2n_r \pi}{\lambda} d_a} \tag{3-27}$$

由上式可知，增益增強因子 Γ_r 的值在 0 到 2 之間。對 VCSEL 的結構而言，（3-26）式中的 Γ_{xy} 接近於 1，若 d_a 很大則 Γ_r 的值趨近於 1，（3-26）式和一般邊射型雷射的閾值條件表示式相近，只是主動層的長度和共振腔長度不一致；若 d_a 很小則 Γ_r 的值趨近於 2，表示主動層的增益被放大了兩倍之多，這樣的增益放大效應是短共振腔所具備的特性之一！

若等效共振腔中的電場和主動層的中點存在 z_s 的差異，我們可以將電場表示為 $E(z) = E_0 \cos[(z - z_s) \cdot 2n_r\pi / \lambda]$，則計算增益增強因子修正為：

$$\Gamma_r = \xi \cdot \frac{L_{eff}}{d_a} = 1 + \cos(\frac{2n_r\pi}{\lambda} \cdot 2z_s) \frac{\sin(\frac{2n_r\pi}{\lambda}d_a)}{\frac{2n_r\pi}{\lambda}d_a} \qquad (3\text{-}28)$$

若主動層位於電場平方的谷底，則 $z_s = \lambda / 4n_r$，而 $\cos(2n_r\pi / \lambda \cdot 2z_s) = -1$，則增益增強因子趨近於零，VCSEL 的閾值增益會變得非常大！因此在設計與成長 VCSEL 的主動層時，厚度的控制非常重要；儘管將主動層變薄能使增益增強因子變大，但是主動層變薄的代價還是閾值增益的提升，若將主動層分為好幾個分別置放到電場平方的峰值區域，如圖 3-9 所示，可以同時達到主動層的總厚度不變，但是增益增強因子可以趨近於 2 的效果，這種設計稱為週期性增益結構（periodic gain structure），可以有效降低 VCSEL 的閾值電流與提高輸出功率 [20]！

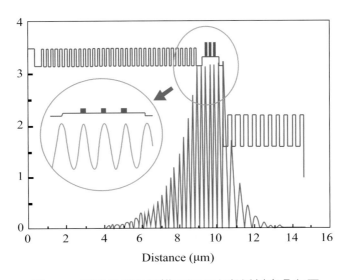

圖 3-9　週期性增益結構電場平方與折射率分布圖

範例 3-2

VCSEL 與 EEL 的閾值比較。假設此兩種雷射的主動層材料與結構相同均為 GaAs，厚度 $d = 30$ nm，內部量子效率 $\eta_i = 0.8$，其線性增益近似可表示為 $\gamma(n) = a(n - n_{tr}) = 1.6 \times 10^{-16}$ $(n - 1.5 \times 10^{18})$ cm^{-1}，載子生命期 $\tau_n = 4$ nsec，此外，這兩種雷射共振腔的內部損耗也相同 $\alpha_i = 10$ cm^{-1}。若 EEL 的共振腔為 300 μm，波導寬度 $w = 5$ μm，前後反射鏡的反射率分別為 0.3 與 0.9，波導模態在橫方向上的光學侷限係數 $\Gamma_{xy} = 4\%$；另一方面，VCSEL 的上下 DBR 反射率為 0.995 與 0.999，共振腔的等效長度包含上下 DBR 的穿透深度是 1.3 μm，氧化侷限孔徑半徑 R 為 5 μm，波導模態在橫方向上的光學侷限係數 $\Gamma_{xy} = 1$，在縱方向上的增益增強因子 Γ_r 的值為 1.8，發光波長為 0.85 μm，試計算此兩種雷射的閾值增益、閾值電流密度與閾值電流。

解：

根據（2-27）式，EEL 的增益閾值為

$$\gamma_{th} = \frac{1}{\Gamma_{xy}}(\alpha_i + \frac{1}{2L}\ln\frac{1}{R_1 R_2}) = \frac{1}{0.04}(10 + \frac{1}{2 \times 3 \times 10^{-2}}\ln\frac{1}{0.3 \times 0.9}) = 796\,\text{cm}^{-1}$$

相同的，根據（3-26）式，VCSEL 的增益閾值為

$$\gamma_{th} = \alpha_a + \frac{1}{\Gamma_{xy}\Gamma_r d_a} < \alpha_i > (L_{eff} - d_a) + \frac{1}{2\Gamma_{xy}\Gamma_r d_a}\ln\frac{1}{R_1 R_2}$$
$$= 10 + \frac{1}{1 \times 1.8 \times 3 \times 10^{-8}}(10 \times (1.3 - 0.03) \times 10^{-4} + \frac{1}{2}\ln\frac{1}{0.995 \times 0.999})$$
$$= 802\,\text{cm}^{-1}$$

由此可知，EEL 和 VCSEL 的閾值增益的數值並不會差異很大，因此其閾值電流密度也會差不多。根據（2-28）式，閾值電流密度的計算可由以下表示式求出：

$$J_{th} = (\frac{\gamma_{th}}{a} + n_{tr})\frac{e}{\tau_n \eta_i}d$$

EEL 和 VCSEL 的閾值電流密度分別爲 971 與 977 A/cm^2。

然而，對 EEL 的閾值電流而言，其體積較大，所計算出來的閾值電流較大：

$$I_{th} = J_{th} \times w \times L = 14.6 \text{ mA}$$

對 VCSEL 的閾值電流而言，其體積非常小，所計算出來的閾值電流亦極小：

$$I_{th} = J_{th} \times \pi \times R^2 = 0.77 \text{ mA}$$

3.4　溫度效應

　　VCSEL 相較於傳統的邊射型雷射而言，另一項重要的區分在於 VCSEL 具有很短的雷射共振腔。如圖 3-10(a) 結構所示，一般的邊射型雷射由於具有較長的共振腔，因此模距（mode spacing = $c/2n_rL$）非常小，這也導致雷射波長總是落在增益頻譜的峰值上，當元件溫度隨著注入電流增加而升高時，雷射波長亦會隨著增益頻譜的移動而往長波長紅移，使得雷射的波長對於元件溫度的變化相當敏感。然而對於 VCSEL 而言，其雷射共振腔的光學長度大約爲雷射發光波長之數量級，因此共振腔中所容許的光學縱向模態間隔增加，有機會讓增益頻譜中只有一個縱向的光學模態存在，如圖 3-10(b) 所示。在此情形下，雖然主動區的增益頻譜會隨著元件溫度的增加而改變，但是雷射模態卻是被增益頻譜所涵蓋的共振腔模態所決定。因此 VCSEL 的雷射波長就不容易隨著元件溫度的改變而產生變化，此爲 VCSEL 作爲光纖通訊光源的一項重要特性之一。

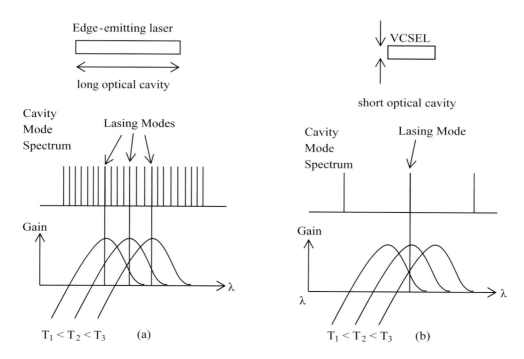

圖 3-10 (a) 邊射型雷射之縱模分布與增益頻譜隨溫度變化的相對關係；(b) 面射型雷射之縱模
分布與增益頻譜隨溫度變化的相對關係

　　VCSEL 由於具有非常短的雷射共振腔，因此本質上有許多特性與邊射型雷射完全不同。由上面的介紹我們知道 VCSEL 通常只會有一個共振腔模態落於主動區的增益頻譜中。因此當共振腔模態所對應的波長與增益頻譜峰值所對應的波長存在差異時，便會影響 VCSEL 的特性 [21]。圖 3-11(a) 表示 VCSEL 共振腔模態波長與增益頻譜之間的相對關係 [22]，由圖中的關係可以推論，當共振腔模態波長落於增益頻譜的峰值時，雷射會具有最小的閾值電流值；反之，雷射的閾值電流值就會增加。

　　對於一個 Fabry-Perot 光學共振腔而言，共振腔所能容許的共振波長與共振腔的長度直接相關，圖 3-11(b) 表示一個經過特殊設計使晶片表面具有不同共振腔厚度的 VCSEL 雷射，而當點測晶片上不同位置時所得到的雷射閾值電流關係圖。由於主動區量子井的增益頻譜並不會隨著晶片上的不同位置改變，因此雷射閾值電流會隨著晶片上的不同位置而改變必然是由不同共振腔厚度所造成，這是由於晶片上不同位置改變了共振腔模態波長與增益頻譜峰值之間的相對關係。

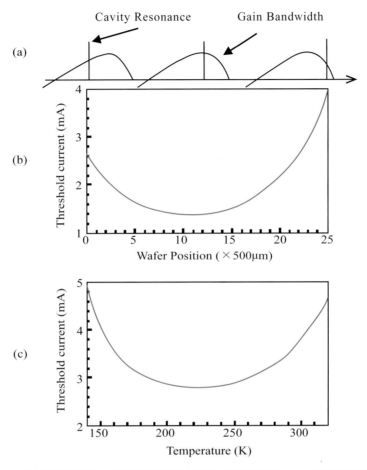

圖 3-11　(a)VCSEL 共振腔模態波長與增益頻譜之間的相對關係；(b) 經過特殊設計使晶片表面
　　　　 具有不同共振腔厚度的 VCSEL 雷射，而當點測晶片上不同位置時所得到的雷射閾值
　　　　 電流關係圖；(c) 可利用共振腔模態波長與增益頻譜的差異設計出在特定的溫度範圍
　　　　 下，雷射的閾值電流隨著溫度的變化幾乎是無相關性的 VCSEL

　　對於實際的應用而言，一般 VCSEL 在電激發操作下，元件的溫度亦會逐漸升高，當
溫度升高時會導致共振腔模態波長與增益頻譜都往長波長移動，然而其移動的機制與幅度
並不相同。共振腔模態波長的紅移主要是由於溫度升高引起半導體材料的折射率改變；而
增益頻譜的紅移主要是由於溫度增加造成半導體能隙變小所導致。一般溫度增加造成的
共振腔模態波長紅移大約為 0.8 Å/℃；而增益頻譜的紅移大約為 3.3 Å/℃[23]。因此，利
用這種波長紅移的不一致性，加上適當的共振腔模態波長與增益頻譜的差異，實驗上確

實可以設計出在特定的溫度範圍下，雷射的閾值電流隨著溫度的變化幾乎是無相關性的 VCSEL，如圖 3-11(c) 所示。而在實際的應用中，VCSEL 操作環境的溫度較高，因此主動層的增益頻譜峰值的波長通常要較共振腔光學模態的波長要短，以弭補增益頻譜峰值波長隨著熱效應所增加的波長，而達到最佳的雷射輸出特性。

3.5　微共振腔效應

　　由於 VCSEL 共振腔的體積非常小，可以稱之爲微共振腔（micro-cavity），因爲要達到閾值條件 VCSEL 必須擁有非常高反射率的反射鏡。在這樣的條件下，在共振腔中光子的模態體積不僅小，還被侷限的很好，在這樣的微共振腔中，光子和主動層中的載子會產生非常強的交互作用，形成所謂的微共振腔效應。

　　一開始，我們先探討自發放射因子 β_{sp} 的意義與在微共振腔中的影響。如圖 3-12 所示，在主動層中所放出的光子可分爲自發放射的光子和受激放射的光子，其中受激放射的光子即爲可用的雷射光，而自發放射的光子其頻率分布較廣，發射的方向爲整個 4π 的立體角。但有一小部分的自發放射的光子和受激放射的光子爲相同模態，具有一致的頻率、相位和方向，可以貢獻到雷射發光上，這個比率我們定義爲自發放射因子。因此我們可以定義：

$$\beta_{sp} = \frac{W^{cav}}{W^{free} + W^{cav}} = \frac{耦合到特定雷射模態的自發放射}{所有自發放射} \qquad （3\text{-}29）$$

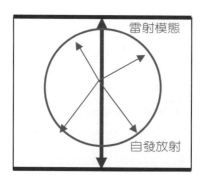

圖 3-12　自發放射耦合到特定雷射模態示意圖

其中 W^{cav} 和 W^{free} 分別代表自發放射到雷射模態的速率與自發放射到自由空間的速率。

假設自發放射的放射頻譜為 Lorentzian 形式，其單位體積下發射到共振腔中某一特定的雷射模態（也就是特定 ω_0）的速率為：

$$r_{sp}(\omega) = r_{sp0} \frac{(\Delta\omega_{sp}/2)^2}{(\omega-\omega_0)^2 + (\Delta\omega_{sp}/2)^2} = W^{cav} \qquad (3\text{-}30)$$

其中 r_{spo} 為在中心頻率 ω_0 時的放射率，$\Delta\omega_{sp}$ 為自發放射頻譜的線寬。在某一特定的頻率範圍 $d\omega$ 以及立體角範圍 $d\Omega$ 之內，光子模態的數目為 dN，而

$$dN = p(\omega)d\omega \times V \frac{d\Omega}{4\pi} = \frac{n_r^3\omega^2}{\pi^2 c^3}d\omega \times V\frac{d\Omega}{4\pi} \qquad (3\text{-}31)$$

其中 $p(\omega)$ 為光子之能態密度而 V 為共振腔體積。因此總自發放射的速率為：

$$R_{sp} = \int r_{sp}dN = r_{sp0}\frac{V}{2\pi}(\frac{n_r^3}{c^3})\omega_0^2\Delta\omega_{sp} = W^{cav} + W^{free} \qquad (3\text{-}32)$$

因此，當雷射模態為 ω_0，則自發放射因子為 [24]

$$\beta_{sp} = (\frac{r_{sp}}{R_{sp}}) = \frac{2\pi}{V}(\frac{c}{n_r})^3\frac{1}{\omega_0^2\Delta\omega_{sp}} = \frac{(\lambda/n_r)^3}{4\pi^2 V}(\frac{\omega}{\Delta\omega_{sp}}) \qquad (3\text{-}33)$$

由上式可知 β_{sp} 和 V 成反比，因為 VCSEL 的共振腔很小，其 β_{sp} 比較大，約在 10^{-2} 到 10^{-3} 之間，而邊射型雷射的共振腔相對較大，其 β_{sp} 約在 10^{-4} 到 10^{-5} 之間，也就是每放出 10^5 個自發放射的光子，只有一個可以貢獻到雷射光子上。β_{sp} 的最大值是 1，表示所有的自發放射只會放出一種模態的光子，其單一模態的性質和雷射的同調光相似，因為不需要達到閾值條件，我們又稱這種發光元件為無閾值雷射（thresholdless laser）。

我們可以定義 Purcell 因子為自發放射到共振腔主要模態的速率比上自發放射到自由空間的速率 [25]：

$$F_p = \frac{W^{cav}}{W^{free}} = \frac{\tau_r^{free}}{\tau_r^{cav}}$$ （3-34）

表示在共振腔中的自發放射速率會受到光學模態的影響而改變，在共振條件下：

$$F_p \cong \frac{3Q(\lambda/n_r)^3}{4\pi^2 V}$$ （3-35）

其中 Q 是共振腔的品質因子（quality factor），代表共振腔儲存能量的能力，若某一共振腔模態 ω 的譜線寬度爲 $\Delta\omega$，則：

$$Q \equiv \frac{\omega}{\Delta\omega}$$ （3-36）

由於共振腔模態的譜線寬度爲 $\Delta\omega$ 和該模態的光子生命期成反比，

$$\Delta\omega = \frac{1}{\tau_p} = \Gamma \upsilon_g \gamma_{th} = \frac{\omega}{Q}$$ （3-37）

因此，共振腔模態的閾值增益和 Q 值成反比。換句話說，Q 值愈大，共振腔儲存能量的能力愈好，該模態的光子不容易逃出共振腔，所以雷射的閾值增益就可以下降。對 Fabry-Perot 共振腔而言，Q 值和兩平行平面鏡的反射率以及共振腔等效長度有關：

$$Q = \frac{2n_r L_{eff}}{\lambda} \frac{\pi(R_1 R_2)^{1/4}}{1 - \sqrt{R_1 R_2}}$$ （3-38）

範例 3-3

若一 GaAs VCSEL 的上下 DBR 反射率都爲 0.99，共振腔的等效折射率是 3.5，等效共振腔長度爲 1 μm，發光波長爲 0.85 μm，光學侷限因子爲 5%，試計算此 VCSEL 微共振腔的 Q 值、光子生命期與閾值增益。

解：

根據（3-38）式，Q 值爲

$$Q = \frac{2 \times 3.5 \times 1}{0.85} \frac{\pi (0.99 \times 0.99)^{1/4}}{1 - \sqrt{0.99 \times 0.99}} = 2574$$

再由（3-37）式，此 VCSEL 微共振腔中的光子生命期爲

$$\tau_p = \frac{Q}{\omega} = \frac{Q\lambda}{2\pi c} = \frac{2574 \times 0.85 \times 10^{-6}}{2 \times \pi \times 3 \times 10^8} = 1.16 \times 10^{-12} \sec = 1.16 \, p \, s$$

而閾值增益爲：

$$\gamma_{th} = \frac{2\pi n_r}{Q\Gamma\lambda} = \frac{2\pi \times 3.5}{2574 \times 0.05 \times 0.85 \times 10^{-4}} = 2010 \, cm^{-1}$$

Purcell 因子若大於 1 表示自發放射速率會被共振腔影響而增快，從上式我們可以知道要達到此條件必須使得共振腔的 Q 值大、體積小（約在 $(\lambda / n_r)^3$ 的等級）以及主動層中的光學躍遷要和共振腔模態在空間中與頻譜中重合及共振，因爲自發放射速率的增強主要是因光學狀態密度受到高 Q 值微共振腔的影響而主要分布到共振腔模態中；另一方面，若主動層中的光學躍遷處於非共振條件時，自發放射速率將會受到抑制，主要是因缺少光學模態可以讓光子存在，使得光學躍遷的放射受到抑制。比較（3-29）式與（3-34）式，我們可以得到 Purcell 因子和自發放射因子之間的關係：

$$\beta_{sp} = \frac{F_p}{1 + F_p}$$

（3-29）

範例 3-4

若一半導體量子點發光在 900 nm 的輻射復合生命期為 1.3 ns，將此量子點置放到 GaAs 的微共振腔中，微共振腔的折射率是 3.5，光學模態體積為 1×10^{-13} cm^3，Q = 2000，假設半導體量子點的電偶極和光學模態平行且和光學模態在共振的條件下，試計算在此微共振腔中半導體量子點的輻射復合生命期。

解：

根據（3-35）式，Purcell 因子為

$$F_p = \frac{3 \times 2000 \times (9 \times 10^7 / 3.5)^3}{4\pi^2 \times 10^{-19}} = 26$$

再由（3-34）式，此微共振腔中半導體量子點的輻射復合生命期變為

$$\tau_r^{cav} = \frac{\tau_r^{free}}{F_p} = \frac{1.3 \, \text{ns}}{26} = 0.05 \, \text{ns}$$

量子點的輻射復合生命期受到了微共振腔的影響而增快許多。關於微共振腔中的光子隨時間變化的研究亦被稱為共振腔量子電動力學（cavity quantum electrodynamics, CQED）！

在上面的例子中，我們可以看到微共振腔效應可以改變主動層中的發光特性。我們在第一章的雷射速率方程式推導時，儘管已經介紹了當自發放射因子變大時，雷射輸出在閾值條件時的轉變會變得比較平緩，但是並沒有考慮雷射在高品質因子下的微共振腔效應，因此以下再將單模操作的雷射速率方程式列出：

$$\frac{dn}{dt} = \frac{I}{eV} - (\frac{1}{\tau_{sp}} + \frac{1}{\tau_n})n - \upsilon_g \gamma(n)n_p \tag{3-40}$$

$$\frac{dn_p}{dt} = \upsilon_g \gamma(n) n_p - \frac{n_p}{\tau_p} + \beta_{sp} \cdot \frac{n}{\tau_{sp}}$$　　　　　（3-41）

其中 $V = A_{eff} \cdot d$，是非輻射復合時間常數，並假設載子注入效率與光學侷限因子都是 1，而增益可表示為線性近似：

$$\gamma(n) = \gamma_0 (n - n_{tr})$$　　　　　（3-42）

　　一般來說閾值條件的定義是當淨受激放射的增益等於共振腔的損耗，當電流注入得更多，淨受激放射就會主導而產生雷射的現象，根據 Einstein 的二能階 AB 模型，當雷射模態中若被一個光子填滿時，該模態的自發放射會等於受激放射，因此觀察（3-41）式，我們可以得到微分增益隨著微共振腔的自發放射因子與體積變化的表示式 [26]：

$$\gamma_0 = \frac{\beta_{sp} \cdot V}{\upsilon_g \cdot \tau_{sp}}$$　　　　　（3-43）

因此在閾值條件下，閾值載子濃度為：

$$n_{th} = n_{tr} + \frac{\gamma_{th}}{\gamma_0} = n_{tr} + \frac{1}{\gamma_0 \cdot \upsilon_g \cdot \tau_p} = n_{tr} + \frac{\tau_{sp}}{\beta_{sp} \cdot V \cdot \tau_p} = n_{tr}(1 + \frac{1}{\zeta})$$　　　　　（3-44）

其中 ζ 為無因次項，可以代表當 $n = n_{tr}$ 時雷射模態中的光子數目：

$$\zeta = \beta_{sp} V n_{tr} \frac{\tau_p}{\tau_{sp}}$$　　　　　（3-45）

而從（3-40）式，在閾值條件下 $n_p = 0$，因此閾值電流為：

$$I_{th} = \frac{e}{\beta_{sp} \tau_p}(1 + \zeta)(1 + \frac{\tau_{sp}}{\tau_n})$$　　　　　（3-46）

若整合（3-40）式到（3-43）式可得光子數目對注入電流的關係：

$$I = \frac{e}{\beta_{sp}\tau_p}\left[\frac{p}{1+p}(1+\zeta)(1+\beta_{sp}p+\frac{\tau_{sp}}{\tau_n})-\zeta\beta_{sp}p\right] \qquad （3-47）$$

其中 $p = n_p V$ 代表共振腔裡的光子總數。圖 3-13 為電流對光子數作圖，圖 3-13(a) 中非輻射復合的速率比自發放射的速率還慢，而在圖 3-13(b) 中非輻射復合的速率比自發放射的速率還快。我們可以看到在圖 3-13(a) 中當微共振腔的 $\beta_{sp} = 1$ 時，自發放射到受激放射的轉變幾乎觀察不到，也無法判斷閾值電流的值。

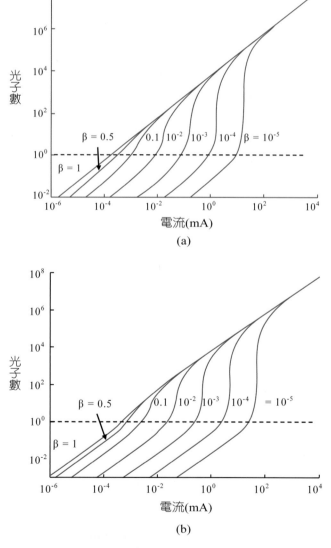

(a)

(b)

圖 3-13　微共振腔注入電流和光子數關係圖，其中 $V = 10^{-15}\,\text{cm}^{-3}$，$\tau_p = 10^{-12}\,\text{s}$，$\tau_{sp} = 10^{-9}\,\text{s}$，$n_{tr} = 10^{18}\,\text{cm}^{-3}$，但非輻射復合係數不同：(a) $\tau_n = 10^{-8}\,\text{s}$，(b) $\tau_n = 5\times10^{-10}\,\text{s}$

3.6　載子與光學侷限結構

典型的 VCSEL 結構主要由 p 型 DBR、n 型 DBR 與光學共振腔所組成。上下 DBR 提供縱向的光學共振腔，然而在橫方向的電流侷限與光學侷限上仍需進一步適當的設計與對應方式。如圖 3-14 所示，VCSEL 主要有四種典型的基本結構：蝕刻空氣柱結構（etched air-post）、離子佈植式結構（ion implanted）、再成長掩埋異質結構（regrown buried heterostructure）與氧化侷限結構（oxide-confined）。接下來我們將分別針對這四種結構作介紹，其中由於氧化侷限式 VCSEL 結構可以同時提供橫向的載子與光學侷限，也是目前最常使用的技術。

首先，形成橫方向光與電侷限最簡單的方式即是蝕刻出一個柱狀或是平台狀的結構，如圖 3-14(a) 所示。為了要求製作出橫方向具有微小截面積與平坦的垂直側壁，這種蝕刻製程必須藉由化學輔助離子束蝕刻或是反應離子蝕刻技術 [27]-[30]。由於蝕刻後的結構造成空氣與半導體之間具有很大的折射率差異，因此在橫方向上具有強烈的光學侷限，由於中央和周圍的折射率差異太大，高次橫向模態可以存在，因此在這種結構下的VCSEL 通常在達到閾值電流後會表現出多重橫向模態 [31]。除此之外，蝕刻空氣柱結構容易因為蝕刻而造成側壁的破壞形成非輻射復合中心，進而增加閾值電流，此外隨著蝕刻深度的加深將會增加光學的繞射損失與隨之而來嚴重的熱阻等問題，都是製作蝕刻空氣柱結構時必須考量的重點。

其次，如圖 3-14(b) 結構所示，利用離子佈植技術來定義出橫方向的電流注入區，其原理是利用高能量的質子或離子束將其佈植於上 DBR 的區域造成晶體結構的破壞而形成絕緣體。因此注入電流將會被侷限在中央主動區的小區域，然而如何避免因為離子佈植而造成主動區的損壞將是製作此種 VCSEL 結構的重點，因為主動區被離子轟擊而破壞後將會導致嚴重的非輻射復合，而增加閾值電流。雖然電流路徑能被離子佈植技術所定義，但是此種結構並不存在橫方向的光學侷限機制，因此橫方向的光學侷限將是由熱引起的正折射率差異與因載子注入所引起的負折射率差異之間的相互競爭所決定 [21][32]，在此情形下，由於空間燒洞（spatial hole burning）效應的存在使得離子佈植 VCSEL 結構具有非常複雜的多重橫向模態 [33]。

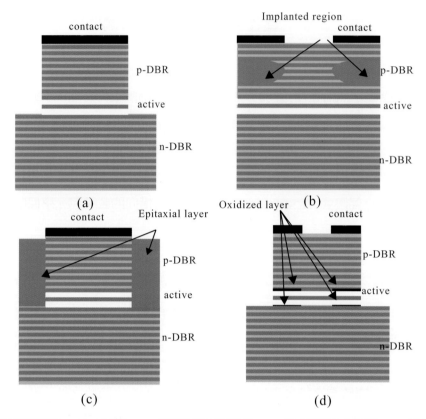

圖 3-14　典型的四種 VCSE 結構：(a) 蝕刻空氣柱結構、(b) 離子佈植式結構、(c) 再成長掩埋異質結構、(d) 氧化侷限式結構

　　第三種 VCSEL 結構是利用再成長掩埋異質結構的 VCSEL，這種結構與蝕刻空氣柱 VCSEL 結構比較，可以有效避免過大的橫向折射率差異所引起的高次模態行爲，並可以提高散熱效率，如圖 3-14(c) 結構所示。此結構利用蝕刻技術去除共振腔周圍的材料，然後接著利用再成長的方式將被蝕刻的區域取代爲高能隙與低折射率的材料，利用此項技術可以同時達到橫方向光與電流侷限的需求。然而製作再成長掩埋異質結構的 VCSEL 需要相當高的技術門檻，這是由於通常再成長的材料必須含有高鋁含量的材料才能達到高能隙與低折射率材料的要求，但是高鋁含量的材料很容易氧化，在再成長前去除自然氧化的部分是相當困難的，所以特殊的蝕刻技術與避免空氣的曝露都是磊晶再成長的重要技術。

　　至於第四種結構則是相對而言製作上較爲方便的方式，利用選擇性氧化的方式可以同時達到橫方向光與電的侷限，如圖 3-14(d) 結構所示。因爲氧化層的形成是利用轉換 DBR

中高鋁含量的 AlGaAs 材料成為絕緣的 AlO_x 氧化物，在 VCSEL 共振腔周圍形成氧化物，可以限制電流往中央的主動區流動，氧化層同時具備低折射率的特性以達到光學侷限的效果。氧化層的位置可以被設計在 VCSEL 的 DBR 內不同位置，愈靠近主動層，對於載子與光學的侷限愈好，若將氧化層設計在光學共振駐波的峰值位置，光學侷限的效果非常強烈；若設計在光學共振駐波的節點位置，比較容易達到單模操作並可以避免光經過氧化層的散射損失。

本章習題

1. 使用傳遞矩陣計算下表所列的 DBR 結構，中心波長 $\lambda_0 = 0.85$ μm。請畫出反射率頻譜圖、反射相位頻譜圖，並估計在中心波長時的穿透深度。

結構	材料	厚度（μm）	折射率	對數
起始層	air	0.1	1	
高折射率層	$Al_{0.1}Ga_{0.9}As$	$\lambda_0/(4n)$	3.6	30對
低折射率層	$Al_{0.9}Ga_{0.1}As$	$\lambda_0/(4n)$	3.0	
基板	GaAs	0.1	3.7	

2. 使用傳遞矩陣計算下表所列的 VCSEL 結構，中心波長 $\lambda_0 = 0.85$ μm。請畫出反射率頻譜圖、反射相位頻譜圖，並找出此 VCSEL 結構的共振波長。

結構	材料	厚度（μm）	折射率	對數
起始層	air	0.1	1	
P高折射率層	$Al_{0.1}Ga_{0.9}As$	$\lambda_0/(4n)$	3.6	25對P型DBR
P低折射率層	$Al_{0.9}Ga_{0.1}As$	$\lambda_0/(4n)$	3.0	
P氧化侷限層	$Al_{0.98}Ga_{0.02}As$	0.03	2.95	
P高折射率層	$Al_{0.1}Ga_{0.9}As$	0.0344	3.6	
P低折射率層	$Al_{0.9}Ga_{0.1}As$	$\lambda_0/(4n)$	3.0	

結構	材料	厚度（μm）	折射率	對數
P-披覆層	$Al_{0.45}Ga_{0.55}As$	0.1093	3.4	1λ光學厚度
能障層	$Al_{0.3}Ga_{0.7}As$	0.01	3.5	
量子井	GaAs	0.01	3.7	
能障層	$Al_{0.3}Ga_{0.7}As$	0.01	3.5	
N-披覆層	$Al_{0.45}Ga_{0.55}As$	0.1093	3.4	
N低折射率層	$Al_{0.9}Ga_{0.1}As$	$\lambda_0/(4n)$	3.0	35對N型DBR
N高折射率層	$Al_{0.1}Ga_{0.9}As$	$\lambda_0/(4n)$	3.6	
基板	GaAs	0.1	3.7	

3. 呈上題，若 P 氧化侷限層受到氧化之後，折射率變為 1.5，請再次使用傳遞矩陣計算上述的 VCSEL 結構。請畫出反射率頻譜圖、反射相位頻譜圖，並找出此 VCSEL 結構受到氧化之後的共振波長。

4. 呈上第 2、3 題，對氧化侷限 VCSEL 而言，只有孔徑外圍的區域才會被氧化，試求此氧化侷限 VCSEL 孔徑內外的折射率差（$\Delta n/n$）。

5. 呈上第 2、3、4 題，假設此氧化侷限 VCSEL 孔徑的直徑是 10 μm，且孔徑中央的等效折射率為 3.45，試問此氧化侷限 VCSEL 會操作在單一模態的情況下嗎？若不是，試問要如何調整氧化侷限 VCSEL 的結構，使其操作在單一模態的情況。（提示：單模操作條件為 $V = \dfrac{2\pi n_{eff} d}{\lambda_0}\sqrt{2\Delta n/n} < 2.405$）

6. 試推導（3-47）式。

參考資料

[1] H. Soda, K. Iga, C. Kitahara, and Y. Suematsu, "GaInAsP/InP surface emitting injection lasers," Jpn. J. Appl. Phys., vol. 18, pp. 2329-2330, 1979.

[2] M. Ogura, W. Hsin, M.-C. Wu, S. Wang, J. R. Whinnery, S. C. Wang, and J. J. Yang, "Surface-emitting laser diode with vertical GaAs/GaAlAs quarter-wavelength multilayer and lateral buried heterostructure," Appl. Phys. Lett., vol. 51, pp. 1655-1657, 1987.

[3] Y. H. Lee, J. L. Jewell, A. Scherer, S. L. Mc. Call, J. P. Harbison, and L. T. Florez, "Room-temperature continuous-wave vertical cavity single-quantum-well microlaser diodes," Electron. Lett., vol. 25, pp. 1377-1378, 1989.

[4] R. S. Geels, S. W. Corzine, J. W. Scott, D. B. Young, and L. A. Coldren, "Low threshold planarized vertical-cavity surface-emitting lasers," IEEE Photon. Technol. Lett., vol. 2, pp. 234-236, 1990.

[5] D. L. Huffaker, D. G. Deppe, K. Kumar, and T. J. Rogers, "Native-oxide defined ring contact for low threshold vertical-cavity lasers," Appl. Phys. Lett., vol. 65, no. 1, pp. 97-99, Jul. 1994.

[6] K. L. Lear, K. D. Choquette, R. P. Schneider, Jr., S. P. Kilcoyne, and K. M. Geib, "Selectively oxidized vertical-cavity surface emitting lasers with 50% power conversion efficiency," Electron. Lett., vol. 31, no. 3, pp. 208-209, Feb. 1995.

[7] R. Jmger, M. Grabherr, C. Jung, R. Michalzik, G. Reiner, B. Wigl, and K. J. Ebeling, "57% wallplug efficiency oxide-confined 850 nm wavelength GaAs VCSELs," Electron. Lett., vol. 33, no. 4, pp. 330-331, 1997.

[8] M. Suzuki, H. Hatakeyama, K. Fukatsu, T. Anan, K. Yashiki, and M. Tsuji, "25-Gb/s operation of 1.1 μm-range InGaAs VCSELs for highspeed optical interconnections," presented at the Optical Fiber Commun. Conf., Anaheim, CA, Mar. 2006, OFA4.

[9] C. J. Chang-Hasnain, J. P. Harbison, C. E. Zah, M. W. Maeda, L. T. Florez, N. G. Stoffel, and T. P. Lee, "Multiple wavelength tunable surface-emitting laser arrays," IEEE J. Quantum Electron., vol. 27, no. 6, pp. 1368-1376, 1991.

[10] C. J. Chang-Hasnain, "Tunable VCSEL," IEEE Sel. Topics Quantum Electron., vol. 6, no. 6, pp. 978-987, 2000.

[11] M. S. Wu, E. C. Vail, G. S. Li, W. Yuen, and C. J. Chang-Hasnain, "Tunable micromachined vertical cavity surface emitting laser," Electron. Lett., vol. 31, no. 19, pp. 1671-1672, 1995.

[12] A. Syrbu, V. Iakovlev, G. Suruceanu, A. Caliman, A. Rudra, A. Mircea, A. Mereuta, S. Tadeoni, C.-A. Berseth, M. Achtenhagen, J. Boucart, and E. Kapon, "1.55 μm optically pumped wafer-fused tunable VCSELs with 32-nm tuning range," IEEE Photon Technol. Lett., vol. 16, no. 9, pp. 1991-1993, 2004.

[13] M. Maute, B. Kogel, G. Bohm, P.Meissner, and M.-C. Amann, "MEMS tunable 1.55 μm VCSEL with extended tuning range incorporating a buried tunnel junction," IEEE Photon Technol. Lett., vol. 18, no. 5, pp. 688-690, 2006.

[14] S. L. Chuang, *Physics of Optoelectronic Devices*, Wiley, New York, 1995.

[15] Dubravko I. Babic and Scott W. Corzine, "Analytic Expressions for the Reflection Delay, Penetration Depth, and Absorptance of Quarter-Wave Dielectric Mirrors," IEEE J. Quantum Electron., vol. 28, no. 2, pp. 514-524 1992

[16] K. Tai, L. Yang, Y. H. Wang, J. D. Wynn, and A. Y. Cho, "Drastic reduction of series resistance in doped semiconductor distributed Bragg reflectors for surface-emitting lasers," Appl. Phys. Lett., vol. 56, pp. 2496-2498, 1990.

[17] M. G. Peters, B. J. Thibeault, D. B. Young, J. W. Scott, F. H. Peters, A. C. Gossard, and L. A. Coldren, "Band-gap engineered digital alloy interfaces for lower resistance vertical-cavity surface-emitting lasers," Appl. Phys. Lett., vol. 63, pp. 3411-3413, 1993.

[18] J. M. Fastenau and G. Y. Robinson, "Low-resistance visible wavelength distribute Bragg reflectors using small energy band offset heterojunctions," Appl. Phys. Lett., vol. 74, pp. 3758-3760, 1999.

[19] M. Sugimoto, H. Kosaka, K. Kurihara, I. Ogura, T. Numai, and K. Kasahara, "Very low threshold current density in vertical-cavity surface-emitting laser diodes with periodically doped distributed Bragg reflectors," Electron. Lett., vol. 28, pp. 385-387, 1992.

[20] S. W. Corzine, R. S. Geels, J. W. Scott, R-.H. Yan, and L. A. Coldren, "Design of Fabry-Perot surface-emitting lasers with a periodic gain structure," IEEE J. Quantum Electron., vol. 25, no. 6, pp. 1513-1524 1989

[21] G. Hasnain, K. Tai, L. Yang, Y. H. Wang, R. J. Fischer, J. D. Wynn, B. Weir, N. K. Dutta, and A. Y. Cho, "Performance of gain-guided surface emitting lasers with semiconductor distributed Bragg reflectors," IEEE J. Quantum Electron., vol. 27, pp. 1377-1385, 1991.

[22] K. D. Choquette and H. Q. Hou, "Vertical-cavity surface emitting lasers: Moving from research to manufacturing," Proc. IEEE, vol. 85, pp. 1730-1739, 1997.

[23] D. B. Young, J. W. Scott, F. H. Peters, M. G. Peters, M. L. Majewski, B. J. Thibeault, S. W. Corzine, and L. A. Coldren, "Enhanced performance of offset-gain high-barrier vertical-cavity surface-emitting lasers," IEEE J. Quantum Electron., vol. 29, pp. 2013-2021, 1993.

[24] M. P. van Exter, G. Nienhuis, and J. P. Woerdman, "Two simple expressions for the spontaneous emission factor b," Phys. Rev. A, vol. 54, no. 4, pp.3553, 1996.

[25] E. M. Purcell, "Spontaneous emission probabilities at radio frequencies," Phys. Rev., vol. 69, pp.681, 1946

[26] G. Bjork and Y. Yamamoto, "Analysis of semiconductor microcavity lasers using rate equations," IEEE J. Quantum Electron., vol. 27, no. 11, pp. 2386-2396, 1991.

[27] A. Sherer, J. L. Jeell, Y. H. Lee, J. P. Harbison, and L. T. Florez, "Fabrication of microlasers and microresonator optical switches," Appl. Phys. Lett., vol. 55, pp. 2724-2726, 1989.

[28] R. S. Geels, S. W. Corzine, J. W. Scott, D. B. Young, and L. A. Coldren, "Low threshold planarized vertical-cavity surface-emitting lasers," IEEE Photon. Technol. Lett., vol. 2, pp. 234-236, 1990.

[29] K. D. Choquette, G. Hasnain, Y. H. Wang, J. D. Wynn, R. S. Freund, A. Y. Cho, and R. E. Leibenguth, "GaAs vertical-cavity surface-emitting lasers fabricated by reactive ion etching," IEEE Photon. Technol. Lett., vol. 3, pp. 859-862, 1991.

[30] B. J. Thibeault, T. A. Strand, T. Wipiejewski, M. G. Peters, D. B. Young, S. W. Corzine, L. A. Coldren, and J. W. Scott, "Evaluating the effects of optical and carrier osses in etched-post vertical cavity lasers," J. Appl. Phys., vol. 78, pp. 5871-5875, 1995.

[31] C. J. Chang-Hasnain, M. Orenstein, A. Vonlehmen, L. T. Florez, J. P. Harbison, and N. G. Stoffel, "Transverse mode characteristics of vertical cavity surface-emitting lasers," Appl. Phys. Lett., vol. 57, pp. 218-220, 1990.

[32] G. R. Hadley, K. L. Lear, M. E. Warren, K. D. Choquette, J. W. Scott, and S. W. Corzine, "Comprehensive numerical modeling of vertical-cavity surface-emitting lasers," IEEE J. Quantum Electron., vol. 32, pp. 607-616, 1996.

[33] D. Vakhshoori, J. D. Wynn, G. J. Aydzik, R. E. Leibengnth, M. T. Asom, K. Kojima, and R. A. Morgan, "Top-surface emitting lasers with 1.9 V threshold voltage and the effect of spatial hole burning on their transverse mode operation and efficiencies," Appl. Phys. Lett., vol. 62, pp. 1448-1450, 1993.

第 **4** 章

高速VCSEL操作
動態特性

在前幾章裡，我們使用了速率方程式來描述半導體雷射系統裡主動層中的載子濃度與共振腔中的光子密度的變化，為了了解雷射操作的閾值條件，我們使用的是穩態的速率方程式的解來分別說明在閾值條件以下以及到達閾值條件以上的雷射操作特性，其中包括閾值條件、閾值載子濃度、閾值電流或電流密度、雷射輸出功率與微分量子效率等。在本章中，我們將繼續運用前面所介紹的載子濃度與光子密度的速率方程式，來了解雷射操作特性隨時間變化的動態行為。由於有許多半導體雷射的操作需要受到外部輸入的調制，以產生對應的調制輸出信號，而半導體雷射的其中一個優異特性是可以直接受到外部因素如電流的高速調制，對於像是光通訊的應用而言非常重要，因此我們在本章一開始就要討論半導體雷射受到電流高速調制的響應行為，依受到外部調制的大小，其中分為大信號與小信號分析；在小信號分析裡，外界的影響與變化相對於穩態操作的條件都可視作為微擾（perturbation），於是我們可以獲取半導體雷射的各種輸出特性的變化量對應於輸入參數的變化量，我們將介紹半導體雷射系統因為載子濃度與光子密度的速率方程式互相耦合所產生的共振現象，並推導其在共振時的振盪頻率即弛豫頻率（relaxation frequency）以及其所對應的截止頻率或調制響應的頻寬，接著我們再介紹當半導體雷射操作在大電流或是高雷射輸出功率時所產生的非線性增益飽和的現象，以及其對半導體雷射的弛豫頻率與調制響應頻寬的影響，然後再討論載子濃度與光子密度在小信號近似下隨時間變化的暫態解。在大信號分析的介紹中，我們會先討論半導體雷射在瞬間輸入電流導通時產生延遲輸出的原因，接下來我們會利用數值方法介紹雷射特性隨著時間變化的情形以及眼圖的概念。而在大信號分析的介紹中，會衍伸出所謂的雷射輸出信號啁啾（chirping）的現象，為了說明這個現象我們將介紹所謂的線寬增強因子（linewidth enhancement factor）在半導體雷射中產生的原因與影響，接著就會推導出半導體雷射光在頻譜量測中得到的發光線寬，以了解線寬增強因子在半導體雷射中所扮演的重要角色。最後，我們將介紹相對強度雜訊的起源與影響，以及和半導體雷射中弛豫振盪的關係。

4.1　小信號響應

最常見的半導體雷射調制是如圖 4-1 的直接電流調制，半導體雷射偏壓操作在固定的電流值 I_0 上，欲輸入的信號從網路分析儀中產生經過 Bias-T 後加載到半導體雷射上，雷射的輸出信號就應該會在 P_0 的基準上作信號的變化。以弦波信號為例，若弦波的振幅為 I_m，振盪頻率為 ω，則輸入信號變為 $I(t) = I_0 + I_m \sin(\omega t)$，既然輸入信號開始隨時間變化，雷射光輸出也應該會有對應的變化如 $P(t) = P_0 + P_m \sin(\omega t)$。

當我們想要觀察半導體雷射受到外部電流調制時是如何響應的，就必須要分析主動層中的載子濃度與共振腔中的光子密度的速率方程式：

$$\frac{dn}{dt} = \eta_i \frac{J}{ed} - \frac{n}{\tau_n} - \upsilon_g \gamma(n) n_p \tag{4-1}$$

$$\frac{dn_p}{dt} = \Gamma \upsilon_g \gamma(n) n_p - \frac{n_p}{\tau_p} + \Gamma \beta_{sp} \cdot \frac{n}{\tau_r} \tag{4-2}$$

上兩式中的變數同前幾章裡的介紹，然而我們若要解上述的兩道耦合方程式在時間上的變化是非常困難的，因此若要得到某種簡化形式的解析解勢必要對方程式作近似，其中小信號近似（small signal approximation）是常被使用到的方法，所謂的小信號近似是指如圖 4-1(b) 中載入信號的上下振盪的幅度遠小於穩態值（也就是 I_0 與 P_0），若載入信號是弦波的形式，所謂的小信號分析就是要解得輸出信號的振幅是如何隨著載入信號振幅的變化。

在推導小信號分析前，我們先對半導體雷射作一些規範與近似假設，在這裡我們先以邊射型雷射為模型，其中半導體雷射的主動層體積的長寬高為 $L \times w \times d$，而 L 即為雷射的共振腔長度，在主動層裡，假設載子的復合時間遠大於載子的熱平衡時間，這使得我們不用再去考慮載子從披覆層注入主動層的熱平衡時間，換句話說，載子一旦從雷射的兩端電極注入後就會立刻到達主動層，此外，我們也假設到達主動層中的載子會立刻均勻分布在主動層中而沒有空間中的不均勻，而這些熱平衡、載子分布的效應我們將在非線性增益飽和效應中一併考慮；為簡化分析起見，我們先分析單模操作的半導體雷射，因此光子密度的速率方程式就只會有一道，此外，因為在邊射型雷射中自發放射因子 β_{sp} 太小我們可先忽略不考慮。

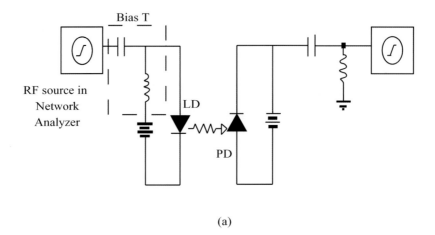

(a)

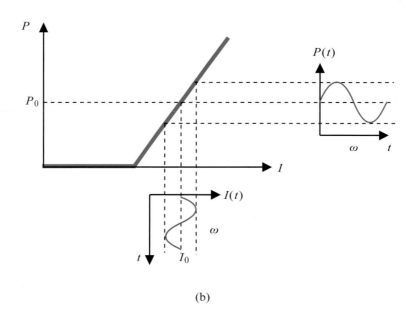

(b)

圖 4-1　(a) 半導體雷射直接電流調制電路示意圖；(b) 直接電流調制下輸入電流與輸出雷射光的
　　　　轉換與隨時間變化的示意圖

　　因此在小信號分析的情況下，我們可以定義電流密度、載子濃度與光子密度隨時間的
表示式：

$$J(t) = J_0 + J_m(t) \tag{4-3}$$

$$n(t) = n_0 + n_m(t) \tag{4-4}$$

$$n_p(t) = n_{p0} + n_{pm}(t) \tag{4-5}$$

我們假設 $J_0 \gg J_m$、$n_0 \gg n_m$ 與 $n_{p0} \gg n_{pm}$，其中下標 0 表示固定的穩態值，而下標 m 則表示小信號值。將上三式代入（4-1）式中並使用線性增益近似，即，我們可得：

$$\frac{d(n_0 + n_m)}{dt} = \eta_i \frac{J_0 + J_m}{ed} - \frac{n_0 + n_m}{\tau_n} - \upsilon_g a(n_0 + n_m - n_{tr})(n_{p0} + n_{pm}) \tag{4-6}$$

上式中我們使用了線性增益近似，也就是：

$$g(n) = \upsilon_g \cdot \gamma(n) = \upsilon_g \cdot a(n - n_{tr}) = g_0(n - n_{tr}) \tag{4-7}$$

將（4-6）式展開，因為兩個小信號相乘的項 $n_m \cdot n_{pm}$ 太小可以忽略不計，並將穩態項以及小信號項分別放在一起，可得：

$$\frac{dn_0}{dt} + \frac{dn_m}{dt} = [\eta_i \frac{J_0}{ed} - \frac{n_0}{\tau_n} - \upsilon_g a(n_0 - n_{tr})n_{p0}] + [\eta_i \frac{J_m}{ed} - \frac{n_m}{\tau_n} - \upsilon_g a n_{p0} n_m - \upsilon_g \gamma(n_0)n_{pm}] \tag{4-8}$$

我們可以取出載子濃度小信號的變化為：

$$\frac{dn_m}{dt} = \eta_i \frac{J_m}{ed} - \frac{n_m}{\tau_n} - \upsilon_g a n_{p0} n_m - \upsilon_g \gamma(n_0)n_{pm} \tag{4-9}$$

同樣的，對於計算光子密度小信號的變化，我們可以將（4-3）式到（4-5）式代入（4-2）式中，展開之後將兩個小信號相乘的項 $n_m \cdot n_{pm} = 0$，並將穩態項以及小信號項分別放在一起，可得光子密度小信號的變化：

$$\frac{dn_{pm}}{dt} = \Gamma \upsilon_g a(n_0 - n_{tr})n_{pm} + \Gamma \upsilon_g a n_m n_{p0} - \frac{n_{pm}}{\tau_p} \tag{4-10}$$

（4-9）式與（4-10）式即為載子濃度與光子密度的小信號速率方程式，我們可以發現，此二道方程式彼此之間又是互相耦合的。若小信號以弦波方式振盪，則：

$$J_m(t) = \mathrm{Re}\{J_m(\omega)e^{j\omega t}\} \tag{4-11}$$

$$n_m(t) = \mathrm{Re}\{n_m(\omega)e^{j\omega t}\} \tag{4-12}$$

$$n_{pm}(t) = \mathrm{Re}\{n_{pm}(\omega)e^{j\omega t}\} \tag{4-13}$$

將（4-11）式到（4-13）式代入（4-9）式與（4-10）中，整理可得：

$$(j\omega + \upsilon_g a n_{p0} + \frac{1}{\tau_n})n_m(\omega) = \eta_i \frac{J_m(\omega)}{ed} - \upsilon_g \gamma(n_0)n_{pm}(\omega) \tag{4-14}$$

$$[j\omega + \frac{1}{\tau_p} - \Gamma\upsilon_g\gamma(n_0)]n_{pm}(\omega) = \Gamma\upsilon_g a n_{p0}n_m(\omega) \tag{4-15}$$

我們在前幾章介紹過當雷射操作在閾值條件以上時，儘管輸入電流改變，其載子濃度會被箝制在 n_{th}，因此 n_{th} 即為載子濃度的穩態值 n_0，因此從閾值條件我們可以知道：

$$\Gamma\upsilon_g\gamma(n_0) = \Gamma\upsilon_g\gamma(n_{th}) = \frac{1}{\tau_p} \tag{4-16}$$

接下來為簡化表示，我們引入兩個新的參數，分別表示為：

$$\Omega = \frac{1}{\tau_n} + n_{p0}\upsilon_g a \tag{4-17}$$

$$\omega_r^2 = \Gamma\upsilon_g\gamma(n_0)n_{p0}\upsilon_g a = \frac{n_{p0}}{\tau_p}\upsilon_g a \tag{4-18}$$

其中 Ω 被稱之為阻尼常數（damping constant）或衰減率，而 ω_r 則被稱之為弛豫頻率（relaxation frequency），至於這兩個參數的意義我們之後會再解釋。使用（4-16）式到（4-18）式，我們可以解出（4-14）式與（4-15）式中的小信號載子濃度與光子密度對輸入電流密度的關係：

$$n_m(\omega) = \frac{j\omega}{-\omega^2 + j\omega\Omega + \omega_r^2}[\eta_i \frac{J_m(\omega)}{ed}] \tag{4-19}$$

$$n_{pm}(\omega) = \frac{\tau_p \omega_r^2}{-\omega^2 + j\omega\Omega + \omega_r^2}[\eta_i \frac{J_m(\omega)}{ed}] \tag{4-20}$$

上式也可以整理成：

$$n_m(\omega) = [\eta_i \frac{J_m(\omega)}{ed}]\frac{j\omega}{\omega_r^2}H(\omega) \tag{4-21}$$

$$n_{pm}(\omega) = [\eta_i \frac{J_m(\omega)}{ed}]\tau_p H(\omega) \tag{4-22}$$

其中除了 n_m 在複數平面 $\omega = 0$ 時會有 0 值之外，我們可以發現 n_m 和 n_{pm} 主要都是隨著 $H(\omega)$ 的頻率響應作變化。而 $H(\omega)$ 為具有兩個參數的調制轉移函數：

$$H(\omega) \equiv \frac{\omega_r^2}{-\omega^2 + j\omega\Omega + \omega_r^2} \tag{4-23}$$

我們可以定義小信號輸出的調制響應（modulation response）為小信號光子密度在頻率為 ω 值時與頻率為零時（DC）的比率：

$$M(\omega) \equiv \left|\frac{n_{pm}(\omega)/J_m(\omega)}{n_{pm}(0)/J_m(0)}\right| = \left|\frac{\omega_r^2}{-\omega^2 + j\omega\Omega + \omega_r^2}\right| = |H(\omega)| = |m(\omega)|e^{j\theta} \tag{4-24}$$

其中

$$|m(\omega)| = \frac{\omega_r^2}{[(\omega^2 - \omega_r^2)^2 + \omega^2\Omega^2]^{1/2}} \tag{4-25}$$

$$\theta = \tan^{-1}(\frac{\omega\Omega}{\omega^2 - \omega_r^2}) \tag{4-26}$$

4.1.1 弛豫頻率與截止頻率

（4-25）式為我們可以量測得到的半導體雷射調制響應。將之取對數乘上 10 之後，其單位即為 dB，如圖 4-2 所示。當小信號頻率遠小於弛豫頻率時，（4-25）式可以近似成 1，也就是小信號的輸出振幅和穩態時所獲得的振幅相同，相位也一致。當小信號頻率接近弛豫頻率時，我們可以發現調制響應的曲線中會出現一個峰值，此峰值的頻率可以藉由計算（4-25）式的分母中找到最小值獲得：

$$\omega_p = \omega_r \sqrt{1 - \frac{1}{2}(\frac{\Omega}{\omega_r})^2}$$

（4-27）

而在 $\omega = \omega_p$ 時，調制響應的峰值為：

$$|m(\omega_p)| = \frac{2\omega_r^2}{\Omega^2 \sqrt{4(\omega_r/\Omega)^2 + 1}}$$

（4-28）

由上二式可知，峰值的頻率與調制響應峰值的大小與 ω_r/Ω 相關，在一般常用的半導體雷射中，弛豫頻率通常都遠大於阻尼常數，因此 ω_r/Ω 遠大於 1，使得峰值的頻率即可代表為弛豫頻率，而調制響應峰值的大小則趨近於 ω_r/Ω。因此，弛豫頻率可以代表此雷射系統的共振頻率，當雷射操作於此頻率時，小信號的輸出會有最大的振幅，不過在相位方面也會伴隨著劇烈的變化。

相反的，若雷射系統中的阻尼常數愈來愈大，將會使得調制響應的峰值下降，如圖 4-2 中 $\omega_r/\Omega = 1$ 的情況，共振現象變得不明顯，而峰值頻率也會小於弛豫頻率。這是因為阻尼常數會使得系統的振盪振幅迅速衰減，導致調制響應的表現趨於平緩，關於阻尼常數的意義，會在稍後章節討論。

在調制響應中，若輸入小信號的頻率遠大於弛豫頻率，（4-25）式將會趨近於零，這表示在此高頻率操作的情況下，雷射的輸出小信號振幅跟不上輸入信號的變化，使得雷射系統趨於穩態。為了定義雷射的系統何時會趨於穩態，我們定義當輸出小信號振幅降為低頻振幅的一半時的頻率範圍為此雷射的操作頻寬，而此頻率被稱為 3 dB 頻率（ω_{3dB}）或

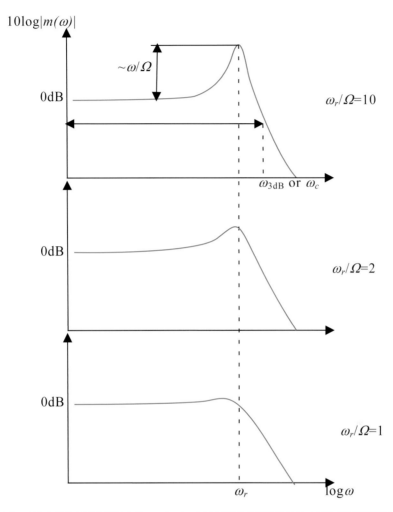

圖 4-2　半導體雷射小信號調制響應圖。上中下分別對應到不同的弛豫頻率與阻尼常數的比值：$\omega_r/\Omega = 10$、$\omega_r/\Omega = 2$、$\omega_r/\Omega = 1$。

是截止頻率（cut-off frequency, ω_c）。因此根據定義：

$$|m(\omega_c)| = \frac{1}{2}|m(0)| = \frac{1}{2} = \frac{\omega_r^2}{[(\omega_c^2 - \omega_r^2)^2 + \omega_c^2\Omega^2]^{1/2}} \tag{4-29}$$

假設 $\omega_c^2\Omega^2 \ll \omega_c^4$，我們可以推導出

$$2\omega_r^2 = [(\omega_c^2 - \omega_r^2)^2 + \omega_c^2\Omega^2]^{1/2} \approx \omega_c^2 - \omega_r^2 \tag{4-30}$$

則

$$\omega_c \approx \sqrt{3}\omega_r \quad or \quad f_c \approx \sqrt{3}f_r \tag{4-31}$$

由此可知雷射系統操作的截止頻率和弛豫頻率成正比，獲取半導體雷射的弛豫頻率即可預測此雷射的操作頻寬。若不用角頻率的型式，根據（4-18）式，我們可得：

$$f_r = \frac{\omega_r}{2\pi} = \frac{1}{2\pi}\sqrt{\frac{n_{p0}}{\tau_p}\upsilon_g a} = \frac{1}{2\pi}\sqrt{\frac{n_{p0}}{\tau_p}\frac{c}{n_{rg}}a} \tag{4-32}$$

因爲光子增加的速率等於注入載子在閾值條件以上減少的速率，即：

$$\frac{n_{p0}\cdot V_p}{\tau_p} = \eta_i \frac{I-I_{th}}{e} \tag{4-33}$$

其中 V_p 爲雷射光學模態的體積，將上式代入（4-32）式，我們可以替換得另一種弛豫頻率的表示式：

$$f_r = \frac{1}{2\pi}\sqrt{\frac{\Gamma\upsilon_g a}{eV_a}\eta_i(I-I_{th})} \tag{4-34}$$

其中 V_a 爲主動層的體積，而光學侷限因子 $\Gamma = V_a/V_p$。

我們也可以將上式中電流的部分替換成雷射的輸出功率，由於：

$$P_o = \eta_d(\frac{h\nu}{e})(I-I_{th}) \tag{4-35}$$

代入（4-34）式可得：

$$f_r = \frac{1}{2\pi}\sqrt{\frac{\Gamma\upsilon_g a}{h\nu V_a}\frac{\eta_i}{\eta_d}P_o} = \frac{1}{2\pi}\sqrt{\frac{\Gamma\upsilon_g a}{h\nu V_a}\frac{\alpha_m+\alpha_i}{\alpha_m}P_o} \tag{4-36}$$

上式給我們一個很重要的訊息，當半導體雷射的輸出功率增加時，弛豫頻率會跟著增加，當然雷射系統的操作頻寬會隨之增加。如圖 4-3 所示，在理想的情況下，半導體雷射之弛豫頻率和輸出功率的根號成正比；而在相同的主動層結構下，若雷射的共振腔愈短或是 DBR 反射率愈低，其弛豫頻率愈高，這是因為共振腔愈短代表光子生命期也愈短，根據（4-32）式可知，其弛豫頻率反而會變大。

我們也可以將弛豫頻率表示式中的微分增益係數替換掉，由於：

$$\upsilon_g \gamma(n_0) = \upsilon_g \gamma(n_{th}) = \upsilon_g a(n_{th} - n_{tr}) = \upsilon_g a \eta_i \tau_n \left(\frac{J_{th} - J_{tr}}{ed}\right) = \frac{1}{\Gamma \tau_p} \qquad (4\text{-}37)$$

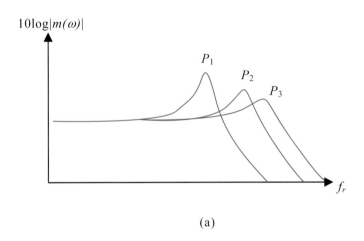

(a)

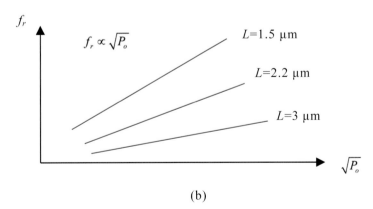

(b)

圖 4-3　(a) 不同輸出功率下半導體雷射之頻率響應圖；(b) 半導體雷射之弛豫頻率與輸出功率根號的關係圖

因此，

$$\upsilon_g a = \frac{1}{\Gamma \eta_i \tau_n \tau_p}(\frac{ed}{J_{th} - J_{tr}}) \tag{4-38}$$

此外，由（4-33）式，

$$\frac{n_{p0}}{\tau_p} = \eta_i \Gamma \frac{J - J_{th}}{ed} \tag{4-39}$$

將（4-38）式與（4-39）式代入（4-32）式中，可得：

$$f_r = \frac{1}{2\pi}\sqrt{\frac{n_{p0}\upsilon_g a}{\tau_p}} = \frac{1}{2\pi}\sqrt{\frac{1}{\tau_p \tau_n} \cdot \frac{J - J_{th}}{J_{th} - J_{tr}}} \tag{4-40}$$

若透明電流密度很小，即 $J_{th} \gg J_{tr}$，則上式可近似為：

$$f_r \approx \frac{1}{2\pi}\sqrt{\frac{1}{\tau_p \tau_n} \cdot (\frac{J}{J_{th}} - 1)} = \frac{1}{2\pi}\sqrt{\frac{1}{\tau_p \tau_n} \cdot (\frac{I}{I_{th}} - 1)} \tag{4-41}$$

此式說明了半導體雷射的閾值電流愈小或操作電流愈高，其弛豫頻率愈高。

範例 4-1

假設一半導體雷射的增益線性近似可表示為：$\gamma = a(n - n_{tr}) = 1.5 \times 10^{-16}(n - 2 \times 10^{18})\,(\mathrm{cm}^{-1})$，$n_{rg} = 3.6$，光子生命期為 1 psec，載子生命期為 3 nsec，光子密度為 $3 \times 10^{15}\,\mathrm{cm}^{-3}$，試估計弛豫頻率與阻尼係數。

解：

由於 $\upsilon_g a = \dfrac{c}{n_{rg}} \cdot a = \dfrac{3 \times 10^{10}\,\mathrm{cm/sec}}{3.6} \cdot 1.5 \times 10^{-16}\,\mathrm{cm}^2 = 1.2 \times 10^{-6}\,\mathrm{cm}^3/\mathrm{sec}$

從（4-32）式得知弛豫頻率

$$\omega_r = \sqrt{\frac{n_{p0}}{\tau_p}\upsilon_g a} = \sqrt{\frac{3\times10^{15}}{1\times10^{-12}}\times1.2\times10^{-6}} = 6\times10^{10} \text{ rad/sec}$$

根據（4-17）式 $\Omega = \dfrac{1}{\tau_n} + n_{p0}\upsilon_g a = \dfrac{1}{3\times10^{-9}} + 3\times10^{15}\times1.2\times10^{-6} = 3.93\times10^9 \text{ sec}^{-1}$

由此可知，在一般的情況下弛豫頻率大於阻尼係數，在這一範例中其比值約為 16.6！

範例 4-2

假設 GaAs VCSEL 增益線性近似為：$\gamma(n) = 1.5\times10^{-16}(n-n_{tr})$（$\text{cm}^{-1}$），$n_{rg} = 3.5$，輸出功率 $P_o = 1$ mW，雷射波長 $\lambda = 0.85$ μm，等效共振腔長度 $L_{eff} = 1.3$ μm，主動層厚度 $d = 30$ nm，氧化侷限孔徑半徑 $R = 5$ μm，內部損耗 $\alpha_i = 10$ cm^{-1}，兩端鏡面反射率分別為 0.995 與 0.999，光學侷限因子 $\Gamma = 0.04$，試估計弛豫頻率的大小。若輸出功率 $P_o = 4$ mW，試估計弛豫頻率的大小。

解：

由於 $\upsilon_g a = \dfrac{c}{n_{rg}} \cdot a = \dfrac{3\times10^{10}\text{ cm / sec}}{3.5} \cdot 1.5\times10^{-16}\text{ cm}^2 = 1.3\times10^{-6}\text{ cm}^3 / \text{sec}$

鏡面損耗為 $\alpha_m = \dfrac{1}{2L_{eff}} \cdot \ln\dfrac{1}{R_1 R_2} = \dfrac{1}{2\times1.3\times10^{-4}} \cdot \ln\dfrac{1}{0.995\times0.999} = 23.1\text{ cm}^{-1}$

因為雷射波長 $\lambda = 0.85$ μm，則光子能量 $E = h\nu = 2.33\times10^{-19}$ J，而雷射主動層體積為 $V_a = \pi R^2 d = \pi \times (5\times10^{-4})^2 \times 30\times10^{-7} = 2.36\times10^{-12}$ cm^3，從（4-36）式得知弛豫頻率

$$f_r = \frac{1}{2\pi}\sqrt{\frac{\Gamma \upsilon_g a}{h\nu V_a}\frac{\alpha_m + \alpha_i}{\alpha_m}P_o} = \frac{1}{2\pi}\sqrt{\frac{0.04\times1.3\times10^{-6}}{2.33\times10^{-19}\times2.36\times10^{-12}}\frac{23.1+10}{23.1}1\times10^{-3}}$$
$$= 1.85\text{ GHz}$$

若輸出功率 P_o 增加到 4 mW，則弛豫頻率提高為

$$f_r = 1.85\text{GHz}\sqrt{4/1} = 3.7\text{GHz}$$

從上兩個範例可以知道，提高輸出功率或提高共振腔中的光子密度能夠提升弛豫頻率，也就是增加雷射操作的頻寬；然而，提高輸出功率必須要從提高輸入電流或增加輸入功率達成，由於半導體雷射中的電光轉換效率並不是 100%，因此增加輸入功率必定會伴隨著額外產熱的增加，使半導體雷射的接面溫度增加，如此一來不僅會提高雷射的閾值電流，降低輸出功率，還會危及半導體雷射的壽命；根據（4-32）式，既然藉由提高共振腔中的光子密度來提升弛豫頻率會產生不良的影響，我們可以藉由縮短光子生命期來提升弛豫頻率，例如縮短雷射共振腔、減少雷射鏡面的反射率等，然而如此作的代價是光子生命期縮短所造成的閾值電流的增加，一旦閾值電流增加，前所述的產熱問題又會出現；最後，我們唯有從提高微分增益的方式來提升弛豫頻率才不會有其他伴隨而來的不良影響，一般來說提高半導體雷射的微分增益可以藉由增加量子井的數目來提升，或者是使用具有應力補償式形變的多重量子井，其能帶結構受到修正，尤其是電洞的能帶發生變化，使得微分增益得以提升。

4.1.2　非線性增益飽和效應

當雷射共振腔中的光子密度很高以及載子濃度很大的情況下，雷射的增益可能會因為載子分布不均的問題產生所謂的頻譜燒洞（spectral hole burning）、或者是因為產熱過大、或是載子逃脫量子井等現象，讓增益反而逐漸飽和，因此我們可以將雷射增益修正成和光子密度相關的關係式：

$$\gamma(n, n_p) = \frac{a(n - n_{tr})}{1 + \varepsilon n_p} \tag{4-42}$$

我們在上式裡還是使用線性增益近似為基準關係，只是此線性增益近似只有在光子密度較小的時候適用，當光子密度提高時，雷射增益開始飽和。ε 被稱為增益抑制因子（gain suppression factor），$1 + \varepsilon n_p$ 用來描述雷射非線性增益飽和的現象，當光子密度提升到 $1/\varepsilon$ 時，雷射增益降為小信號線性增益的一半。而此非線性增益飽和的現象，將會對半導體雷射高速操作時的調制響應造成影響，我們在本小節中，將會引入非線性增益飽和效應並介紹一種使用矩陣的方式來解小信號的速率方程式。

　　爲簡化分析起見，我們不再使用展開穩態和小信號的方式寫出含有非線性增益飽和的小信號的速率方程式，而是直接對（4-1）式與（4-2）式取微分項，其中 $\delta J, \delta n, \delta n_p$ 即爲前一小節中的 J_m, n_m, n_{pm}：

$$\delta[\frac{dn}{dt}] = \frac{\eta_i}{ed}\delta J - \frac{1}{\tau_{\Delta n}}\delta n - \upsilon_g\gamma\delta n_p - \upsilon_g n_{p_0}\delta\gamma \tag{4-43}$$

$$\delta[\frac{dn_p}{dt}] = (\Gamma\upsilon_g\gamma - \frac{1}{\tau_p})\delta n_p + \Gamma\upsilon_g n_{p0}\delta\gamma + \Gamma\beta_{sp}\cdot\frac{1}{\tau_{\Delta n}}\delta n \tag{4-44}$$

其中我們假設 β_{sp} 太小，因此（4-44）式中等號右邊最後一項可以忽略。而因爲 $n/\tau_n = n\cdot(A + Bn + Cn^2)$，因此 $1/\tau_{\Delta n} = A + 2Bn + 3Cn^2$，由此可知 $\tau_{\Delta n}$ 爲微分載子生命期，其大小通常爲穩態下的載子生命期 τ_n 的一半或是三分之一左右，其中載子濃度爲穩態下的載子濃度 n_0，在閾值條件以上時，載子濃度 n_0 即爲閾值載子濃度 n_{th}。而上兩式中的 γ 爲（4-42）式中穩態下的值，即 $\gamma(n_0, n_{p0})$，而微分的部分可拆成兩部分：

$$\delta\gamma = \frac{\partial\gamma}{\partial n}\delta n + \frac{\partial\gamma}{\partial n_p}\delta n_p \tag{4-45}$$

將（4-42）式分別對 n 與 n_p 微分，我們可以得到：

$$\frac{\partial\gamma}{\partial n} = \frac{a}{1 + \varepsilon n_{p0}} \tag{4-46}$$

$$\frac{\partial\gamma}{\partial n_p} == -\frac{\varepsilon a(n_0 - n_{tr})}{(1 + \varepsilon n_{p0})^2} = -\frac{\varepsilon\gamma}{1 + \varepsilon n_{p0}} \tag{4-47}$$

　　我們若將 δJ、δn 與 δn_p 表示成前一小節中的小信號振幅 J_m、n_m 與 n_{pm}，同時配合 $\Gamma\upsilon_g\gamma = 1/\tau_p$ 的閾值條件關係式，因此（4-43）式與（4-44）式可以分別展開整理成：

$$\frac{dn_m}{dt} = \frac{\eta_i}{ed}J_m - (\frac{1}{\tau_{\Delta n}} + \frac{\upsilon_g a n_{p0}}{1 + \varepsilon n_{p0}})n_m - (\upsilon_g\gamma - \upsilon_g\frac{\varepsilon n_{p0}}{1 + \varepsilon n_{p0}}\gamma)n_{pm} \tag{4-48}$$

$$\frac{dn_{pm}}{dt} = (\Gamma\upsilon_g a\frac{n_{p0}}{1 + \varepsilon n_{p0}})n_m - (\Gamma\upsilon_g\frac{\varepsilon n_{p0}}{1 + \varepsilon n_{p0}}\gamma)n_{pm} \tag{4-49}$$

為簡化起見，我們可以將上兩式中 n_m 和 n_{pm} 前的係數分別定義如下：

$$\Omega_{nn} = \frac{1}{\tau_{\Delta n}} + \upsilon_g a \frac{n_{p0}}{1+\varepsilon n_{p0}}$$ （4-50）

$$\Omega_{np} = \upsilon_g \gamma - \upsilon_g \gamma \frac{\varepsilon n_{p0}}{1+\varepsilon n_{p0}}$$ （4-51）

$$\Omega_{pn} = \Gamma \upsilon_g a \frac{n_{p0}}{1+\varepsilon n_{p0}}$$ （4-52）

$$\Omega_{pp} = \Gamma \upsilon_g \gamma \frac{\varepsilon n_{p0}}{1+\varepsilon n_{p0}}$$ （4-53）

這些係數分別代表了小信號載子濃度與光子密度受到彼此耦合影響時的等效衰減率，其中 Ω_{nn} 與 Ω_{pp} 分別代表了和微分載子生命期與等效光子命期有關的衰減率，而 Ω_{np} 則代表了和增益相關的衰減率，Ω_{pn} 代表了和微分載子復合並輻射到雷射模態相關的衰減率，我們可以看到這些衰減率都受到了 $1 + \varepsilon n_{p0}$ 雷射非線性增益飽和的影響，當光子密度愈大時，效應愈明顯！

使用這些衰減係數可以讓我們將（4-48）式與（4-49）式寫成矩陣的型式：

$$\frac{d}{dt}\begin{bmatrix} n_m \\ n_{pm} \end{bmatrix} = \begin{bmatrix} -\Omega_{nn} & -\Omega_{np} \\ \Omega_{pn} & -\Omega_{pp} \end{bmatrix}\begin{bmatrix} n_m \\ n_{pm} \end{bmatrix} + \frac{\eta_i}{ed}\begin{bmatrix} J_m \\ 0 \end{bmatrix}$$ （4-54）

使用這樣的矩陣形式的好處是我們可以看到最右邊的項：輸入的小信號電流即為此式的外部驅動變化項，也就是由於此驅動變化使得 n_m 與 n_{pm} 藉由上式矩陣的耦合影響而產生變化。因此此式的外部驅動變化項也可以是其他種驅動型式，例如我們可以調制雷射共振腔中的光學損耗項 α_i，只要將（4-54）式中的最後一項改為 $\upsilon_g n_{p0}\begin{bmatrix} 0 \\ -d\alpha_i \end{bmatrix}$，其他矩陣中的係數都不須更動；或者我們可以將驅動變化項設為雜訊，因此即使在穩定的電流輸入下，還是會有 n_m 與 n_{pm} 的小信號變化項！關於雜訊的速率方程式，我們會在本章最後一節介紹。此外，使用矩陣表示式的另一個好處是當我們要分析多模態雷射時，只要將矩陣隨雷射模態數擴展，例如有 N 個模態存在的半導體雷射，（4-54）式可以輕易的拓展為：

$$\frac{d}{dt}\begin{bmatrix} n_m \\ n_{pm1} \\ n_{pm2} \\ \vdots \\ n_{pmN} \end{bmatrix} = \begin{bmatrix} -\Omega_{nn} & -\Omega_{np1} & -\Omega_{np2} & \dots & -\Omega_{npN} \\ \Omega_{pn1} & -\Omega_{pp1} & 0 & \dots & 0 \\ \Omega_{pn2} & 0 & -\Omega_{pp2} & \dots & 0 \\ \vdots & \vdots & \vdots & \ddots & \vdots \\ \Omega_{pnN} & 0 & 0 & \dots & -\Omega_{ppN} \end{bmatrix} \begin{bmatrix} n_m \\ n_{pm1} \\ n_{pm2} \\ \vdots \\ n_{pmN} \end{bmatrix} + \frac{\eta_i}{ed}\begin{bmatrix} J_m \\ 0 \\ 0 \\ \vdots \\ 0 \end{bmatrix} \qquad (4\text{-}55)$$

其中下標數字代表雷射的模態，我們可以輕易地使用矩陣運算來解複雜的多模態雷射問題。

再回到單模操作的問題上，若要得到小信號對弦波調制的頻率響應，可以將（4-11）式到（4-13）式代入（4-54）式中，可得：

$$\begin{bmatrix} \Omega_{nn} + j\omega & \Omega_{np} \\ -\Omega_{pn} & \Omega_{pp} + j\omega \end{bmatrix} \begin{bmatrix} n_m \\ n_{pm} \end{bmatrix} = \frac{\eta_i J_m}{ed}\begin{bmatrix} 1 \\ 0 \end{bmatrix} \qquad (4\text{-}56)$$

要解上式，需先計算矩陣中的行列式：

$$\begin{aligned} \Delta &= \begin{vmatrix} \Omega_{nn} + j\omega & \Omega_{np} \\ -\Omega_{pn} & \Omega_{pp} + j\omega \end{vmatrix} \\ &= (\Omega_{nn}\Omega_{pp} + \Omega_{np}\Omega_{pn}) + j\omega(\Omega_{nn} + \Omega_{pp}) - \omega^2 \\ &\equiv \omega_r^2 + j\omega\Omega - \omega^2 \end{aligned} \qquad (4\text{-}57)$$

接著，小信號載子濃度可以解得：

$$n_{pm}(\omega) = \frac{\eta_i J_m}{ed}\frac{\begin{vmatrix} \Omega_{nn} + j\omega & 1 \\ -\Omega_{pn} & 0 \end{vmatrix}}{\Delta} = \frac{\eta_i J_m}{ed}\frac{\Omega_{pn}}{\omega_r^2}H(\omega) \qquad (4\text{-}58)$$

小信號光子密度可以解得：

$$n_{pm}(\omega) = \frac{\eta_i J_m}{ed}\frac{\begin{vmatrix} \Omega_{nn} + j\omega & 1 \\ -\Omega_{pn} & 0 \end{vmatrix}}{\Delta} = \frac{\eta_i J_m}{ed}\frac{\Omega_{pm}}{\omega_r^2}H(\omega) \qquad (4\text{-}59)$$

其中 $H(\omega)$ 的定義和（4-23）式相同，爲具有兩個參數 ω_r^2 與 Ω 的調制轉移函數，而弛豫頻率被修正爲：

$$\omega_r^2 = \Omega_{nn}\Omega_{pp} + \Omega_{np}\Omega_{pn} = \frac{\upsilon_g n_{p0}}{\tau_p} \cdot \frac{a}{1+\varepsilon n_{p0}} + \frac{1}{\tau_{\Delta n}\tau_p} \cdot \frac{\varepsilon n_{p0}}{1+\varepsilon n_{p0}} \qquad (4\text{-}60)$$

其中因爲 $\upsilon_g a = \dfrac{1}{\Gamma(n_0-n_{tr})\tau_p}$，而 $\dfrac{1}{\Gamma(n_0-n_{tr})}$ 和 ε 的數量級接近，然而 $\tau_{\Delta n}$ 遠大於 τ_p，因此上式中的第二項可以忽略，因此

$$\omega_r^2 \cong \frac{\upsilon_g n_{p0}}{\tau_p} \cdot \frac{a}{1+\varepsilon n_{p0}} \qquad (4\text{-}61)$$

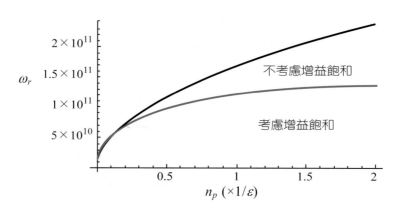

圖 4-4　半導體雷射之弛豫頻率與光子密度的關係圖，其中光子密度爲 $1/\varepsilon$ 的倍數

　　我們可以看到弛豫頻率受到了非線性增益飽和的影響，光子密度愈高，ω_r^2 的增加速度反而會變慢，如圖 4-4 所示，當光子密度大於 $1/\varepsilon$ 後，弛豫頻率就漸趨飽和了。

　　此外阻尼係數也被修正爲：

$$\Omega = \Omega_{nn} + \Omega_{pp} = \frac{1}{\tau_{\Delta n}} + \upsilon_g a \frac{n_{p0}}{1+\varepsilon n_{p0}} + \Gamma\upsilon_g\gamma\frac{\varepsilon n_{p0}}{1+\varepsilon n_{p0}} \qquad (4\text{-}62)$$

若將（4-61）式代入（4-62）式，可得：

$$\Omega = \frac{\upsilon_g n_{p0}}{\tau_p} \frac{a}{1+\varepsilon n_{p0}}(\tau_p + \frac{\Gamma \gamma \varepsilon \tau_p}{a}) + \frac{1}{\tau_{\Delta n}} \equiv f_r^2 K + \frac{1}{\tau_{\Delta n}} \qquad (4\text{-}63)$$

其中

$$K = 4\pi^2(\tau_p + \frac{\varepsilon}{\upsilon_g a}) \qquad (4\text{-}64)$$

（4-63）式說明了阻尼係數和弛豫頻率的平方之間的關係，在低功率時阻尼係數由載子生命期所主導，而 K 參數主要影響著高速雷射操作在高功率時的特性，我們可以觀察到增益抑制因子 ε 將增大 K 參數使得阻尼係數變大而減緩雷射操作的速度。

範例 4-3

假設一 VCSEL 的參數如下：

載子生命期	2.7 nsec
n_{rg}	3.5
線性增益近似	$\gamma = 1.5 \times 10^{-16}(n - 2 \times 10^{18})$ cm^{-1}
$\pi \times R^2 \times d$	$\pi \times (5\mu m)^2 \times 0.03 \mu m$
等效共振腔長度 L_{eff}	1.3 μm
鏡面反射率 R	0.995和0.999
光學侷限因子 Γ	0.04
內部損耗	5 cm^{-1}
內部量子效率 η_i	0.8
增益抑制因子 ε	2×10^{-17} cm^3

(a) 計算閾值電流的大小；

(b) 計算在輸入電流為 2 mA、5 mA 與 10 mA 時的光子密度；

(c) 若不考慮非線性增益飽和效應，試估計在輸入電流為 2 mA、5 mA 與 10 mA 時的弛豫頻率與阻尼係數；

(d) 同 (c)，但考慮非線性增益飽和效應。

解：

(a) 首先計算鏡面損耗

$$由於 \alpha_m = \frac{1}{2L_{eff}} \ln\frac{1}{R_1 R_2} = \frac{1}{2\times 1.3\times 10^{-4}} \ln\frac{1}{0.995\times 0.999} = 23.1\,\text{cm}^{-1}$$

因此根據前章所導出的閾值電流

$$
\begin{aligned}
I_{th} &= \frac{e\pi R^2 d}{\eta_i \cdot \tau_n}(\frac{\alpha_i + \alpha_m}{\Gamma a} + n_{tr}) \\
&= \frac{1.6\times 10^{-19}\times \pi \times 5^2 \times 0.03\times 10^{-12}}{0.8\times 2.7\times 10^{-9}}(\frac{5+23.1}{0.04\times 1.5\times 10^{-16}} + 2\times 10^{18}) \\
&= 1.17\,\text{mA}
\end{aligned}
$$

(b) 根據前章所導出的光子密度

$$n_p = \Gamma(\frac{\tau_p}{e\pi R^2 d})\eta_i(I - I_{th})$$

其中光子生命期

$$\tau_p = [(c/n_{rg})(\alpha_i + \alpha_m)]^{-1} = [(3\times 10^{10}/3.5)(5+23.1)]^{-1} = 4.15\,\text{p sec}$$

在輸入電流為 2 mA、5 mA 與 10 mA 時的光子密度分別為 2.9×10^{14}、1.35×10^{15} 與 $3.11\times 10^{15}\,\text{cm}^{-3}$。

(c) 根據（4-32）式 $f_r = \frac{1}{2\pi}\sqrt{\frac{n_{p0}}{\tau_p}\frac{c}{n_{rg}}a}$

在輸入電流為 2 mA、5 mA 與 10 mA 時的弛豫頻率分別為 1.5 GHz、3.25 GHz 與 4.94 GHz。而根據（4-17）式 $\Omega = \frac{1}{\tau_n} + n_{p0}\upsilon_g a$

在輸入電流為 2 mA、5 mA 與 10 mA 時的阻尼常數分別為 7.43×10^8、2.10×10^9 與 $4.37\times 10^9\,\text{sec}^{-1}$。

(d) 考慮非線性增益飽和效應，弛豫頻率受到增益抑制因子 $\sqrt{1+\varepsilon n_{p0}}$ 的影響，使得弛豫頻率分別降為 1.50 GHz、3.21 GHz 與 4.79 GHz。而在輸入電流為 2 mA、5 mA 與 10 mA 時的阻尼常數分別提升為 2.12×10^9、8.38×10^9 與 1.82×10^{10} sec^{-1}。

在範例 4-3 中，若不考慮非線性增益飽和效應，儘管輸入電流達到 10 mA（約為閾值電流的十倍！），其弛豫頻率對阻尼常數的比值（ω_r/Ω）仍大於 1，在調制響應中的共振波峰仍可清楚看見，如圖 4-5 上半部所示；相對的，若考慮非線性增益飽和效應，當輸入電流達到 10 mA，其弛豫頻率對阻尼常數的比值（ω_r/Ω）小於 1，其調制響應不再出現共振波峰而趨於平緩如圖 4-5 下半部所示。

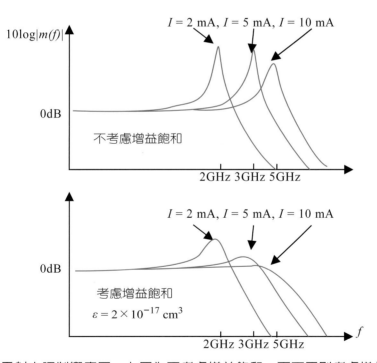

圖 4-5　半導體雷射之調制響應圖。上圖為不考慮增益飽和，而下圖則考慮增益飽和 $\varepsilon = 2 \times 10^{-17}$ cm^3

從圖 4-4 中可以看到當光子密度的很高時，弛豫頻率隨光子密度增加的趨勢會飽和，而從圖 4-5 可知弛豫頻率對阻尼常數隨光子密度增加的比值會小於 1，使得調制響應趨於平緩，由（4-27）式可知弛豫頻率會大於共振峰值頻率，甚至在弛豫頻率的調制響應會降到 3 dB 以下，因此可以知道隨光子密度增加的 3 dB 頻寬或截止頻率會有最大值。

由（4-30）式可以計算截止頻率的最大值，由於在弛豫頻率很大的情況下，（4-63）式中的 $1/\tau_{\Delta n}$ 項可以忽略，使得 $\Omega \cong \omega_r^2 K / 4\pi^2$ 代入（4-30）式，我們可以計算得到當以下的關係式符合時，截止頻率會有最大值：

$$\omega_r^2 = \frac{\Omega^2}{2} = \frac{1}{2}(\frac{K}{4\pi^2}\omega_r^2)^2 \qquad (4\text{-}65)$$

因此，將上式代入（4-30）式，我們可以得到最大的截止頻率為：

$$f_{c|\max} = \frac{2\pi\sqrt{2}}{K} \qquad (4\text{-}66)$$

從（4-31）式可知，截止頻率一般而言都會大於弛豫頻率，然而隨著弛豫頻率的增加，阻尼常數也隨之增加，這使得最大的截止頻率限制在 $2\pi\sqrt{2}/K$，弛豫頻率若再進一步增加反而會讓截止頻率變小，最後截止頻率會穩定在 $2\pi\sqrt{2}/K$。因此，K 參數可說是決定半導體雷射在本質上能夠達到最大頻寬的重要參數！實際上我們可以從調制響應中獲得弛豫頻率與阻尼常數的參數，透過（4-63）式我們可以獲得 K 參數與微分載子生命期（請見習題）。我們因此知道欲設計一個高速操作的半導體雷射，K 參數就要愈小愈好。而對應的 K 參數中，光子生命期要小、微分增益要大以及增益抑制因子要小，才能達到更大的調制頻寬！

4.1.3 高速雷射調制之設計

在前面兩小節中，我們探討了主動層材料中的微分增益與非線性飽和增益對雷射調制速度的影響，在 VCSEL 中，除了主動層材料的影響之外，還有其他非主動層的因素也會影響雷射的調制速度，這些因素包括了雷射光學共振腔的結構、寄生阻抗、電容與電感的微波效應、元件產熱效應、以及載子傳輸效應等，我們分別簡述如下：

⑴雷射光學共振腔的結構

從（4-40）式我們知道，要達到高的弛豫頻率，光子生命期要小而閾值電流要低，然而這兩個因素是互相衝突的，因為光子生命期若變小，則閾值增益變大，閾值電流隨之增大，為了達到良好的妥協，我們通常會使用較短的共振腔長搭配兩端較高的鏡面反射率。

由於使用量子井當作主動層結構的微分增益較塊材（bulk）的主動層結構要高，然而在光學的考量上，使用量子井當作主動層結構的光學侷限較小，不僅會增加閾值增益使閾值電流變大，如（4-34）式還會降低弛豫頻率，因此在設計高速調制半導體雷射結構時，通常會使用多重量子井為主動層；此外，具有應變（strain）的量子井，通常具有較大的微分增益，可以有效的提升弛豫頻率，然而成長多重具有應變的量子井時，需要考慮採用應力補償層，以減少缺陷產生的機會。

此外半導體雷射最好要設計成單一橫向模態操作，這是因為多個橫向模態操作會使得雷射共振腔中的光子數目被這些模態瓜分，使得每個橫向模態的光子數目相對減少，進而降低了弛豫頻率，並會影響雷射頻率響應的圖形。

(2)寄生電阻、電容與電感以及微波效應

由於 VCSEL 內部存在著許多寄生電阻（R）、電容（C）與電感（L），這些寄生阻抗若設計不當，將會嚴重影響雷射的頻率響應而被寄生的 RC 時間常數所限制。我們可以用集總電路（lumped circuit）元件的概念簡化半導體雷射內部的阻抗，其等效電路的模型如圖 4-6(b) 所示。在圖 4-6(b) 中，串聯電阻 R_s 的來源包括金屬與半導體界面的接觸電阻，異質界面之間的接面電阻，以及披覆層與 DBR 中的半導體材料本身的電阻，尤其是 DBR 的結構複雜，若經優化設計可以有效降低串聯電阻。另外，在圖 4-6(b) 中串聯電容 C_s 的來源包括主動層中在順向偏壓下的擴散電容以及電極與絕緣層或再成長層之間的電容，在設計高速雷射的結構時，絕緣層最好要選擇低介電常數的材料或是厚度要增大以有效降低串聯電容。

VCSEL 的總體頻率響應要將 RLC 的效應一併考慮進去，一般而言電感的影響較小，因此通常只考慮 RC 的影響，由電阻與電容所形成的低通濾波的轉移函數為：

$$H_{RC}(\omega) = \frac{1}{1 + j\omega\tau_{RC}} \tag{4-67}$$

其中 $\tau_{RC} = R \cdot C$。因此整體的頻率響應要乘上（4-67）式成為：

$$H_{Total}(\omega) = H_{RC}(\omega) \cdot H(\omega) = \frac{1}{1 + j\omega\tau_{RC}} \cdot \frac{\omega_r^2}{-\omega^2 + j\omega\Omega + \omega_r^2} \tag{4-68}$$

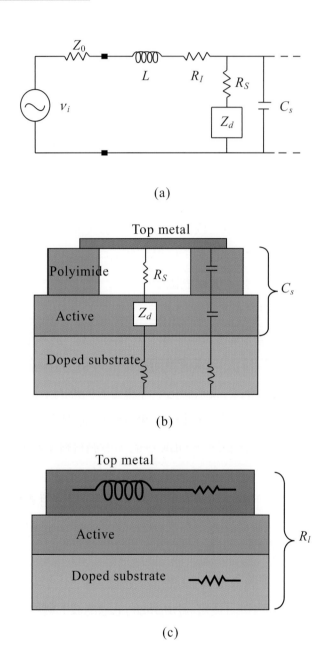

(a)

(b)

(c)

圖 4-6　(a) VCSEL 的等效電路；(b) VCSEL 橫截面的阻抗分布；(c) VCSEL 縱方向的阻抗分布

　　高速 VCSEL 的阻抗若設計不當，將會限制雷射操作頻寬如圖 4-7 所示，此範例中雷射本身的弛豫頻率在 5 GHz，而 RC 時間常數為 0.2 nsec，我們可以觀察到雷射的截止頻率提前在弛豫頻率之前出現，使得 VCSEL 的調制響應被雷射結構中的寄生阻抗所主宰。

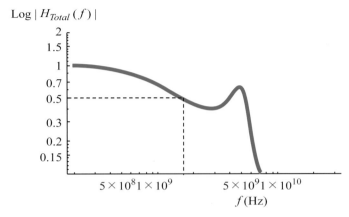

圖 4-7　考慮半導體雷射內部的電阻電容效應的調制響應

　　當外加信號的頻率愈來愈高，例如在 10 GHz 以上時，輸入信號的時脈接近微波的型式，VCSEL 本身已不能用集總電路元件的概念來處理，而必須看成是如圖 4-6(a) 所示的傳輸線（transmission line）模型。由於 VCSEL 的傳輸線損耗非常大，加上微波在此傳輸線中的相速度很小 [8]，使得電流從電極上注入的分布將會極為不均勻，為解決此微波分布的效應，電極最好能設計成如圖 4-8(a) 的共平面波導（co-planar waveguide, CPW）結構，並使用如圖 4-8(b) 的共平面波導探針測試系統，在半導體雷射的共振腔中央下探，以減少因微波分布效應所造成注入電流分布不均勻的現象。

(3)元件產熱效應

　　要獲得高弛豫頻率的其中一個方法是在雷射共振腔中注入高光子密度，若 VCSEL 的頻寬不會受限於前面所提到的寄生阻抗的效應，那麼通常就會被限制於在高功率操作下受到產熱過大的影響使得雷射輸出功率發生飽和甚至功率下降而造成的光子密度變低的現象，此現象也一部分貢獻到前一節裡所討論的增益飽和現象，我們在這裡要強調的是如何設計讓產熱能適當的逸散出去，使得雷射輸出功率所受到的影響減到最少。為達到此目的，我們可以將熱的問題區分為雷射的熱阻與產熱，首先是雷射整體結構的熱阻（thermal resistance）要小，這和雷射材料的選擇以及採用的結構有關，例如使用半導體材料的熱阻就比一般的絕緣材料要低，二元化合物的熱導係數通常就會比三元或四元化合物要高，將磊晶層那面的結構封裝在散熱片上也會比將 n- 型基板封裝在散熱片上好。接下來是在雷射結構中的產熱要減少，VCSEL 中最主要的兩個產熱區域是主動層與氧化侷限孔徑中

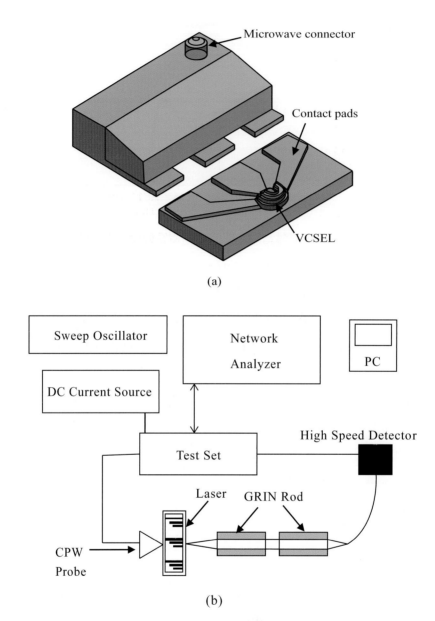

(a)

(b)

圖 4-8　(a) 高速 VCSEL 接地─信號─接地的共平面波導結構圖；(b) 以共平面波導探針測試高速 VCSEL 示意圖

的高電阻區，若要減少產熱，我們就要減少主動層中的非輻射復合的機率，並將電阻降低以減少 I^2R 的功率消耗，以上這些作法都可以有效降低主動層的溫度，增加雷射的輸出功率，並得以提高雷射的操作頻寬。

⑷載子傳輸效應

到目前為止，我們都忽略了載子的傳輸效應，並假設載子一旦從電極注入就會立刻傳輸到主動層中，然而這樣的假設在具有光學侷限層的量子井雷射中需要修正。這是因為在如圖 4-9 的分開侷限異質接面量子井雷射中，載子從披覆層先注入到光學侷限層中，再從光學侷限層注入量子井，這樣間接注入的過程需要花費時間，使得雷射的調制響應將出現如（4-67）式中的低通轉移函數，此低通轉移函數的特徵時間常數即和載子從光學侷限層注入量子井的時間常數有關，若光學侷限層較厚，此半導體雷射的調制響應會被此低通轉移函數所限制 [9]。另一方面，載子不僅會從光學侷限層注入量子井，還有可能會從量子井逃脫到光學侷限層，這樣的載子逃脫現象會等效的降低主動層的微分增益，使得弛豫頻率下降，同時也會等效增加 K 因子，使得阻尼係數增大，而讓雷射的截止頻率降低。

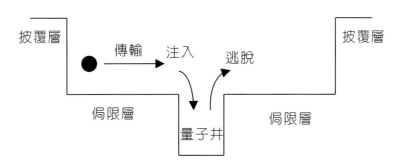

圖 4-9　分開侷限異質結構的量子井雷射中載子注入與逃脫的模型

4.1.4　小信號速率方程式之暫態解

在了解了（4-9）式與（4-10）式的頻率響應之後，我們接著要看這兩式中小信號載子濃度 n_m 和光子密度 n_{pm} 隨時間的變化狀態。由於我們已解得了小信號載子濃度 n_m 和光子密度 n_{pm} 的頻率響應都和轉移函數 $H(\omega)$ 有關，觀察此轉移函數實為二階齊次線性微分方程式的解，就如同阻尼彈簧振盪系統一般，具有兩個單極（pole），我們可以將 $H(\omega)$

表示成：

$$H(\omega) \equiv \frac{\omega_r^2}{-\omega^2 + j\omega\Omega + \omega_r^2} = \frac{\omega_r^2}{(j\omega + p_1)(j\omega + p_2)} \tag{4-69}$$

其中在複數平面上的根 $p_{1,2}$ 為：

$$p_{1,2} = \frac{1}{2}\Omega \pm j\omega_{osc} \tag{4-70}$$

$$\omega_{osc} = \omega_r \sqrt{1 - (\frac{\Omega}{2\omega_r})^2} \tag{4-71}$$

比較（4-71）式和（4-72）式，我們可得 $\omega_{osc}^2 = \frac{1}{2}(\omega_p^2 + \omega_r^2)$。若轉移到時域，根據線性系統的特性，$p_{1,2}$ 這兩個根所構成的解會有以下的型式：

$$e^{-\frac{\Omega}{2}t}(C_1 e^{j\omega_{osc}t} + C_2 e^{-j\omega_{osc}t}) \tag{4-72}$$

並用初始條件與最終條件來解出所需的常數項。

觀察（4-72）式我們可以知道，若系統受到了外加小信號輸入的擾動，不管是脈衝響應（impulse response）或是步階響應（step response），小信號的輸出（如光子密度）一開始會以 ω_{osc} 的頻率振盪，最後會逐漸以阻尼常數所規範的時間衰減到穩態值。若 $\Omega/2\omega_r \ll 1$，我們稱此系統為次阻尼（under damping），在此情況下 $\omega_{osc} \to \omega_r$，如圖 4-10(b) 所示，系統一開始的振盪頻率和頻率相近；若此系統的阻尼常數不存在，表示振盪不會消散而停止，正如圖 4-10(c) 所示的狀態一般。若 $\Omega/2\omega_r \to 1$，我們稱此系統為臨界阻尼（critical damping），在此情況下 $\omega_{osc} \to 0$，這表示系統回到了如一階微分系統般，只是跟隨著外部輸入信號增長或遞減，並沒有頻率上的信號。若 $\Omega/2\omega_r \gg 1$，我們稱此系統為過阻尼（over damping），在此情況下 $\omega_{osc} \to j\Omega_{osc}$，這表示系統不僅沒有頻率上的信號，跟隨著外部輸入信號增長或遞減的速度也會變慢，如圖 4-10(a) 所示。一般而言，半導體雷射的操作都是在次阻尼的情況，但是隨著雷射操作功率的增加，阻尼常數的增加會使得雷射系統趨向臨界阻尼的情況，也因此雷射的調制操作會有最大頻寬的限制。

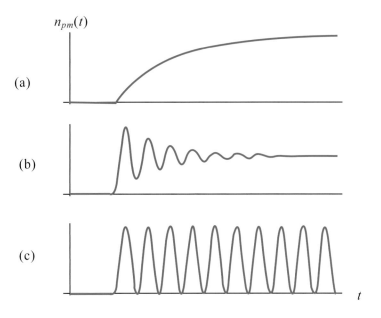

圖 4-10　(a) $\Omega/2\omega_r \gg 1$ 過阻尼的情況；(b) $\Omega/2\omega_r \ll 1$ 次阻尼的情況；(c) $\Omega = 0$ 無阻尼的情況下光子密度的步階響應

　　若要嚴謹的解出載子濃度 n_m 和光子密度 n_{pm} 隨時間的變化狀態，可以將（4-58）式與（4-59）式視為對 J_m 脈衝響應的傅立葉轉換（或使用 Laplace 轉換），再乘上 $J_m(t)$ 的傅立葉轉換（Laplace 轉換），然後使用反傅立葉轉換（反 Laplace 轉換）並使用初始值條件，即可求得 $n_m(t)$ 和 $n_{pm}(t)$ 對 $J_m(t)$ 的響應。

　　若以 $J_m(t)$ 為的步階輸入函數為例，如圖 4-11(a) 所示在 $t = 0$ 時，電流密度提升了 J_m，但是此時載子濃度 n_m 和光子密度 n_{pm} 還來不及反應，因此初始值為 $n_m = n_{pm} = 0$，因此根據（4-54）式，

$$\frac{d}{dt}\begin{bmatrix} n_m \\ n_{pm} \end{bmatrix} = \begin{bmatrix} -\Omega_{nn} & -\Omega_{np} \\ \Omega_{pn} & -\Omega_{pp} \end{bmatrix}\begin{bmatrix} 0 \\ 0 \end{bmatrix} + \frac{\eta_i}{ed}\begin{bmatrix} J_m \\ 0 \end{bmatrix} = \frac{\eta_i}{ed}\begin{bmatrix} J_m \\ 0 \end{bmatrix} \qquad (4\text{-}73)$$

由此可知光子密度 n_{pm} 對時間的一次微分也為 0，而載子濃度 n_m 對時間的一次微分正比於 J_m，由（4-58）式使用前述線性系統轉換的方法以及初始條件，並假設增益抑制因子 ε 很小，我們可以得到：

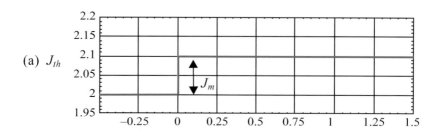

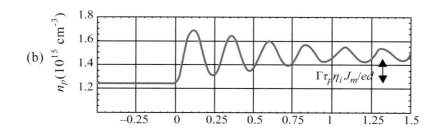

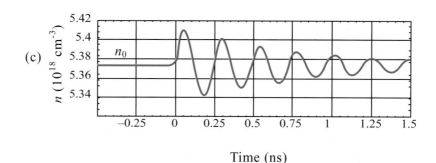

Time (ns)

圖 4-11　(a) 電流密度的步階變化；(b) 光子密度的步階響應；(c) 載子濃度的步階響應

$$n_m(t) = \frac{\eta_i J_m}{\omega_{osc} ed} e^{-\frac{1}{2}\Omega t} \sin \omega_{osc} t \tag{4-74}$$

同理，我們可以由（4-59）式得到 n_{pm} 對時間的變化：

$$n_{pm}(t) = \Gamma \tau_p \frac{\eta_i J_m}{ed} (1 - e^{-\frac{1}{2}\Omega t} \cos \omega_{osc} t - \frac{\Omega}{2\omega_{osc}} e^{-\frac{1}{2}\Omega t} \sin \omega_{osc} t) \tag{4-75}$$

若在 $\Omega/2\omega_r \ll 1$ 次阻尼的情況，上兩式又可以簡化成：

$$n_m(t) = \frac{\eta_i J_m}{\omega_r ed} e^{-\frac{1}{2}\Omega t} \sin \omega_r t \qquad (4\text{-}76)$$

$$n_{pm}(t) = \Gamma \tau_p \frac{\eta_i J_m}{ed}(1 - e^{-\frac{1}{2}\Omega t} \cos \omega_r t) \qquad (4\text{-}77)$$

我們可以看到圖 4-11(c) 中載子濃度的步階響應，以 n_0 爲平衡點作上下震盪並逐漸衰減，最終又穩定在 n_0；而圖 4-11(b) 中光子密度的步階響應，光子密度的振盪較載子濃度的振盪延遲了 $\pi/2$ 的相位，而光子密度最終的大小會平衡在 $\Gamma \tau_p \eta_i J_m / ed$，正比於 J_m 的貢獻。

4.2　大信號響應

當外部輸入信號的變化和穩態值相近或甚至大於穩態值時，我們在前一小節所做的小信號近似便不再成立，由於大部分半導體雷射的應用，例如信號調制，其外部輸入信號的變化都相當大，這時候我們就要重新去解（4-1）式與（4-2）式以得到輸出信號的大信號響應，同時（4-1）式與（4-2）式必須包含增益、載子濃度與光子密度從閾值條件以下到閾值條件以上所有的非線性變化。儘管雷射速率方程式沒有解析解，在這一節中我們可以用迭代的數值方法來獲取大信號響應。一開始我們先介紹半導體雷射在啓動時的導通延遲現象。

4.2.1　導通延遲時間

當半導體雷射從閾值條件以下要達到雷射的操作，其主動層中的載子必須要先達到閾值載子濃度才會有雷射光輸出，這段載子累積的時間稱爲導通延遲（turn-on delay）時間，表示爲 τ_d。使用（4-1）式，假設雷射操作在閾值條件以下，我們可以假設 $n_p = 0$，以及假設載子生命期 τ_n 爲定值，因此主動層中的載子濃度速率方程式爲：

$$\frac{dn}{dt} = \eta_i \frac{J}{ed} - \frac{n}{\tau_n} \qquad (4\text{-}78)$$

假設電流密度的注入可以表示為：

$$J(t) = J_b + J_p u(t) \qquad (4\text{-}79)$$

其中 J_b 為電流密度的起始偏壓值，J_p 為電流密度增加的值，$u(t)$ 為步階函數，當 $t < 0$ 時，$u(t) = 0$，當 $t \geq 0$，$u(t) = 1$。當 $t = 0$ 時，電流密度的初始值為：

$$J(0) = J_b = \frac{ed}{\eta_i \tau_n} n_b \qquad (4\text{-}80)$$

當 $t \geq 0$，$J(t) = J_b + J_p = J$，解（4-78）式可得：

$$n(t) = \frac{\eta_i \tau_n}{ed} J + C_0 e^{-t/\tau_n} \qquad (4\text{-}81)$$

（4-80）式為邊界條件帶入上式可解得 C_0，

$$C_0 = (J_b - J)\frac{\eta_i \tau_n}{ed} = J_p \frac{\eta_i \tau_n}{ed} \qquad (4\text{-}82)$$

因此，載子濃度在 $t \geq 0$ 的變化為：

$$n(t) = \frac{\eta_i \tau_n}{ed}(J - J_p e^{-t/\tau_n}) = \frac{\eta_i \tau_n}{ed} J_b + \frac{\eta_i \tau_n}{ed} J_p(1 - e^{-t/\tau_n}) = n_b + n_p(1 - e^{-t/\tau_n}) \qquad (4\text{-}83)$$

如圖 4-12 所示，主動層中的載子濃度隨著時間演進逐漸累積到 $n_b + n_p$ 的值，載子濃度增加的速度和載子生命期 τ_n 有關，若 τ_n 愈小，則載子濃度增加的速度愈快。

若載子濃度在到達 $n_b + n_p$ 的值之前就先到達了閾值載子濃度 n_{th}，雷射開始操作，大於閾值載子濃度 n_{th} 的部分都會迅速遭遇受激復合放出光子，使得載子濃度不再隨如圖 4-12(b) 的趨勢增加，而是箝止在 n_{th} 的值，而到達閾值載子濃度 n_{th} 的時間即為雷射的導通延遲時間 τ_d，我們可以由（4-83）式求出 τ_d 為：

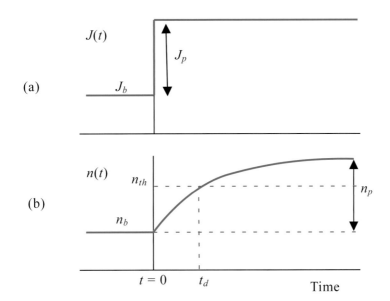

圖 4-12　(a) 電流密度的步階變化；(b) 載子濃度的步階響應

$$n(\tau_d) = n_b + n_p(1 - e^{-\tau_d/\tau_n}) = n_{th} \tag{4-84}$$

用電流密度來表示爲：

$$J_b + J_p(1 - e^{-\tau_d/\tau_n}) = J_{th} \tag{4-85}$$

因此

$$\tau_d = \tau_n \ln(\frac{J - J_b}{J - J_{th}}) \tag{4-86}$$

我們可以藉由量測在不同電流操作下的 τ_d 值，由（4-86）式將 τ_d 值和 $\ln[(J - J_b)/(J - J_{th})]$ 作圖將可以得到載子生命期 τ_n；若 J_b 趨近於零，（4-86）式可以簡化爲：

$$\tau_d = \tau_n \ln(\frac{1}{1 - J_{th}/J}) \tag{4-87}$$

　　由此可知，若要減少導通延遲時間，電流密度要遠大於閾值電流密度。最後要注意的是如果半導體雷射一開始是偏壓在閾值電流密度以上，就不會出現導通延遲的現象，因為主動層的載子濃度早已箝止在閾值載子濃度，因此雷射在實際的調制應用上，都會避免將雷射偏壓在閾值電流密度以下，以減少因導通延遲現象所引入的信號失真；此外，我們以上為了方便介紹起見使用了線性近似，然而載子生命期 τ_n 會隨著載子濃度的變化而改變，也就是 $\tau_n = (A + Bn + Cn^2)^{-1}$，實際上量測到半導體雷射的 τ_d 值和 $\ln[(J - J_b)/(J - J_{th})]$ 作圖可能會偏離線性的關係！

　　我們可以將載子生命期和載子濃度的關係式代入（4-78）式可得

$$\frac{1}{\eta_i \dfrac{J}{ed} - (An + Bn^2 + Cn^3)} dn = dt \qquad （4-88）$$

若雷射的初始偏壓電流是零，將上式兩邊同時積分可得

$$\tau_d = \int_0^{\tau_d} dt = \int_0^{n_{th}} \frac{1}{\eta_i \dfrac{J}{ed} - (An + Bn^2 + Cn^3)} dn \qquad （4-89）$$

藉由量測到不同輸入電流下的導通延遲時間，使用上式可以擬合出影響載子生命期的參數。

範例 4-4

假設一半導體雷射一開始偏壓在 $J_b = 0.8J_{th}$，若雷射在 $t = 0$ 時，輸入電流變為 $1.2J_{th}$，假設載子生命期 $\tau_n = 2.5$ nsec，試求雷射的導通延遲時間。

解：

從（4-86）式可以求得導通延遲時間為

得知弛豫頻率 $\tau_d = \tau_n \ln(\dfrac{J - J_b}{J - J_{th}}) = 2.5\ln(\dfrac{0.4J_{th}}{0.2J_{th}}) = 1.7$ nsec

4.2.2　大信號調制之數值解

　　為要了解半導體雷射的大信號響應，我們先針對單模雷射的速率方程式求解，我們將使用線性增益近似以及考慮到增益抑制因子，而將載子濃度與光子密度對時間的變化方程式如下所列：

$$\frac{dn}{dt} = \eta_i \frac{J}{ed} - \left(\frac{n}{\tau_r} + \frac{n}{\tau_{nr}}\right) - \upsilon_g \frac{a(n - n_{tr})}{1 + \varepsilon n_p} n_p \tag{4-90}$$

$$\frac{dn_p}{dt} = \Gamma \upsilon_g \frac{a(n - n_{tr})}{1 + \varepsilon n_p} n_p - \frac{n_p}{\tau_p} + \Gamma \beta_{sp} \cdot \frac{n}{\tau_r} \tag{4-91}$$

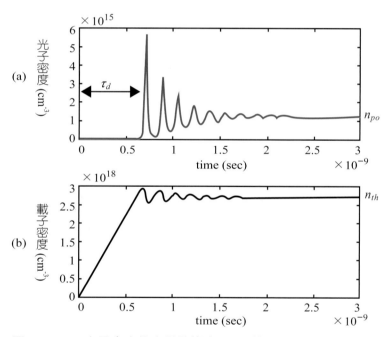

圖 4-13　(a) 光子密度的大信號響應；(b) 載子濃度的大信號響應

　　接下來要設定雷射的起始條件，也就是載子濃度與光子密度的值，並設定所計算的時間長度，從起始條件開始，每增加一小段的時間 Δt，再計算一次載子濃度與光子密度的值，直到我們設定的時間長度為止，其中迭代演算的數值方法可以用簡單的 Euler 法或是 Runge Kutta 法等都可以用來數值計算（4-90）式與（4-91）式的耦合常微分方程式。關於 Euler 法或是 Runge Kutta 法的推導，我們不在這裡介紹，有興趣的讀者可以參閱一般的數值方法教科書，或是直接使用套裝的數學軟體，如 Matlab 已經發展出簡單使用的指令（見本章習題），可以快速套用。

圖 4-13 為使用 Runge Kutta 法所解的載子濃度與光子密度的大信號響應，其中輸入電流從 $t = 0$ 開始以步階的方式從 0 增加到閾值電流以上，我們可以看到載子濃度即隨之增加，但是此時因為還未達到閾值載子濃度，因此光子密度為 0，直到載子濃度到達閾值載子濃度後，光子密度開始有急速的上升，這段時間差就是前面一小節所介紹的導通延遲時間；在達到閾值條件之後光子密度與載子濃度開始出現弛豫振盪的現象，但是因為系統中具有阻尼的關係，弛豫振盪的現象會逐漸衰減，最後光子密度與載子濃度將會達到穩態值。要注意的是圖 4-13 的時間軸都是 nsec，這些動態現象都是在很短的時間內發生的。

若半導體雷射不是單模操作，則（4-90）式與（4-91）式就要改寫成：

$$\frac{dn}{dt} = \eta_i \frac{J}{ed} - (\frac{n}{\tau_r} + \frac{n}{\tau_{nr}}) - \sum_m \upsilon_{gm} \gamma_m n_{pm} \tag{4-92}$$

$$\frac{dn_{pm}}{dt} = \Gamma_m \upsilon_{gm} \gamma_m n_{pm} - \frac{n_{pm}}{\tau_{pm}} + \Gamma_m \beta_{spm} \cdot \frac{n}{\tau_r} \tag{4-93}$$

其中 m 為可容許的雷射模態數，而 γ_m 可以近似成 Lorentzian 的增益譜線，其中增益頻譜的最大值對應到其中一個雷射模態，$2M$ 為此增益頻譜中可容許的雷射模態總數，因此 γ 可以表示為：

$$\gamma(n, n_{pm}, m) = \frac{1}{1 + \Delta m / M^2} \frac{a(n - n_{tr})}{1 + \sum_n \varepsilon_{mn} n_{pn}} \tag{4-94}$$

其中 Δm 是表示距中央最大增益的模態數。

半導體雷射應用在數位光纖通訊系統中，通常要產生大信號的快速數位脈衝，前面所提到的導通延遲時間以及弛豫振盪都會使得雷射光輸出的數位脈衝變形，而使得位元錯誤率（bit-error-rate）增加，我們通常會使用眼圖（eye diagram）來評估半導體雷射在高速調制下的表現，由偽隨機二進位序列產生器（pseudo-random binary sequence（PRBS）generator）產生出高速信號驅動雷射二極體，然後在示波器中疊加這些信號，如圖 4-14 所示，我們可以看到雷射光的信號在時間中抖動（jitter）的動態行為，因此影響信號圖形的行為都可以在眼圖中被觀察到，一般我們會定義在特定調制速度下，眼圖中央乾淨的部分開口的大小，以判定其信號是否合乎此調制速度下的傳輸規範。

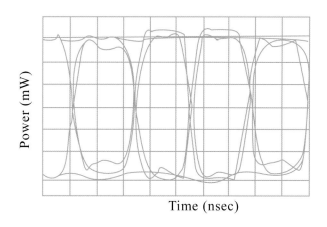

圖 4-14　半導體雷射在直接調制下的眼圖

4.3　線寬增強因子與啁啾

　　從圖 4-13 中可以看到半導體雷射即使操作在閾值條件以上，其載子濃度與光子密度會隨著時間變化，尤其是在直接電流調制的情況下，在產生雷射脈衝的期間，載子濃度會隨之振盪變化，由於主動層中的載子濃度若隨著時間變化時，增益項也會隨之變化，然而根據 Kramers-Kronig 關係式，增益項的改變會造成主動層折射率的改變，這將使得雷射共振腔中的模態頻率產生變化，形成頻率啁啾（frequency chirping）的現象，這種現象是存在於半導體雷射中特有的行為，使得在半導體雷射直接調制時，雷射模態的譜線會變寬，若光脈衝在光纖中傳遞時，光脈衝的波形很容易受到扭曲，而升高了位元錯誤率。因此，這一節裡我們要推導出半導體雷射在動態操作下頻率啁啾的現象、介紹線寬增強因子（linewidth enhancement factor）以及其在半導體雷射穩態操作時對發光線寬的影響。

4.3.1 頻率啁啾與頻率調制

假設在一單模操作的雷射中，雷射光在共振腔中沿著 z 方向行進，我們可以將雷射光的電場表示為：

$$E(z,t) = E(t)e^{j(kz-\omega t)}$$（4-95）

其中 $E(t)$ 代表了電場對時間變化較緩慢的包絡，而 ω 為雷射光的振盪角頻率，將上式代入波動方程式：

$$\frac{\partial^2 E(z,t)}{\partial z^2} = \frac{1}{c^2}\frac{\partial^2 \varepsilon_r E(z,t)}{\partial t^2}$$（4-96）

其中相對介電常數（relative dielectric constant）$\varepsilon_r = \varepsilon/\varepsilon_0$，我們可以獲得：

$$-k^2 E(t)e^{j(kz-\omega t)} = [-2j\omega\frac{dE(t)}{dt} - \omega^2 E(t) + \frac{d^2 E(t)}{dt^2}]\frac{\varepsilon_r}{c^2}e^{j(kz-\omega t)}$$（4-97）

其中 $d^2 E(t)/dt^2$ 變化很小可以視作零，因此上式可以整理為：

$$2j\omega\frac{\varepsilon_r}{c^2}\frac{dE(t)}{dt} = -(\frac{\omega^2}{c^2}\varepsilon_r - k^2)E(t)$$（4-98）

因為相對介電常數的根號即為複數表示的折射率，我們可以表示成：

$$\sqrt{\varepsilon_r} = n_r + jn_i$$（4-99）

其中折射率實部的部分和傳播常數 k 有關（在許多文獻裡，複數表示的折射率使用 $\tilde{n} = n_r + j\kappa$，本書為了不和傳播常數 k 混淆，使用 n_i 來代表折射率的虛部項），因此

$$k = \frac{\omega}{c} n_r \qquad (4\text{-}100)$$

而折射率虛部的部分和主動層中的淨增益有關，因此

$$\frac{1}{2}(\gamma - \alpha_i) = -\frac{\omega}{c} n_i \qquad (4\text{-}101)$$

由於相對介電常數是載子濃度的函數，若是在閾值條件以上的穩定狀況下，由於淨增益為零，即 $\frac{1}{2}(\gamma_{th} - \alpha_i) = \frac{\omega}{c} n_i = 0$，因此：

$$\varepsilon_r(n) = n_r^2 \qquad (4\text{-}102)$$

若載子濃度有變化，則相對介電常數也會隨之變動：

$$\varepsilon_r(n + \Delta n) = (n_r + \Delta n_r + j\Delta n_i)^2 \cong n_r^2 + 2jn_r\Delta n_i(1 - i\alpha_e) \qquad (4\text{-}103)$$

其中，我們定義線寬增強因子（linewidth enhancement factor）α_e 為虛部折射率對載子濃度的變化所引起實部折射率對載子濃度變化的比值 [10]：

$$\alpha_e \equiv \frac{\Delta n_r}{\Delta n_i} = \frac{\partial n_r / \partial n}{\partial n_i / \partial n} \qquad (4\text{-}104)$$

將（4-103）式代入（4-98）式的等號右邊可得：

$$-(\frac{\omega^2}{c^2}\varepsilon_r - k^2) = -\frac{\omega^2}{c^2} 2jn_r\Delta n_i(1 - i\alpha_e) \qquad (4\text{-}105)$$

並將上式除上（4-98）式等號左邊的係數，使用在閾值條件以上時 $\varepsilon_r = (n_r + jn_i)^2 \cong n_r^2$，可得：

$$
\frac{-\frac{\omega^2}{c^2}2jn_r\Delta n_i(1-i\alpha_e)}{\frac{2j\omega}{c^2}\varepsilon_r} = -\frac{\omega}{\varepsilon_r}n_r\Delta n_i(1-j\alpha_e) \cong -\frac{\omega}{n_r}\Delta n_i(1-j\alpha_e) \tag{4-106}
$$

因此（4-98）式可以簡化成：

$$
\frac{dE(t)}{dt} = -\frac{\omega\Delta n_i}{n_r}(1-j\alpha_e)E(t) \tag{4-107}
$$

再將（4-101）式代入（4-107）式可得：

$$
\frac{dE(t)}{dt} = (\frac{\gamma-\alpha_i}{2})\frac{c}{n_r}(1-j\alpha_e)E(t) = (\frac{\gamma-\alpha_i}{2})\upsilon_g(1-j\alpha_e)E(t) \tag{4-108}
$$

若將 $E(t)$ 表示成光強度的根號 $\sqrt{I(t)}$ 乘上一相位變化 $\phi(t)$ 如下：

$$
E(t) = \sqrt{I(t)}e^{j\phi(t)} \tag{4-109}
$$

代入（4-108）式整裡可得：

$$
j\sqrt{I(t)}\frac{d\phi(t)}{dt}e^{j\phi(t)} + \frac{1}{2}\frac{dI(t)}{dt}e^{j\phi(t)}\frac{1}{\sqrt{I(t)}} = (\frac{\gamma-\alpha_i}{2})\upsilon_g(1-j\alpha_e)\sqrt{I(t)}e^{j\phi(t)} \tag{4-110}
$$

將上式的實部整理出來：

$$
\frac{1}{2}\frac{dI(t)}{dt} = (\frac{\gamma-\alpha_i}{2})\upsilon_g I(t) \tag{4-111}
$$

而虛部為：

$$
\frac{d\phi(t)}{dt} = -(\frac{\gamma-\alpha_i}{2})\upsilon_g\alpha_e \tag{4-112}
$$

比較（4-111）式與（4-112）式可得到相位變化與光場強度變化的關係：

$$\frac{d\phi(t)}{dt} = -\frac{\alpha_e}{2I(t)}\frac{dI(t)}{dt}$$

（4-113）

由於 $\phi(t)$ 是額外加入的相位，而此相位對時間的微分就代表了雷射在原本角頻率 ω 上的變化量 $\Delta\omega$，因此：

$$-2\pi\Delta\nu = -\Delta\omega = \frac{d\phi(t)}{dt} = -\frac{\alpha_e}{2I(t)}\frac{dI(t)}{dt}$$

（4-114）

表示雷射原本的振盪頻率會受到光場強度的變化而改變，這種振盪頻率隨時間變化的現象，被稱之為頻率啁啾（frequency chirping），而此改變的量和線寬增強因子成正比。

由於光場強度和光子數目成正比，因此比較（4-114）式和（4-91）式可以得到：

$$\Delta\nu = \frac{1}{4\pi}\alpha_e[\Gamma\upsilon_g\frac{a(n-n_{tr})}{1+\varepsilon n_p} - \frac{1}{\tau_p} + \Gamma\beta_{sp}\cdot\frac{n}{\tau_r n_p}]$$

（4-115）

我們可以使用前一節介紹的 Runge Kutta 方法計算出頻率飄移的動態變化。圖 4-16(a) 為輸入的電流調制訊號，此信號為 $m = 2$ 的 super Gaussian 型式的電流脈衝，表示為：

$$I_m(t) = e^{-\frac{1}{2}(\frac{2t}{T_0})^{2m}}$$

（4-116）

其中 T_0 為脈衝的寬度大小，我們可以看到圖 4-15(b) 中光子密度隨之變化的情形，在脈衝的開頭和結尾的部分有過衝（overshooting）的現象。

此外我們也可以看到圖 4-15(c) 中載子濃度在閾值載子濃度上下變動的現象，而這些情形導致了如圖 4-15(d) 中頻率變化的啁啾行為，圖 4-15(d) 中在脈衝的開頭頻率先增加了約 6 GHz，隨後回復到原本的頻率，然後又在脈衝的結尾時降低了約 5 GHz，之後再逐漸振盪回復到原本的頻率。在光脈衝中，若頻率變化是先增加後減少的狀況，被稱之為負啁啾（negative chirping）；反之則被稱為正啁啾（positive chirping）。

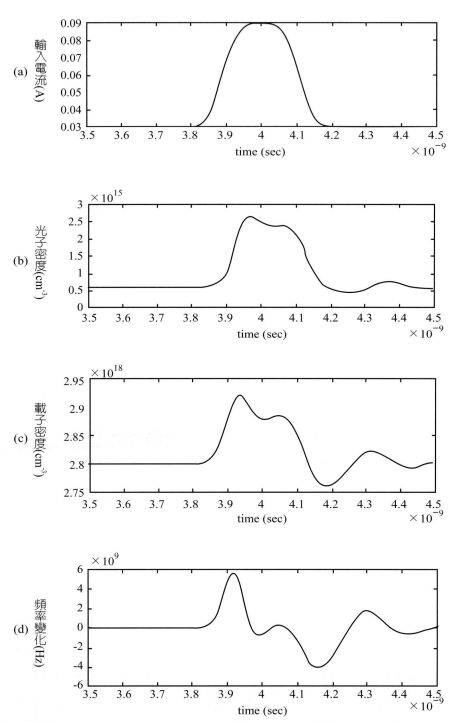

圖 4-15　半導體雷射在直接調制下 (a) 輸入電流脈衝、(b) 光子密度、(c) 載子濃度、(d) 頻率變化情形

一般半導體雷射的線寬增強因子 α_e 的大小約爲 4 到 6，正的線寬增強因子將會產生負啁啾的光脈衝，線寬增強因子愈大啁啾的情況就會愈嚴重，若此光脈衝在光纖中傳播，光纖中的色散作用若是導致短波長的光群速度較高時，此光脈衝的領先部分就會愈走愈快，導致光脈衝的波形愈來愈寬，峰值強度就會愈來愈弱，而嚴重扭曲了原本的光脈衝信號！因此，爲了解決啁啾的問題，在高速調制的系統中，通常會採用外部調制（external modulation）的方法，也就是讓半導體雷射操作在穩定輸出的狀態下，再經由一個外部的高速開關來調制信號；另一方面，若要改善半導體雷射在直接調制（direct modulation）下啁啾的問題，就必須要減少半導體雷射的線寬增強因子。若結合（4-101）式與（4-104）式，我們可以得到：

$$\alpha_e = \frac{\partial n_r / \partial n}{\partial n_i / \partial n} = -\frac{4\pi}{\lambda} \frac{\partial n_r / \partial n}{\partial \gamma / \partial n}$$

（4-117）

上式中的分母是微分增益，提升微分增益可以改善半導體雷射直接調制所產生的啁啾問題，一般而言，可以透過增加主動層中量子井數目、材料形變（strain）的大小，或是採用量子點的主動層，都有提升微分增益的效果。

我們再回頭討論頻率啁啾在小信號響應近似下的行爲，（4-114）式重寫成：

$$\Delta v(t) = \frac{\alpha_e}{4\pi n_{p0}} \frac{dn_p(t)}{dt}$$

（4-118）

其中光子密度和光強度成正比，且 n_{p0} 遠大於 dn_p。若頻率變化的部分與光子密度變化的部分爲以 ω 振盪的弦波函數：

$$\Delta v(t) = \Delta v(\omega) e^{j\omega t}$$

（4-119）

$$n_p(t) = n_{p0} + \Delta n_p(\omega) e^{j\omega t}$$

（4-120）

代入（4-118）式可得

$$\frac{\Delta v(\omega)}{v} = j \frac{\alpha_e}{2} \frac{\Delta n_p(\omega)}{n_{p0}}$$

（4-121）

因此小信號頻率變化的響應 $\Delta \nu(\omega)$ 和光子密度小信號響應有關；其中定義 $\Delta n_p(\omega)/n_{p0}$ $\equiv M_I$ 為強度調制指數（intensity modulation index, M_I），而 $\Delta \nu(\omega)/\nu \equiv M_F$ 為頻率調制指數（frequency modulation index, M_F），因此頻率調制指數和強度調制指數的比值正好是線寬增強因子 α_e 的一半：

$$\left| \frac{M_F}{M_I} \right| = \frac{\alpha_e}{2}$$

（4-122）

若是小信號輸入的振幅愈大，雷射發光的線寬也會愈寬，並且還和線寬增強因子成正比。最後，我們可以由（4-20）式代入（4-121）式得到小信號頻率變化的響應 $\Delta \nu(\omega)$：

$$\Delta \nu(\omega) = \frac{\alpha_e}{4\pi} \upsilon_g \frac{\partial \gamma}{\partial n} [\eta_i \frac{J_m(\omega)}{ed}] \frac{j\omega}{-\omega^2 + j\omega\Omega + \omega_r^2}$$

（4-123）

小信號雷射譜線變化的頻率響應同樣在弛豫頻率 ω_r 時會有最大的響應。

4.3.2　半導體雷射之發光線寬

從前面的例子中，可以知道線寬增強因子會讓半導體雷射在動態操作時譜線變寬，接下來我們要討論的是半導體雷射在穩態操作下的發光線寬。

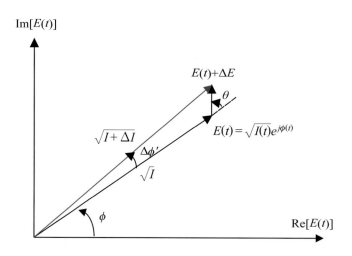

圖 4-16　雷射共振腔中電場在相量圖中的表示

同樣的，假設在一單模操作的雷射中，雷射光在共振腔中沿著 z 方向行進，我們可以將雷射光的電場表示為：

$$E(z,t) = E(t)e^{j(kz-\omega t)} \qquad (4\text{-}124)$$

其中 $E(t)$ 代表了電場對時間變化較緩慢的包絡，可表示為

$$E(t) = \sqrt{I(t)}e^{j\phi(t)} \qquad (4\text{-}125)$$

ω 為雷射光的振盪角頻率，$I(t)$ 是指光場強度和光子數目成正比，我們可以將其正規化並使其代表雷射共振腔內的平均光子數目，而 $\phi(t)$ 是指此電場包絡的相位，我們可以用相量圖（phasor plot）來表示此電場如圖 4-16 所示，$E(t)$ 以 ω 的角頻率在旋轉。假設有一隨機的自發輻射 ΔE 改變了原本 E 的狀態到 $E + \Delta E$，其中

$$\Delta E = e^{j(\phi+\theta)} \qquad (4\text{-}126)$$

為方便起見，ΔE 的大小被正規化為 1。因此電場的相位被改變了 $\Delta\phi$，而影響 $\Delta\phi$ 的因素有兩個，表示成

$$\Delta\phi = \Delta\phi' + \Delta\phi'' \qquad (4\text{-}127)$$

第一個影響 $\Delta\phi$ 的因素是由於自發輻射 ΔE 的加入使得電場相位隨之改變的部分 $\Delta\phi'$，這項自發輻射的因素會對所有種類的雷射產生影響，由圖 4-16 可知

$$\Delta\phi' \cong \frac{\sin\theta}{\sqrt{I}} \qquad (4\text{-}128)$$

而第二個影響 $\Delta\phi$ 的因素是光場強度的改變（ΔI）使得相位發生改變 $\Delta\phi''$，這項因素特別會對半導體雷射產生影響，因為增益和折射率都會受到載子濃度與光場強度變化的影響，因此我們可以使用上式得到：

$$\Delta\phi'' = \frac{\alpha_e}{2I}\Delta I \tag{4-129}$$

在這裡我們忽略（4-113）式中的負號只取其變化量的大小，又由圖 4-16 可知 $\Delta I = 1 + 2\sqrt{I}\cos\theta$，因此相位改變量 $\Delta\phi$ 可表示為：

$$\Delta\phi = \Delta\phi' + \Delta\phi'' = \frac{\alpha_e}{2I} + \frac{1}{\sqrt{I}}(\sin\theta + \alpha_e\cos\theta) \tag{4-130}$$

（4-130）式只是一個自發輻射所造成的相位改變量，若將上式在時間 t 之內對所有的自發輻射積分並取平均值，我們可以得到平均的總相位變化量：

$$\langle\Delta\phi\rangle_T = R_{sp}\cdot t\cdot\frac{1}{2\pi}\int[\frac{\alpha_e}{2I} + \frac{1}{\sqrt{I}}(\sin\theta + \alpha_e\cos\theta)]d\theta = \frac{\alpha_e}{2I}\cdot R_{sp}\cdot t \tag{4-131}$$

其中 R_{sp} 為貢獻到雷射模態的自發輻射速率（因此我們略掉自發放射因子 β）。同理：

$$\begin{aligned}\langle\Delta\phi^2\rangle_T &= R_{sp}\cdot|t|\cdot\frac{1}{2\pi}\int[\frac{\alpha_e}{2I} + \frac{1}{\sqrt{I}}(\sin\theta + \alpha_e\cos\theta)]^2 d\theta \\ &= (\frac{\alpha_e^2}{4I^2} + \frac{1+\alpha_e^2}{2I})\cdot R_{sp}\cdot|t| \cong \frac{1+\alpha_e^2}{2I}\cdot R_{sp}\cdot|t|\end{aligned} \tag{4-132}$$

上式中因為 I 代表雷射共振腔中眾多的光子數目，因此 $\alpha_e^2/4I^2$ 趨近於零。

接下來要計算雷射發光的強度頻譜以獲取半導體雷射之發光線寬，我們可以將電場相關函數作傅立葉轉換來計算強度頻譜：

$$W(\omega) = \int_{-\infty}^{\infty}\langle E^*(t)E(0)\rangle e^{j\omega t}dt \tag{4-133}$$

若換成光強度，則上式變為：

$$W(\omega) = \int_{-\infty}^{\infty}\langle\sqrt{I(t)}e^{-j\phi(t)}\sqrt{I(0)}e^{j\phi(0)}\rangle e^{j\omega t}dt \cong I(0)\int_{-\infty}^{\infty}\langle e^{-j\Delta\phi(t)}\rangle e^{j\omega t}dt \tag{4-134}$$

因為自發輻射的事件是隨機發生的，我們可以假設相位變化的機率 $P(\Delta\phi)$ 是 Gaussian 形式的機率分布函數，因此：

$$\left\langle e^{-j\Delta\phi(t)} \right\rangle = \int_{-\infty}^{\infty} P(\Delta\phi) e^{-j\Delta\phi} d\Delta\phi = e^{-\left\langle \Delta\phi^2 \right\rangle/2} \tag{4-135}$$

若定義同調（coherent）時間 t_c 為

$$\frac{1}{t_c} \equiv \frac{1+\alpha_e^2}{4I} R_{sp} \tag{4-136}$$

將上式和（4-132）式比較可知：

$$\frac{\left\langle \Delta\phi^2 \right\rangle}{2} = \frac{|t|}{t_c} \tag{4-137}$$

因此，（4-134）式可表示為

$$W(\omega) = I(0) \int_{-\infty}^{\infty} e^{-\left\langle \Delta\phi^2 \right\rangle/2} e^{j\omega t} dt = I(0) \int_{-\infty}^{\infty} e^{-\frac{|t|}{t_c}} e^{j\omega t} dt \cong I(0) \frac{2t_c}{1+\omega^2 t_c^2} \tag{4-138}$$

上式為 Lorentzian 函數的型式，其半高寬或線寬為：

$$\Delta\omega = \frac{2}{t_c} = \frac{1+\alpha_e^2}{2I} R_{sp} \tag{4-139}$$

或是

$$\Delta\nu = \frac{R_{sp}}{4\pi I}(1+\alpha_e^2) \tag{4-140}$$

其中 $R_{sp}/4\pi I$ 為一般雷射線寬的量子極限，被稱為 Schawlow-Townes 線寬，而在半導體雷射中線寬增強因子使得原本雷射線寬以平方的倍數來增加線寬，這也是 α_e 這個參數的名稱緣由。

4.4　相對強度雜訊

從前面一小節對半導體雷射線寬的討論可以知道，即使半導體雷射操作在穩態的狀況下，還是會有因爲自發輻射所引起的相位的雜訊，除此之外，雷射操作的雜訊來源很多，例如雷射共振腔中的載子和光子產生和復合的事件是不斷地發生，而這些瞬間的變化會使得半導體雷射的載子、光子與相位彼此互相影響並產生雜訊。因此，我們可以使用 Langevin 雜訊源於載子與光子的速率方程式中，這些 Langevin 雜訊可以視爲在時域上亂數隨機產生的擾動，爲 AC 型態的函數，相對的，在頻域中 Langevin 雜訊源爲極寬頻的白雜訊（white noise），也就是其強度平均分布到所有頻率上。若雷射處於穩態狀態，這些由載子的 Langevin 雜訊 $F_n(t)$ 與光子的 Langevin 雜訊 $F_p(t)$ 將會驅動小信號的變化，因此我們可以改寫（4-48）式與（4-49）式的小信號模型並去除外部輸入電流的調制項：

$$\frac{dn_m}{dt} = -(\frac{1}{\tau_{\Delta n}} + \frac{\upsilon_g a n_{p0}}{1 + \varepsilon n_{p0}})n_m - (\upsilon_g \gamma - \upsilon_g \frac{\varepsilon n_{p0}}{1 + \varepsilon n_{p0}}\gamma)n_{pm} + F_n(t) \tag{4-141}$$

$$\frac{dn_{pm}}{dt} = (\Gamma\upsilon_g a \frac{n_{p0}}{1 + \varepsilon n_{p0}})n_m - (\Gamma\upsilon_g \frac{\varepsilon n_{p0}}{1 + \varepsilon n_{p0}}\gamma)n_{pm} + F_p(t) \tag{4-142}$$

若使用（4-50）式到（4-53）式的定義，可以將上兩式寫成矩陣形式：

$$\frac{d}{dt}\begin{bmatrix} n_m \\ n_{pm} \end{bmatrix} = \begin{bmatrix} -\Omega_{nn} & -\Omega_{np} \\ \Omega_{pn} & -\Omega_{pp} \end{bmatrix}\begin{bmatrix} n_m \\ n_{pm} \end{bmatrix} + \begin{bmatrix} F_n(t) \\ F_p(t) \end{bmatrix} \tag{4-143}$$

轉換到頻域中，可以得到：

$$\begin{bmatrix} \Omega_{nn} + j\omega & \Omega_{np} \\ -\Omega_{pn} & \Omega_{pp} + j\omega \end{bmatrix}\begin{bmatrix} n_m(\omega) \\ n_{pm}(\omega) \end{bmatrix} = \begin{bmatrix} F_n(\omega) \\ F_p(\omega) \end{bmatrix} \tag{4-144}$$

由此可以解得 n_m 與 n_{pm}：

$$n_m(\omega) = \frac{H(\omega)}{\omega_r^2}[(\Omega_{pp} + j\omega)F_n(\omega) - \Omega_{np}F_p(\omega)] \tag{4-145}$$

$$n_{pm}(\omega) = \frac{H(\omega)}{\omega_r^2}[(\Omega_{nn} + j\omega)F_p(\omega) + \Omega_{pn}F_n(\omega)] \tag{4-146}$$

其中 ω_r 為前面所定義的弛豫頻率，$H(\omega)$ 同（4-23）式。由於載子變化與光子變化的頻譜密度（spectral density）可以表示成：

$$S_n(\omega) = \frac{1}{2\pi}\int \langle n_m(\omega)n_m(\omega')* \rangle d\omega' \tag{4-147}$$

$$S_p(\omega) = \frac{1}{2\pi}\int \langle n_{pm}(\omega)n_{pm}(\omega')* \rangle d\omega' \tag{4-148}$$

上兩式中的 < > 括號表示對時間平均，因此將（4-145）式與（4-146）式分別代入（4-147）式與（4-148）式，我們可以得到共振腔中載子濃度與光子密度變化的小信號頻譜密度：

$$S_n(\omega) = \frac{|H(\omega)|^2}{\omega_r^4}[\Omega_{np}^2 < F_pF_p > -2\Omega_{pp}\Omega_{np} < F_pF_n > +(\Omega_{pp}^2 + \omega^2) < F_nF_n >] \tag{4-149}$$

$$S_p(\omega) = \frac{|H(\omega)|^2}{\omega_r^4}[(\Omega_{nn}^2 + \omega^2) < F_pF_p > +2\Omega_{nn}\Omega_{pn} < F_pF_n > +\Omega_{pn}^2 < F_nF_n >] \tag{4-150}$$

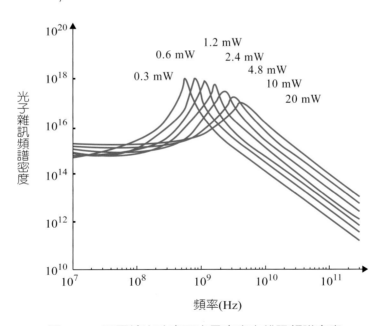

圖 4-17　不同輸出功率下光子密度之雜訊頻譜密度

這些頻譜密度的單位皆為（變化量單位）^{2}／（頻率 Hz）。由於雜訊的頻譜密度 $<F_i F_j>$ 在頻域中平均分布，假設光子總數大於 1，這些載子與光子之間的雜訊關聯強度可以估計為 [2]：

$$< F_p F_p >= 2\Gamma \beta_{sp} R_{sp} n_p \tag{4-151}$$

$$< F_n F_n >= 2\beta_{sp} R_{sp} n_p / \Gamma - g n_p / V_a + \eta_i (I + I_{th}) / e V_a^2 \tag{4-152}$$

$$< F_p F_n >= -2\beta_{sp} R_{sp} n_p + g n_p / V_p \tag{4-153}$$

其中 V_a 為主動層的體積、V_p 為光學共振腔的體積，因此 $V_a V_p = \Gamma$，$g = \upsilon_g \gamma$，這些雜訊基本上都是來自載子與光子中因隨機產生或復合所造成的散粒雜訊（shot noise）。觀察（4-149）式與（4-150）式可知，載子濃度與光子密度的雜訊頻譜密度和 $[a + b\omega^2]|H(\omega)|^2$ 有關，其中 a 和 b 不含頻率項，其頻譜密度會有一峰值位於弛豫頻率處，如圖 4-17 所示，我們在前面已經推導出弛豫頻率的大小和輸出功率有關，因此可以看到峰值的頻率位置會隨著輸出功率成根號比例變化。

儘管我們已經推導出雷射共振腔中光子密度的雜訊頻譜密度，對於雷射光輸出功率的雜訊頻譜密度並不是光子密度乘上 $V_p \upsilon_g \alpha_m h\nu$ 即可，因為共振腔中光子在通過有限反射率的鏡面時會受到隨機的過程，使得光輸出功率的小信號變化率 $\delta P(t)$ 也要加上 Langevin 雜訊的 AC 變化源，假設光子總數大於 1，由此可以推導出輸出功率的雜訊頻譜密度如下 [2]：

$$S_{\delta p}(\omega) = h\nu P_o \left[\frac{a + b \cdot \omega^2}{\omega_r^4} |H(\omega)|^2 + 1 \right] \tag{4-154}$$

其中

$$a = \frac{8\pi P_o}{h\nu} \Delta\nu \frac{1}{\tau_{\Delta n}^2} + \frac{\alpha_m}{\alpha_i + \alpha_m} \omega_r^4 \left[\frac{I + I_{th}}{I - I_{th}} - 1 \right] \tag{4-155}$$

$$b = \frac{8\pi P_o}{h\nu} \Delta\nu + \frac{2\alpha_m}{\alpha_i + \alpha_m} \omega_r^2 \frac{\Gamma(\partial\gamma / \partial n_p)}{a} \tag{4-156}$$

而 Δv 為前一小節介紹的 Schawlow-Townes 線寬。

　　一般而言要偵測光功率的強度與變化，必須要將光子轉換成電子，再偵測電信號的大小與變化，因此通常會使用 P_o^2 和 $<\delta P(t)^2>$ 來表示光信號和雜訊的強度。而光輸出功率的小信號變化率 $\delta P(t)$ 和輸出功率的雜訊頻譜密度的關係可以近似為：

$$< \delta P(t)^2 > = S_{\delta P}(\omega) \cdot 2\Delta f \tag{4-157}$$

其中 Δf 為量測設備的頻寬，因此我們可以定義相對強度雜訊（relative intensity noise, RIN）為：

$$RIN \equiv \frac{< \delta P(t)^2 >}{P_o^2} \cdot \frac{1}{\Delta f} = \frac{2S_{\delta P}(\omega)}{P_o^2} \tag{4-158}$$

通常 RIN 會以 dB/Hz 來表示。因此將（4-154）式代入（4-158）式可得：

$$RIN = \frac{2hv}{P_o} [\frac{a + b \cdot \omega^2}{\omega_r^4} |H(\omega)|^2 + 1] \tag{4-159}$$

其中 a 和 b 常數如（4-155）式與（4-156）式之定義。

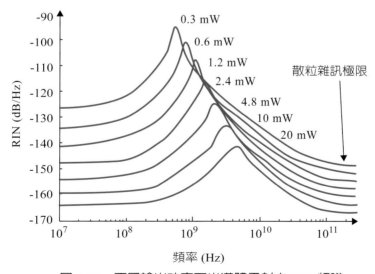

圖 4-18　不同輸出功率下半導體雷射之 RIN 頻譜

圖 4-18 為半導體雷射在不同輸出功率下的 RIN 頻譜圖，我們首先看到 RIN 頻譜中的峰值位置為弛豫頻率，同樣的峰值的頻率位置會隨著輸出功率成根號比例變化。當 $\omega = \omega_r$ 時，（4-159）式可以近似成：

$$\text{RIN} = \frac{16\pi}{\Omega^2} \Delta v \qquad (4\text{-}160)$$

由於阻尼係數 Ω 大約和輸出功率 P_o 成正比，因此當輸出功率增加時，RIN 會以 $1/P_o^3$ 的比例減少。

RIN 會在弛豫頻率達到最大值，在超過弛豫頻率的高頻部分，雜訊會逐漸達到散粒雜訊的量子極限。另一方面，在未達到弛豫頻率的低頻部分，當輸出功率很低時，雜訊會被雷射其他雜訊所主導；然而當雷射功率變大時，雷射雜訊又會逐漸達到散粒雜訊的量子極限。

範例 4-5

在數位光纖通訊中，若要達到位元錯誤率（bit error rate, BER）< 10^{-9}，也就是每 10^9 個位元中，因雜訊等原因使得訊號辨識錯誤的機率要小於 1，要達到這種條件，通常其訊雜比 $\frac{P_o^2}{<\delta P(t)^2>} > 11.89^2$，(a) 假設此數位光纖通訊系統操作速度為 2 GBits/s（1 GHz），試求此系統所要求的 RIN。(b) 若一單模半導體雷射在輸出功率 1 mW 時的雷射線寬 Δv 為 1 MHz，阻尼係數 $\Omega = 3 \times 10^9$/sec，試求此雷射是否能達到如 (a) 所要求的 RIN。

解：

(a) 從（4-158）式 RIN 的定義可知

$$\text{RIN} \equiv \frac{<\delta P(t)^2>}{P_o^2} \cdot \frac{1}{\Delta f} = 10\log_{10}(11.89^{-2} \cdot \frac{1}{10^9}) = -111.5\text{dB/Hz}$$

(b) 從（4-160）式可知，在弛豫頻率處 RIN 達到峰值，其值為：

$$\text{RIN} = \frac{16\pi}{\Omega^2}\Delta\nu = 10\log_{10}\left[\frac{16\pi}{(3\times10^9)^2}10^6\right] = -112.5\text{dB/Hz}$$

此值小於 (a) 中所要求的 RIN 水準，而頻率小於弛豫頻率的 RIN 將更小，所以此雷射的雜訊水準將可以達到此數位光纖通訊系統的要求。

本章習題

1. 試從（4-24）式推導出（4-25）式與（4-26）式。

2. 試推導並說明（4-61）式成立。

3. 試推導並說明（4-64）式成立。

4. 試證明最大的截止頻率符合（4-65）式的條件並推導出截止頻率為（4-66）式。

5. 試證明截止頻率在超過最大值後最後會穩定在 $2\pi\sqrt{2}/K$。

6. 試由（4-58）式與（4-59）式推導出（4-74）式與（4-75）式。

7. 試以範例 3-3 的參數，使用 Runge-Kutta 的數值方法，畫出如圖 4-14 中光子密度與載子濃度對時間變化圖，假設電流從 $t = 0$ 開始由零步階增加到三倍閾值電流。（提示：參考使用 Matlab 的 ODE45 函數）

8. 試繪出小信號雷射光譜頻變化 $\Delta\nu(\omega)$ 的頻率響應圖。

9. 試推導（4-135）式。

10. 試推導 Schawlow-Townes 線寬：

(a) 假設在雷射共振腔中，先不考慮增益和自發放射，光子在此冷共振腔（cold cavity）中的光子生命期為 τ_p，假設光子密度為 n_p，則光子總數隨時間衰減可以如下表示：

$$n_p(t) = n_{p0}e^{-t/\tau_p} \tag{4-161}$$

則對應的電場可以表示成

$$E(t) = E_0 e^{j\omega_0 t} e^{-t/2\tau_p} u(t)$$（4-162）

其中 $u(t)$ 表示步階函數。試證明

$$|E(\omega)|^2 = \frac{|E(\omega_0)|^2}{1 + (\omega - \omega_0)^2 (2\tau_p)^2}$$（4-163）

以及其頻譜於 ω_0 的線寬爲 $\Delta\omega = 1/\tau_p$。

(b) 現將增益和自發放射考慮進雷射共振腔中，此時光子生命期修正爲 $1/\tau'_p = 1/\tau_p - \Gamma g$，證明 Schawlow-Townes 線寬爲：

$$\Delta\nu = \frac{1}{2\pi\tau'_p} = \frac{\Gamma\beta_{sp}R_{sp}}{2\pi n_p}$$（4-164）

並和（4-140）式比較其差異。

12. 試推導（4-149）式與（4-150）式。

參考資料

[1] 盧廷昌、王興宗，半導體雷射導論，五南出版社，2008

[2] L. A. Coldren, and S. W. Corzine, *Diode Lasers and Photonic Integrated Circuits*, John Wiley & Sons, Inc., 1995

[3] S. L. Chuang, *Physics of Optoelectronics Devices*, Wiley, 1995

[4] G. P. Agrawal, and N. K. Dutta, *Semiconductor Lasers*, 2nd Ed., Van Nostrand Reinhold, 1993

[5] G. H. B. Thompson, *Physics of Semiconductor Laser Devices*, John Wiley & Sons, 1980

[6] J. T. Verdeyen, *Laser Electronics*, 3rd Ed., Prentice-Hall, 1995

[7] S. A Gurevich, *High Speed Diode Lasers*, World Scientific Publishing Co., 1998

[8] R. Nagarajan, T. Fukushima, J. E. Bowers, R. S. Geels and L. A. Coldren, "Single quantum

well strained InGaAs/GaAs lasers with large modulation bandwidth and low damping," Electron. Lett. V27, p1058, 1991

[9]　R. Nagarajan, T. Fukushima, M. Ishikawa, J. E. Bowers, R. S. Geels and L. A. Coldren, "Transport limits in high speed quantum well lasers: Experiment and theory," IEEE Photon. Tech. Lett., V4, p121, 1992

[10] C. H. Henry, "Theory of the linewidth of semiconductor lasers," IEEE J. Quantum Electron, V. QE-18, p259, 1982.

第 5 章

GaAs-based VCSEL製作技術

　　本章主要內容在於介紹垂直共振腔面射型雷射（vertical-cavity surface-emitting laser, VCSEL）的製程技術與相關應用發展現況，著重於目前以砷化鎵（gallium arsenide, GaAs）系列材料為主流的面射型雷射製程技術，特別是採用選擇性氧化電流侷限方式的相關製程考量以及元件操作特性介紹。目前利用砷化鎵系列材料所製作的紅外光波長 850 nm、940 nm 與 980 nm 面射型雷射發展已相當成熟，而 1.3 μm 與 1.55 μm 面射型雷射也有商品化的量產成果，在本章中也會介紹目前採用 GaAs VCSELs 的相關應用。

5.1　電流侷限方法

　　半導體雷射二極體與傳統發光二極體在磊晶結構上非常相似，通常具備一個可以承載元件結構的磊晶基板，上方依序沉積緩衝層或成核層、n 型（或 p 型）載子注入層、提供電子電洞對結合發出光子提供增益的活性層（active layer）、p 型（或 n 型）載子注入層以及最上方的披覆層，披覆層為了與後續製程鍍上的金屬電極形成良好歐姆接觸，一般會施以重摻雜以降低接面電阻值，活性層通常具有多重量子井（multiple quantum wells, MQW）異質接面（heterojunction）結構以提高注入載子侷限（carrier confinement）能力減低載子溢流（carrier overflow），以獲得較高的量子效率（quantum efficiency）。兩者在元件製程技術中也有許多共通點，例如採用的金屬電極、蝕刻方式等。但是與發光二極體需要良好的電流散佈以充分利用元件的發光面積不同的是，半導體雷射需要有效的電流侷限，亦即把注入的電流限制在一個相當小的區域內，形成局部的高注入狀態以獲得載子反轉分布，才能達到雷射增益輸出的目的。面射型雷射沿襲傳統邊射型雷射二極體的製程方法，採用的電流侷限的方法主要有四種：蝕刻空氣柱狀法（etched air-post）；磊晶再成長（epitaxial regrowth）；離子佈植法（ion implantation）；與選擇性氧化（selective oxidation），如下圖 5-1 所示 [1]。

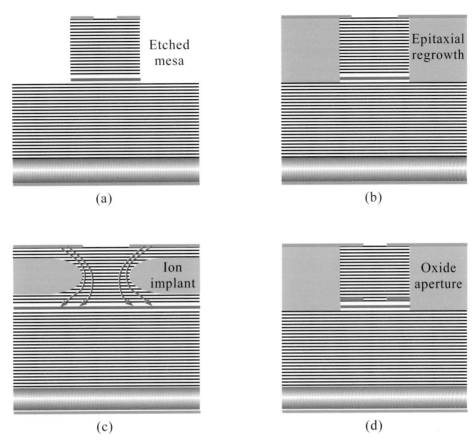

圖 5-1　面射型雷射主要電流侷限方法：(a) 蝕刻柱狀結構、(b) 磊晶再成長、(c) 離子佈植法以及 (d) 選擇性氧化法結構示意圖

5.1.1　增益波導

　　其中蝕刻空氣柱法將大多數可以導通電流的半導體材料以物理性或化學方式蝕刻移除後，僅保留直徑數微米至數十微米的柱狀結構可以供電流注入，注入的載子在活性層受到光子激發（stimulation）形成輻射復合（radiative recombination）後，如果產生的增益大於損耗，就可以發出同調的雷射光。採用這種電流侷限方式製作面射型雷射也是延續早期邊射型雷射二極體的做法，因此所面臨的元件操作特性問題也很類似，首先是如果要降低雷射操作所需的閾值電流（threshold current）大小的話，那麼蝕刻剩下的增益區直徑（或寬度）尺寸可以盡量愈小愈好，這樣可以盡可能在相對較低的注入電流大小情況下就在小區

域中形成高注入，可以較快達到載子反轉分布並獲得雷射輸出。

　　利用製程方式對注入電流進行侷限，控制注入電流在很小範圍內達到高注入及載子反轉分布以獲得足夠雷射增益的方式稱爲增益波導（gain-guided），上述四種主要面射型雷射電流侷限方法均可提供增益波導的效果，但是依據製程方式的不同，增益波導的效果也會有所差異。以早期所採用蝕刻柱狀結構爲例，僅僅蝕刻深度的不同就會造成增益波導效果的顯著差異。如下圖 5-2(a) 所示，蝕刻深度控制在活性層上方的 DBR 處時，由於載子在垂直磊晶面方向運動需要克服 DBR 異質介面（hetero interface）之間因爲不同化合物半導體材料組成（例如 $Al_{0.12}Ga_{0.88}As/Al_{0.92}Ga_{0.08}As$）能帶差異所造成的能障（energy barrier），而水平方向（與磊晶面平行）的材料爲同質（homogeneous）材料，載子在水平方向移動無須克服能障高度，因此在垂直方向的電阻值相對較水平方向高，也因此如果有適當機會的話注入載子傾向於往電阻較低的方向移動，所以如果蝕刻深度停留在活性層上方，而且上方殘餘的 DBR 磊晶層厚度足夠，那麼大多數注入載子將會水平方向擴散到主要發光區外，甚至溢流到相鄰的元件形成漏電流。

　　以圖 5-2(a) 爲例，即便注入載子（實線箭頭所示爲電流注入）在水平方向擴散後仍順利抵達活性層與電子結合發出光子，但是由於發生輻射復合的區域已經在蝕刻區，上方大多數 DBR 已經被移除，因此這些產生的光子大多無法獲得足夠的反射率形成共振並激發更多光子達到雷射增益輸出，通常都直接從上方空白箭頭所示以自發放射（spontaneous emission）的形式發出，導致要達到雷射操作所需的閾值電流值大幅提高，造成元件操作特性低落。因此一般爲了獲得更好的電流侷限及增益波導效果，會將蝕刻深度控制在稍微穿過活性層的位置，如下圖 5-2(b) 所示。

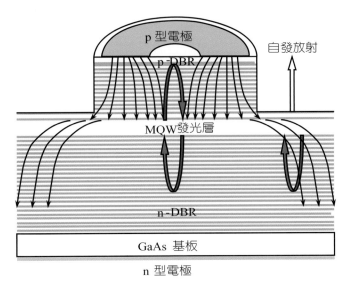

圖 5-2(a)　典型的蝕刻柱狀結構面射型雷射示意圖

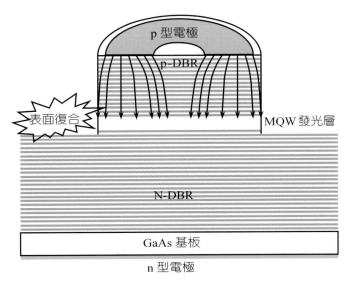

圖 5-2(b)　蝕刻深度超過活性層的面射型雷射結構示意圖

5.1.2　折射率波導

　　半導體材料被蝕刻移除後，剩餘的柱狀結構與周遭的空氣之間折射率差異也因此增

加，因此在柱狀結構中電子電洞對輻射復合產生的光子有機會因爲半導體材料與空氣介

面處折射率差異形成的全反射而被侷限在柱狀結構中，因此這個蝕刻柱狀結構同時也提供了折射率波導（index-guided）的效果，也就是說除了對注入載子可以形成電流侷限的增益波導效果以外，同時對於產生的光子也可以提供折射率波導的光學侷限（optical confinement）作用，有助於提高半導體雷射操作特性。

但是蝕刻柱狀結構直徑減少的情況也會讓注入載子與所產生的光子接觸到蝕刻側面的機率增加，而通常這些蝕刻後的表面無可避免的會殘留一些缺陷，特別是採用物理性蝕刻製程中高能量粒子轟擊很容易造成蝕刻表面的晶格缺陷損傷，這些缺陷通常會扮演非輻射復合中心（non-radiative recombination center）的角色，造成注入電子電洞對復合後不以光子形式釋放能量轉而以熱或晶格振動等形式發出來，如此對於提供光子增益並無貢獻，因此在製作蝕刻空氣柱狀結構面射型雷射時，蝕刻深度的選擇非常重要，如果蝕刻停留在活性層上方，好處是可以避免蝕刻表面缺陷在活性層周圍形成非輻射復合中心，提高內部量子效率；缺點則是注入電流容易橫向擴散到發光區外側，電流侷限效果較差，所需的雷射操作閾值電流（threshold current）大小較高。蝕刻深度穿過活性層的元件剛好相反，優點是具有較佳的電流侷限效果，同時具有增益波導和折射率波導效果；缺點則是活性層周圍蝕刻表面缺陷會造成非輻射復合中心，導致表面復合，如圖 5-2(b) 所示，降低注入電子電洞對有效形成光子的機率，也就是內部量子效率（internal quantum efficiency, IQE）會因而降低，在設計元件製程時需要加以考量。

一般在製作半導體雷射時都會注意降低這些表面缺陷形成的非輻射復合效應，所以蝕刻製程所保留可以導通電流提供增益的區域尺寸一般不會太小，除了要避免上述非輻射復合問題之外，小於數微米的尺寸也會讓後續元件金屬電極製作、打線封裝或者探針點測相當困難，同時繞射（diffraction）及散射損耗（scattering loss）也會更加顯著。另一方面蝕刻尺寸也不能太大，若雷射二極體增益區直徑或寬度大於一百微米，則元件結構所能提供的電流侷限效果變差，注入電流會擴散到更大範圍的區域，導致元件達到雷射增益所需的閾值電流大小相當高，甚或無法在室溫條件下達到雷射操作，因此一般大多只用在驗證雷射二極體磊晶片品質與發光波長是否符合設計需求，或者為了獲得較高輸出功率，快速製作大面積（broad area）邊射型雷射時才會採用蝕刻尺寸一百微米或以上的電流侷限結構。

採用蝕刻柱狀結構雖然同時具備增益波導與折射率波導效果，但是經過蝕刻製程後元件表面原本的平坦狀態被破壞，在製作後續元件封裝所需的打線電極（bonding pad）時，蝕刻造成的高低落差容易導致金屬電極斷裂，如下圖 5-3 所示。

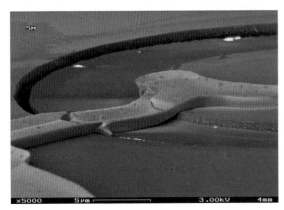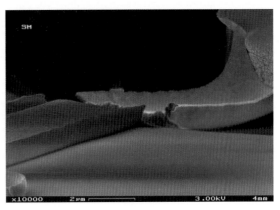

圖 5-3　蝕刻後面射型雷射製作金屬電極斷裂之電子顯微鏡影像

除了金屬電極製作問題以外，蝕刻後絕大多數原本可以導通電流的材料被移除的同時，也意味著可以傳遞元件操作注入電流所產生的熱量的材料也一併被移除，雖然柱狀結構周遭的空氣折射率最低，因此可以提供最好的光學侷限效果，但是同時空氣也是熱的不良導體，其熱傳導係數（在 0 ℃時為 0.024 W/m‧K）較原本的半導體材料（以砷化鎵為例熱傳導係數為 55 W/m‧K）低的多，即便是常用來作為蝕刻遮罩或表面絕緣披覆的二氧化矽（SiO$_2$）其導熱係數也有 1.4 W/m‧K，因此蝕刻製程後若無其他平坦化製程以填補被移除的半導體材料的話，元件操作過程中累積的熱量難以被有效移除，將迅速使元件發光效率劣化，影響面射型雷射高溫操作特性與光輸出功率。

為了解決上述問題，磊晶再成長技術如圖 5-1(b) 所示就被用來改善蝕刻柱狀結構的操作特性。其構想就是將原本被蝕刻製程移除的區域藉由磊晶沉積方式再把導熱係數較高的材料回填，如此一來除了可以使原本蝕刻造成的高低落差變的較為平坦，易於製作後續的金屬電極，同時也有助於將元件操作過程中產生的熱傳遞到發光區周遭填入的高導熱係數材料，改善發光區散熱效果提升元件高溫操作特性，相同的構想在傳統邊射型雷射二極體製作時就已經被廣泛採用，稱為埋入異質接面雷射二極體（buried heterostructure lasers, BH lasers）。

然而實際應用到面射型雷射製程時磊晶再成長技術並不容易達成，首先是最廣泛應用的面射型雷射材料還是以砷化鎵／砷化鋁鎵系統為主，其中砷化鋁鎵在蝕刻後暴露在空氣中非常容易與水氣反應生成氧化物，而鋁的氧化物化學性質穩定很難被移除，因此在完成蝕刻製程後蝕刻表面自然生成的氧化物經常造成後續磊晶再成長的困擾，需要配合特殊且複雜的清洗及額外蝕刻步驟才能繼續進行後續的磊晶再成長。而磊晶再成長所採用的設備一般也與面射型雷射結構成長一樣，大致有液相磊晶（LPE）、分子束磊晶（MBE）以及有機金屬化學氣相沉積（MOCVD）三種。採用 LPE 磊晶再成長牽涉到蝕刻表面回熔（melt-back）清潔步驟 [2][3]，藉由提高溫度至接近長晶溫度對蝕刻表面進行清潔，缺點是製程參數難以精確控制，很可能會將先前蝕刻柱狀細微結構破壞。採用分子束磊晶法再成長通常會將乾式蝕刻（dry etching）機台與超高真空的 MBE 磊晶腔體串聯起來 [4]，這樣就可以避免在蝕刻製程後砷化鋁鎵材料暴露在空氣中，可以直接在真空環境下被傳輸到 MBE 系統中繼續進行磊晶再成長的材料沉積。但是因為蝕刻完成的柱狀結構上方通常還有殘餘的 SiO_2 或 SiN_x 蝕刻保護遮罩，因此 MBE 在沉積時也會在發光區表面同時沉積多晶或非晶的半導體材料，在稍後製程中需要進一步移除，這也會增加製程的複雜性與困難度，同時串聯乾式蝕刻設備和高真空的 MBE 系統使的整體製程技術複雜度和成本大幅提高，這也限制了利用 MBE 進行磊晶再成長的應用。

　　第三種方法為 MOCVD 再成長，搭配乾式與濕式蝕刻技術進行蝕刻表面清潔後再將樣品放入 MOCVD 磊晶腔體中進行二次沉積 [5][6]，這個技術的主要優點在於 MOCVD 對於不同結晶形貌的表面具有選擇性沉積的特性，也就是說磊晶製程中通入的有機金屬和先驅物在高溫解離為成分原子後只會在具有相同或類似結晶構造與晶格常數的材料上反應生成磊晶層，而不會在非晶（amorphous）的介電質如 SiO_2 或 SiN_x 蝕刻遮罩材料上沉積（除非磊晶成長厚度超過介電質遮罩材料甚多，側向成長的磊晶層足以完全覆蓋住遮罩圖案，該技術在氮化鎵材料磊晶成長中稱為 epitaxial lateral over-growth（ELOG），被用來減少異質基板磊晶成長因為晶格常數差異所造成的高缺陷差排密度），如此一來也就可以避免上述利用 MBE 進行磊晶再成長時可能遭遇到的問題。但是要成功採用 MOCVD 進行磊晶再成長必須仰賴可靠的蝕刻表面先期清洗處理步驟，例如在完成乾式蝕刻柱狀結構後接著用濕式蝕刻溶液迅速進行蝕刻表面清洗以去除自然生成的氧化物並立即將乾燥樣品放入 MOCVD 磊晶腔體中進行再成長。

5.1.3　離子佈植法

　　由於蝕刻柱狀結構有上述金屬電極製作困難且需要額外的蝕刻製程步驟等問題，因此早期業界及學術研究單位最常採用的方法爲離子佈植法。採用離子佈植法作爲面射型雷射的電流侷限方法主要的原理爲利用電場加速帶電粒子例如氫離子使其獲得相對較高的動能進而轟擊面射型雷射磊晶結構。在進行高能量離子佈植之前會將元件發光區以光阻覆蓋保護使其不受高能離子破壞，其餘未受保護的區域經過離子轟擊後會因爲晶格損傷形成電阻率較高的絕緣區域，因而使絕大多數注入電流僅能從未受離子轟擊的受保護區域通過，如圖 5-4 所示。藉由控制光阻覆蓋範圍大小，可以調整電流注入孔徑的尺寸，同樣達到電流侷限及增益波導的目的。由於利用離子佈植法製作電流侷限孔徑不需要額外蝕刻步驟，因此金屬電極製作相對容易；但是也因爲元件結構沒有經過蝕刻，發光區周圍的半導體材料經過高能離子轟擊後其折射率並未發生顯著變化，因此元件僅在雷射共振腔方向由於各層半導體材料折射率差異形成的光學侷限效果，但是在水平方向（與磊晶面平行的方向）就無法像蝕刻柱狀結構一樣因爲存在半導體與空氣介面的折射率差異而獲得折射率波導效果。

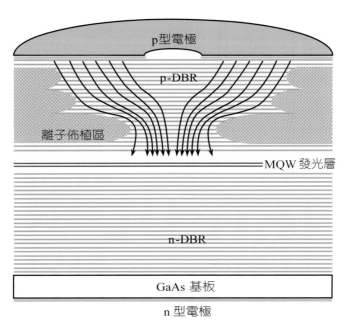

圖 5-4　典型的離子佈值面射型雷射結構示意圖

　　由於傳統離子佈植法通常會控制在磊晶面表層底下約兩到三微米深的位置形成電流侷限區，比較無法有效限制注入電流在小範圍內產生電子電洞對及載子反轉分布（population inversion）。主要原因在於如果離子轟擊能量較高時，雖然有效穿透深度可以更深，但是如果轟擊深度太接近甚至到達活性層，就會造成活性層缺陷密度增加，注入載子將因為非輻射復合轉換為熱或晶格振動而無法形成光子增益，導致元件發光效率迅速劣化甚至不發光。由於半導體產業採用離子佈植技術已經相當成熟，學術研究單位和相關產業研發機構也已經開發相當準確的模擬軟體可以計算不同離子在特定電壓加速與劑量的情況下在常見半導體材料中的佈植深度。圖 5-5 即為利用 James F. Ziegler 所開發的模擬軟體 SRIM（Stopping and Range of Ions in Matter）所計算的不同能量的質子（也就是氫離子）在 $Al_{0.12}Ga_{0.88}As/Al_{0.92}Ga_{0.08}As$ 所組成的 DBR 結構中的穿透深度，圖中所標示 35689 Å 為 850 nm 面射型雷射磊晶結構中活性層的深度，由圖 5-5 可以觀察到，能量 400 keV 的質子絕大多數都會停留在相當靠近活性層的深度，如果能量提高到 450 keV，就有很高比例的質子會轟擊到活性層。

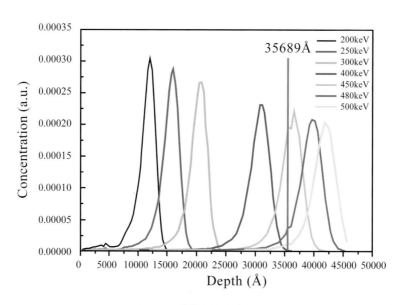

圖 5-5　利用 SRIM 模擬不同能量質子在砷化鋁鎵 DBR 中的佈植深度

　　如同利用蝕刻空氣柱狀結構作為注入載子侷限所面臨的抉擇，離子佈植所形成的電流孔徑位置愈接近活性層愈能獲得較好的電流侷限能力，但是太靠近活性層又會造成缺陷導致非輻射復合（就如同蝕刻深度穿過活性層的柱狀結構一樣）；反之如果離子佈植電流孔徑距離活性層稍遠，雖然可以減輕非輻射復合問題，卻又面臨注入電流側向擴散導致雷射操作所需的閾值電流值上升的缺點（就如同蝕刻深度尚未達到活性層，注入電流擴散甚至溢流到相鄰元件形成漏電流）。因此一般利用離子佈植法製作面射型雷射電流侷限孔徑時，會採用多種不同能量組合的離子，以獲得較大深度範圍的高阻值區域分布，如圖 5-5 所示，採用 200 keV、250 keV、300 keV 和 400 keV 的質子進行佈植就可以獲得深度分布較寬廣的絕緣區域（從磊晶片表面往下 1 微米到 3 微米深），確保絕大多數注入載子確實被侷限在未受高能量離子轟擊的電流孔徑中，如圖 5-4 中所示，同時也可以避免最表層重摻雜的砷化鎵受到佈植影響導致與金屬電極間的歐姆接觸電阻增加。

　　由於高能離子入射磊晶材料中會與形成晶格結構的原子交互作用，因此入射半導體材料後行進方向會隨機偏離電場加速方向，稍微往側向擴散，隨著入射能量愈高，穿透深度愈深，側向偏移的程度也會更顯著，因此一般利用離子佈植法製作電流侷限孔徑時，其孔徑尺寸不會太小，通常控制在 5～30 微米左右，太小的話很容易因為離子側向擴散導致元件電阻太大而無法導通電流，太大的話又無法形成有效的電流侷限效果。在離子佈植孔徑 10～15 微米左右時通常可以獲得較佳元件操作特性，但是如前所述，在較低注入電流情況下注入載子傾向於集中在電流孔徑周圍，如圖 5-4 所示，這時候會形成所謂電流擁擠效應（current crowding effect），電流擁擠效應造成的結果是注入載子分布不均勻，在低注入的情況下可能由電流侷限孔徑周圍先發出雷射光，但是這些雷射光通常因為上方金屬電極孔徑較離子佈植電流侷限孔徑還要小，因而被部分屏蔽，等到注入電流較大時，載子開始集中到發光區中央形成雷射增益，這時候所發出的雷射光較少受到上方金屬電極的遮蔽，因此雷射輸出功率會隨著發光模態變化突然顯著轉變，導致面射型雷射操作的電流對輸出功率曲線圖呈現不平滑的轉折（kink），如圖 5-6 所示即為一個具有 6 微米離子佈植電流侷限孔徑結合 9 微米氧化侷限孔徑的 850 nm 面射型雷射功率—操作電流—電壓（L-I-V）特性曲線，圖中黑色箭頭所指處可以觀察到雷射光功率隨著電流增加有些波動，如果沒有下方的氧化侷限孔徑的話，其 LI 特性曲線轉折會更加顯著，這也是採用離子佈植法作為面射型雷射電流侷限所製作的元件操作特性之一，如果希望元件能操作在更高調變速度時，這個不連續的光功率—電流（L-I）特性曲線現象應該盡量避免。

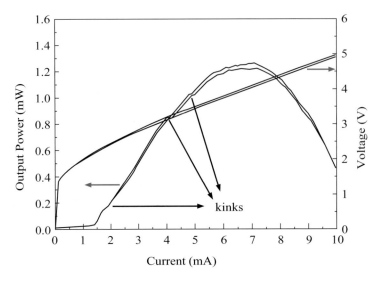

圖 5-6　利用離子佈植法所製作 850 nm 面射型雷射功率—操作電流—電壓（L-I-V）特性曲線圖

5.1.4　氧化侷限法

　　為了改善上述蝕刻柱狀結構以及離子佈植法製作面射型雷射的缺點，在 1994 年從德州大學奧斯丁分校獲得博士學位的 D. L. Huffaker 首次發表利用選擇性氧化電流偏限（selective oxide confined）技術製作面射型雷射電流偏限孔徑 [7]。該方法主要沿襲 1990年首次由伊利諾大學香檳分校的 J. M. Dallesasse 教授和 N. Holonyak Jr. 教授（紅、綠光LED 與紅光半導體雷射二極體發明人）團隊利用高鋁含量砷化鋁鎵（AlGaAs）材料中鋁組成比例的些微變化在高溫水蒸氣製程條件下所呈現的氧化速率顯著差異，藉由控制不同磊晶層的鋁含量可以獲得不同的氧化深度，而原本可導電的砷化鋁鎵／砷化鋁（AlGaAs/AlAs）在氧化後轉變為不導電的氧化鋁絕緣層 [8]，剩餘未被氧化的區域仍可導電供電流注入，因此藉由適當磊晶結構設計與材料組成控制，可以將選擇性氧化製程應用於砷化鎵系列材料半導體雷射的電流偏限用途 [9]-[12]。採用氧化侷限法製作面射型雷射時因為氧化層的位置在磊晶成長時就已經設計好，可以緊鄰活性層，因此對於注入載子的偏限效果比傳統離子佈植法優異許多，也不至於因為高能離子轟擊太接近活性層導致缺陷密度過高及非輻射復合而影響元件發光效率。

選擇性氧化侷限技術之主要概念，在於利用砷化鎵材料在加入高莫耳分率的鋁之後，所形成的砷化鋁鎵在高溫高濕環境下的氧化速率可以藉由改變鋁的含量而獲得控制。通常可以在砷化鎵材料面射型雷射的共振腔附近成長一層鋁含量 96% 以上的砷化鋁鎵（$Al_{0.96}Ga_{0.04}As$）層 [13]，經過蝕刻製程製作出柱狀結構並將該層高鋁含量的磊晶層暴露出來後，再放置於 350 ℃至 500 ℃的高溫爐管（通常採用的氧化溫度在 400 ℃到 450 ℃之間以獲得適中的氧化速率並避免氧化終止後溫度劇烈變化造成應力使氧化層與上方磊晶結構破裂剝離），通入水蒸氣進行選擇性氧化製程，藉由適當控制氧化速率與時間，可以決定剩餘未被氧化的電流導通孔徑直徑大小，如此一來就可以將原本高鋁含量的磊晶層轉變為電流侷限層。

如下圖 5-7 所示即為一典型的面射型雷射結構，與蝕刻柱狀法相似處在於同樣需要進行蝕刻製程以便將緊鄰活性層發光區的高鋁含量砷化鋁鎵層暴露出來，供後續高溫水蒸氣進行氧化反應。

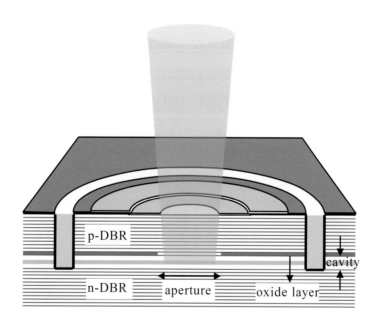

圖 5-7　典型的氧化侷限面射型雷射結構示意圖

　　一般應用在高速光通訊傳輸模組面射型雷射製程的氧化侷限層，通常只成長在面射型雷射結構上層 P 型布拉格反射器與活性層之間，提供注入電洞的電流侷限以及所產生之雷射光的光場侷限，也就是說採用選擇性氧化法製作面射型雷射可以同時獲得增益波導和折射率波導的效果。如果是採用 P 型基板成長 P 側在下（p-side down）面射型雷射或者 N 型基板成長底部發光（bottom emission）面射型雷射，此時雷射光會從基板側的 DBR 發出，這時就需要在下方 DBR 與活性層之間也加入一層選擇性氧化層，提供雙層的電流侷限能力，同時也可更有效的侷限雷射光輸出。目前絕大多數砷化鎵材料所製作的面射型雷射均可應用選擇性氧化技術來作為電流侷限，以獲得較低的臨界電流值，同時其高溫操作特性、高頻調變特性以及可靠度也較蝕刻柱狀結構和離子佈植法所製作的元件優異，因此已經成為紅光及紅外光面射型雷射製程技術主流。

5.2　面射型雷射製程技術

　　目前市場上普遍採用的面射型雷射元件主流技術為選擇性氧化法，絕大多數面射型雷射操作特性紀錄均是由選擇性氧化侷限技術所達成，例如低操作電壓 [14]、低臨界電流 [15]、高電光轉換效率 [16][17]、高調變頻率 [18][19] 等，其他蝕刻空氣柱狀結構所需的蝕刻製程以及離子佈植法同樣需要的金屬電極製程也都與氧化侷限技術中採用的製程參數相同，因此本節將針對氧化侷限面射型雷射製程技術進行介紹，讓讀者能對面射型雷射製程技術有一個全面的概念。選擇性氧化面射型雷射製程步驟大致如下圖 5-8 所示，關鍵製程會在本節詳細介紹。

　　與蝕刻空氣柱狀結構和離子佈植法製作面射型雷射所需的磊晶成長結構最顯著的差異在於靠近活性層增益區必須成長一層或數層厚度約數十奈米的高鋁含量砷化鋁鎵層以供後續氧化製程形成電流侷限孔徑，通常該層鋁含量會在 95% 以上以獲得足夠的氧化速率。典型的氧化侷限面射型雷射磊晶結構如下圖 5-9 所示，該結構具有 n 型（Si 摻雜濃度 $3 \times 10^{18} \mathrm{cm}^{-3}$）與 p 型（C 摻雜濃度 $3 \times 10^{18} \mathrm{cm}^{-3}$）DBR 各 39.5 對與 22 對，等效四分之一波長厚度的高折射率 $Al_{0.12}Ga_{0.88}As$ 與低折射率 $Al_{0.92}Ga_{0.08}As$ 層之間有 20 nm 的漸變層（graded interface）以降低介面電阻，活性層增益區為三層 8 nm 厚的 GaAs 量子井被 $Al_{0.3}Ga_{0.7}As$ 量子能障包圍以提供優異的載子侷限效果，元件發光波長為 850 nm。

圖 5-8　氧化侷限面射型雷射製程流程圖

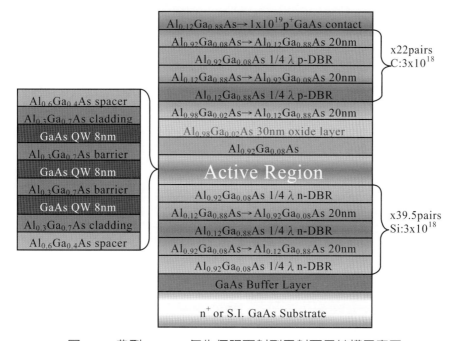

圖 5-9　典型 850 nm 氧化侷限面射型雷射磊晶結構示意圖

5.2.1 蝕刻

製作氧化侷限面射型雷射與蝕刻空氣柱狀結構一樣都需要先將磊晶片進行蝕刻，以便暴露出側向蝕刻表面（etched sidewall）提供增益波導或折射率波導效果，同時靠近活性層的高鋁含量砷化鋁鎵層也才能與高溫水蒸氣進行氧化反應。製作砷化鎵以及其他材料光電元件時定義元件形貌或個別元件之間的電性隔絕的蝕刻製程稱為 mesa etching，mesa 在西班牙語中指桌子，或者像桌子一樣的平頂高原，四周有河水侵蝕或因地質活動陷落造成的陡峭懸崖，通常出現在早期移民以西班牙裔為主的美國西南地區例如大峽谷等知名景點，下圖 5-10 即為美國猶他州峽谷地國家公園的 mesa 景觀。

圖 5-10　美國猶他州峽谷地國家公園（Qfl247 at English Wikipedia CC BY-SA 3.0）

圖 5-11　左側為 InP 材料，右側為 AlGaAs 材料 DBR 乾式蝕刻之 mesa

　　進行 mesa etching 通常有兩種選擇，早期選用酸性溶液進行化學濕式蝕刻（chemical wet etching），通常用來蝕刻砷化鎵相關材料的蝕刻液爲硫酸或磷酸混合雙氧水及水稀釋後的溶液，磊晶層表面會有光阻定義不易被酸性溶液侵蝕的 SiO_2 作爲蝕刻保護層，在浸泡蝕刻溶液特定時間後，未受保護的區域就會被溶液蝕刻掉，留下未受蝕刻的區域供後續製作元件所需。採用化學濕式蝕刻通常會遭遇到一個嚴重的問題，由於化學反應速率與構成磊晶層的材料在不同晶格方向有顯著差異，因此經常在與磊晶面平行方向造成非等向性蝕刻（anisotropic etching），讓原本設計爲圓形或者方形的圖案在蝕刻後變成接近圓角方形。同時在垂直磊晶面方向因爲等向性蝕刻而造成底切（undercut）現象，讓蝕刻側壁呈現大幅度的傾斜，且剩餘未被蝕刻的尺寸小於原先設計，這兩個現象都會造成蝕刻結果與光罩設計的元件圖案不一致的結果，造成後續製程例如金屬化對準的問題。

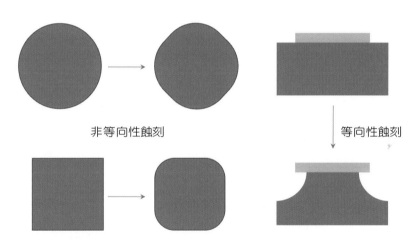

非等向性蝕刻　　　　　　　　　　等向性蝕刻

圖 5-12　化學濕式蝕刻造成的水平方向非等向性（左）與垂直方向等向性蝕刻造成底切（undercut）（右）

　　由於濕式蝕刻之蝕刻選擇比與垂直方向非等向性較差，因此通常無法達到蝕刻側壁垂直的製程需求，如圖 5-13 所示，從蝕刻後所拍攝的掃瞄式電子顯微鏡（SEM）照片可以觀察到，蝕刻後的 mesa 邊緣呈現平緩的坡度，而非原本所期望的垂直蝕刻側面，這個結果對於後續氧化製程後要觀察氧化深度造成相當大的困擾，同時要蒸鍍金屬上電極也可能造成短路現象，甚至在後續光阻曝光顯影步驟就會出現問題，因此有必要改採蝕刻選擇性與非等向性較優異的乾式蝕刻法。

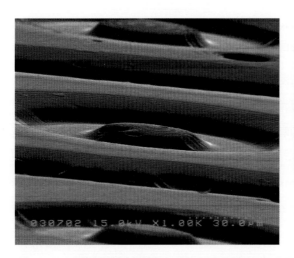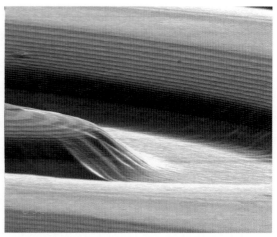

圖 5-13　面射型雷射磊晶片進行濕式蝕刻後之電子顯微鏡照片（左），及 mesa 部分局部放大
　　　　圖（右）

　　後來面射型雷射蝕刻製程較常採用的技術轉變為乾式蝕刻，通常採用活性離子蝕
刻（Reactive Ion Etching, RIE）[20] 或感應耦合電漿活性離子蝕刻（Inductively Coupled
Plasma-Reactive Ion Etching, ICP-RIE）。典型的 RIE 蝕刻設備示意圖如下圖 5-14 所示。

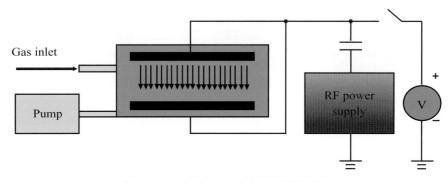

圖 5-14　典型 RIE 蝕刻設備示意圖

　　RIE 蝕刻設備腔體中一般壓力約為數毫托耳（mTorr）至數百毫托耳，藉由射頻電源
提供能量將蝕刻反應氣體游離呈電漿狀態，這些電漿具有高度化學活性可以和被蝕刻的半
導體、金屬或介電質材料產生化學反應並形成氣態生成物最後被真空幫浦移除，一般放置
樣品的載台會另外施加偏壓形成電場引導電漿態反應物朝向被蝕刻樣品加速，因此這些電

漿粒子通常也會具有動能並因而撞擊被蝕刻物表面，形成非等向性物理性蝕刻，與化學性蝕刻相輔相成，一般均能獲得比傳統化學溶液濕式蝕刻更加垂直的蝕刻側面，同時底切現象也可以顯著改善。利用感應耦合線圈可以進一步提高電漿密度，而且通常 ICP-RIE 反應腔體壓力較傳統 RIE 更低，因此粒子的平均自由徑（mean free path）較長，有利於帶電粒子（通常是電子）被加速到較高能量撞擊氣體分子產生電漿的機率，因此採用 ICP-RIE 進行蝕刻通常可以獲得更快的蝕刻速率和蝕刻選擇比，典型的 ICP-RIE 蝕刻設備示意圖如下圖 5-15 所示。

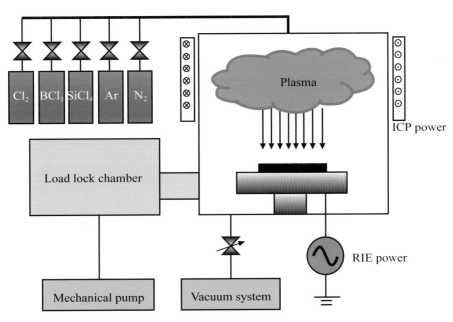

圖 5-15　典型 ICP-RIE 蝕刻設備示意圖

　　由於進行蝕刻後通常會接著進行高溫選擇性氧化製程，元件表面需要有保護層以免表面氧化造成後續金屬電極製作問題，因此通常會在蝕刻製程進行前鍍上 SiO_2 或 SiN_x 作為蝕刻阻擋層同時也可以在氧化製程中保護元件表面。一般會利用電漿輔助化學氣相沉積（plasma enhanced chemical vapor deposition, PECVD）成長較緻密的 SiN_x 以做為蝕刻與後續濕式氧化的表面保護層，典型的鍍膜參數包含溫度控制在 300 ℃，反應腔體壓力 500 mTorr，微波功率 20 W，氮氣流量 600 sccm（standard cubic centimeter per minute，溫度 273 K 一大氣壓下每分鐘流量 1 立方公分），氨氣流量 15 sccm，矽甲烷 SiH_4（5%）/ N_2

流量控制在 400 sccm。所需的 SiN_x 厚度取決於 RIE 或 ICP-RIE 設備與使用之蝕刻反應氣體對於做爲蝕刻光罩的 SiN_x 與砷化鎵／砷化鋁鎵 DBR 之間的蝕刻選擇比，蝕刻選擇比愈高表示 SiN_x 不需要太厚就可以承受下方砷化鎵／砷化鋁鎵 DBR 被蝕刻到活性層深度的時間；相反的，蝕刻選擇比愈低，則 SiN_x 的厚度就必須愈厚，才能夠應付長時間的蝕刻而不至於尙未達到所需蝕刻深度時上方的蝕刻阻擋層已經消耗殆盡。因此要蝕刻頂部發光（top emission）氧化侷限面射型雷射結構時，以 850 nm 發光波長爲例，通常需要蝕刻超過 4 微米深度才能到達活性層，如果所使用的 RIE 設備對於 SiN_x 和 AlGaAs/GaAs 材料蝕刻選擇比爲 1：4，那麼用來作爲蝕刻阻擋層的 SiN_x 厚度至少要 1 微米，考量到還需剩下足夠厚度的 SiN_x 作爲選擇性氧化製程的表面保護層，實際需要鍍上的 SiN_x 至少應該要 1.3 微米。若要製作長波長 1.3 微米的面射型雷射，由於每一層的 DBR 厚度隨著發光波長等比例增加，因此蝕刻深度至少 6 微米，要直接一次蝕刻 6 微米到活性層，則需大約 2 微米厚度的 SiN_x 做爲蝕刻阻擋層。這時候具有較高蝕刻速率與蝕刻選擇比的 ICP-RIE 必要性就突顯出來了。

　　成長完成 SiN_x 蝕刻保護層後，就進行標準黃光製程以定義蝕刻圖案，在光阻硬烤後利用活性離子蝕刻設備先蝕刻 SiN_x，將光罩圖案轉移到 SiN_x 蝕刻保護層上。典型的 SiN_x 蝕刻條件爲氬氣（Ar）流量 5 sccm，SF_6 20 sccm，氦氣（He）流量 5 sccm，壓力 50 mTorr，微波功率 75 W，自偏壓（self-bias）106.7 伏特；蝕刻 0.8 微米 SiN_x 約需時 6 分 30 秒，蝕刻 2 微米 SiNx 約需時 16 分鐘，蝕刻速率控制在每分鐘 0.125 微米／分左右，同時利用蝕刻終點監測（end-point detector）監測蝕刻深度，以確保後續欲蝕刻之砷化鎵材料表面已確實暴露出來。

　　待 SiN_x 保護層完成蝕刻後，以丙酮加熱去除殘餘光阻，隨即以活性離子蝕刻設備進行砷化鎵／砷化鋁鎵分布布拉格反射器之蝕刻製程。典型的 AlGaAs/GaAs 蝕刻參數爲氬氣流量 80 sccm，氯氣（Cl_2）流量 2 sccm，氦氣流量 15 sccm，壓力 10 mTorr，微波功率 100 W，自偏壓 120 Volt，蝕刻 1.3 微米氧化侷限面射型雷射時，爲確保緊鄰活性層的高鋁含量氧化層確實暴露出來，蝕刻深度至少需達到 6 微米，蝕刻時間約爲 11 分鐘；若要製作 850 nm 氧化侷限面射型雷射時，蝕刻深度約爲 4 微米，因此蝕刻時間約僅需 7 分 30 秒。

　　利用傳統活性離子蝕刻所形成之蝕刻結果如下圖 5-16 所示：

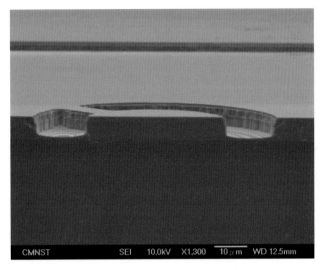

圖 5-16　活性離子蝕刻完成之發光區蝕刻 SEM 照片

　　在蝕刻完整結構的氧化侷限面射型雷射時，由於蝕刻深度相對較深，所需的蝕刻時間也因此延長，早期實驗發現 SiN_x 蝕刻保護層在蝕刻時側壁（sidewall）若不垂直，則容易造成砷化鎵／砷化鋁鎵分布布拉格反射器之蝕刻側壁形成兩段式轉折，可能會對後續選擇性氧化製程及元件壽命造成不良影響，兩段式的蝕刻側面如下圖 5-17 所示：

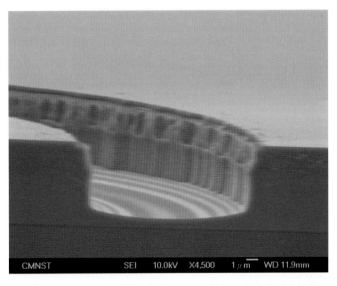

圖 5-17　活性離子蝕刻造成之兩段式蝕刻側面 SEM 照片，圖中可清楚觀察到上方做為蝕刻保護層的 SiN_x 邊緣已經不再呈垂直狀態，而是具有相當明顯的減薄（taper）效應

　　研判造成該現象可能的原因如圖 5-18 所示，一開始 SiN$_x$ 蝕刻保護層側面稍微呈現不垂直的傾斜角度，如下圖 5-18(a) 所示，在經過一段時間活性離子蝕刻後，SiN$_x$ 厚度也會逐漸變薄，而原本不完全垂直的邊緣側面也會因為被蝕刻而變的較為傾斜，如圖 5-18(b) 所示。虛線表示原本的 SiN$_x$ 剖面形狀，此時下方分布布拉格反射器的蝕刻側面還能維持垂直狀態；但是隨著 SiN$_x$ 邊緣愈來愈薄，漸漸的圖案周圍也被蝕刻乾淨無法再對下方的砷化鎵／砷化鋁鎵材料提供保護，因此被蝕刻區域的面積就隨之稍微擴大，而活性離子在向下蝕刻砷化鎵／砷化鋁鎵材料時也同時繼續蝕刻 SiN$_x$ 保護層，漸漸的 DBR 就形成了兩段式的蝕刻側面，而上方一段由於主要是因為 SiN$_x$ 圖案邊緣減薄所造成，因此也會較為傾斜，不像下方那麼垂直，這一點也可以由圖 5-17 中觀察到。

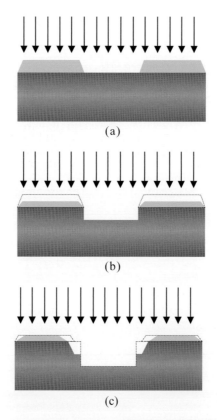

(a)

(b)

(c)

圖 5-18　活性離子蝕刻造成兩段式側面成因示意圖

　　為避免形成兩段式蝕刻側面，可行的解決方法有兩種，其一為乾式活性離子蝕刻之後再輔以磷酸—雙氧水或硫酸—雙氧水之蝕刻溶液稍微浸泡進行濕式蝕刻以去除不平整的蝕刻側面，第二個方法為嚴格控制 SiN_x 蝕刻保護層的蝕刻製程，務必要求一開始蝕刻保護層的蝕刻側面就非常垂直平整，如此即可避免因邊緣減薄效應而造成兩段式蝕刻側壁的不良結果，也因此雖然氫氟酸或其稀釋溶液 Buffered oxide etch（BOE）普遍被用來蝕刻 SiO_2 或 SiN_x，但是因為濕式蝕刻溶液造成等向性蝕刻的 undercut 會造成圖案邊緣不垂直，所以不適合用在面射型雷射蝕刻保護層上。

　　若是所使用的 RIE 蝕刻設備受限於可選用的蝕刻氣體及製程參數無法進一步改善 SiN_x 對 AlGaAs/GaAs 材料的蝕刻選擇比及蝕刻速率，另一個選擇為改採 SiO_2 作為蝕刻保護層，同時改用感應耦合電漿活性離子蝕刻（ICP-RIE）設備來改善乾式蝕刻製程。利用感應耦合電漿活性離子蝕刻可以在更低壓的環境下進行乾式蝕刻製程，粒子的平均自由徑（mean free path）較長，有利於帶電粒子（通常是電子）被加速到較高能量撞擊氣體分子產生電漿的機率，因而獲得較快的蝕刻速率，並且可以維持較佳的蝕刻選擇比。如此一來作為蝕刻保護層的介電質材料（SiO_2）就無需成長較厚的厚度，通常採用 ICP-RIE 進行面射型雷射蝕刻製程僅需 0.4 微米厚度的 SiO_2 即足夠抵擋 ICP-RIE 進行面射型雷射分布布拉格反射器蝕刻至 5 微米以上深度，同時蝕刻時間也大幅縮短為兩分鐘以內。此外為了確保 SiO_2 的蝕刻側壁維持垂直平整，避免上述因邊緣減薄效應而造成兩段式蝕刻側壁的不良結果，原本利用 BOE 化學濕式蝕刻的製程最好也改用 ICP-RIE 進行乾式蝕刻。RIE 蝕刻 SiO_2 條件為壓力 100 mTorr，RF 功率為 100 W，蝕刻氣體為 CF_4 及 O_2，流量分別為 40 sccm 與 5 sccm。加入氧氣有助於清除反應殘餘物，避免沉積在蝕刻表面造成不平坦的蝕刻結果。蝕刻完成後去除光阻之 SiO_2 保護層經由 SEM 觀察結果如下圖 5-19 所示。

　　在完成良好的 SiO_2 蝕刻保護層製程後，就可以繼續進行下方分布布拉格反射器之蝕刻。傳統採用活性離子蝕刻設備若缺少 BCl_3 蝕刻氣體，僅採用氯氣 Cl_2 的話對於 DBR 的主要成分材料砷化鎵／砷化鋁鎵與蝕刻保護層 SiN_x 的蝕刻選擇比較差。若採用 ICP-RIE 搭配蝕刻效果較佳之 BCl_3 或 $SiCl_4$ 作為主要化學性蝕刻氣體，將可獲得較佳之蝕刻選擇比。典型的 ICP-RIE 蝕刻 GaAs/AlGaAs 製程參數為壓力 3 mTorr，氮氣（N_2）流量 5 sccm，氬氣（Ar）流量 10 sccm，BCl_3 流量 25 sccm。在一開始嘗試 ICP-RIE 製程條件時，分別將感應耦合電漿功率（ICP power）固定在 700 W，調整射頻（RF）功率分別為 60 W、

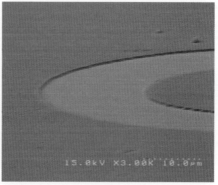

圖 5-19　SEM 觀察 SiO₂ 保護層蝕刻後之表面形貌

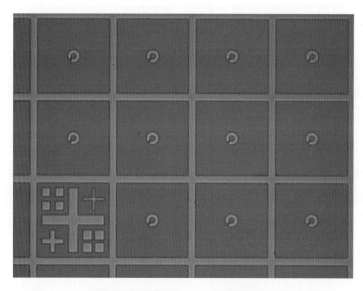

圖 5-20　光學顯微鏡觀察 SiO₂ 保護層蝕刻後之表面

90 W、120 W 和 150 W，並利用原子力顯微鏡 3D-AFM 觀察蝕刻表面平坦度，發現在射頻功率為 150 W 時具有最平整的蝕刻結果，如下圖 5-21 所示：

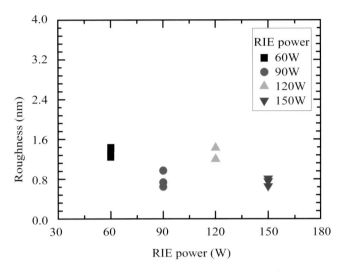

圖 5-21　ICP-RIE 蝕刻參數中射頻功率與蝕刻表面平整度關係圖

　　隨後將 RF 功率固定為 150 W，改變感應耦合電漿功率從 100 W 到 700 W 之間進行調整，並將蝕刻後樣品經由原子力顯微鏡觀察蝕刻表面平整度，由結果可以發現，感應耦合電漿功率在 700 W 時，蝕刻樣品具有最平坦之表面，如下圖 5-22 所示。新式 ICP-RIE 在壓力 1 帕（Pa）下可以獲得較平整蝕刻表面，搭配不同的氣體流量參數包括氯氣（Cl_2）2 sccm，氬氣（Ar）10 sccm，以及四氯化矽（$SiCl_4$）4 sccm，基板承載盤溫度控制在 110 ℃，ICP 功率設定為 200 W，RIE 功率為 10 W，同樣可以獲得優異的 DBR 蝕刻結果。上述的蝕刻製程中所採用的 ICP-RIE 感應耦合電漿功率及射頻功率之條件，配合腔體壓力及反應氣體、流量等參數，均視所採用的製程設備與樣品尺寸而異，若要進行量產蝕刻製程時需考慮負載效應（loading effect）補償因為待蝕刻物面積增加導致相同反應氣體流量不足以達到小尺寸樣品測試時相同的蝕刻速率與深度。

　　採用 SiO_2 作為蝕刻保護層，並利用感應耦合電漿活性離子蝕刻法，搭配具高選擇比之 $SiCl_4$ 或 BCl_3 蝕刻氣體及製程參數，蝕刻後之面射型雷射元件 SEM 照片如圖 5-23 所示，獲得平整垂直的蝕刻側壁有利後續選擇性氧化結果的觀察。

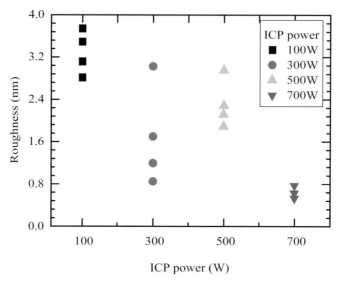

圖 5-22　感應耦合電漿功率與蝕刻表面平整度關係圖

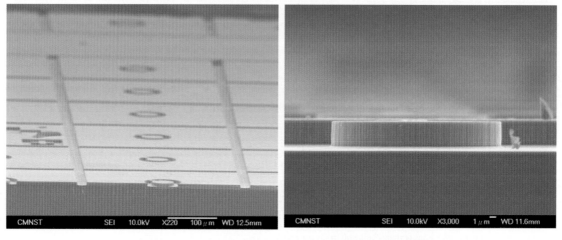

圖 5-23　ICP-RIE 蝕刻之 VCSEL 結構 SEM 側視圖

　　下表 5-1 列出面射型雷射製程中常見材料乾式蝕刻常用的氣體，但是實際應用時並不僅限於這些氣體，通常蝕刻矽相關材料會使用含氟的氣體，蝕刻含鋁材料會使用氯氣及其化合物，其他常使用的惰性氣體如氬氣 Ar 大多藉助其物理性蝕刻能力，而氮氣、氧氣、氫氣、氦氣多作為蝕刻輔助氣體，有的可以提供蝕刻側壁保護，有的可以幫助蝕刻反應生成物盡快被移除（例如氧氣），而氦氣通常被用來冷卻承載盤面的蝕刻樣品。

表 5-1　面射型雷射製程乾式蝕刻常用氣體種類

蝕刻材料	化學性蝕刻氣體	物理性蝕刻氣體	輔助氣體
Si/SiO$_2$/SiNx	SF$_6$、CF$_4$、CHF$_3$	Ar	O$_2$、H$_2$、He
AlGaAs/AlOx	Cl$_2$、BCl$_3$、SiCl$_4$	Ar	N$_2$
GaN/InP	CH$_4$、Cl$_2$、BCl$_3$	Ar	H$_2$

5.2.2　選擇性氧化

採用氧化侷限技術製作面射型雷射元件最關鍵的差異在於磊晶成長時就必須在活性層附近成長鋁含量莫耳分率高於 95% 的砷化鋁鎵層，依據眾多研究團隊經驗顯示，最佳的鋁含量比例為 98%[21][22]，主要原因在於這個比例的氧化速率適中，而且氧化後較不容易因為熱應力造成上反射鏡磊晶結構破裂剝離。砷化鋁（AlAs）材料氧化機制普遍認為相對複雜 [23]，可能的化學反應過程可能包含下列幾項 [24]：

$$2\,AlAs+3\,H_2O_{(g)} \rightarrow Al_2O_3+2\,AsH_3 \qquad (5\text{-}1)$$

$$2\,AlAs+4\,H_2O_{(g)} \rightarrow 2\,AlO(OH)+2\,AsH_3 \qquad (5\text{-}2)$$

$$2\,AsH_3 \rightarrow 2\,As+3\,H_2 \qquad (5\text{-}3)$$

$$2\,AsH_3+3\,H_2O \rightarrow As_2O_{3(l)}+6\,H_2 \qquad (5\text{-}4)$$

$$As_2O_{3(l)}+3\,H_2 \rightarrow 2\,As+3\,H_2O_{(g)} \qquad (5\text{-}5)$$

$$2\,AlAs+3\,H_2O_{(g)} \rightarrow Al_2O_3+2\,As+3\,H_2 \qquad (5\text{-}6)$$

$$2\,AlAs+4\,H_2O_{(g)} \rightarrow 2\,AlO(OH)+2\,As+3\,H_2 \qquad (5\text{-}7)$$

通常在室溫環境下鋁金屬表面自然形成的氧化鋁是一層緻密的薄膜，可以保護內部金屬不會進一步被氧化，但是在較高溫度條件下氧化的鋁會形成 γ 相的氧化鋁（γ-Al$_2$O$_3$）[25][26]，結構中會有許多細微孔洞可以讓反應物（水氣或氧氣）輸送到更深處與未氧化的鋁原子繼續進行反應。為何高鋁含量的砷化鋁鎵材料中鋁含量的些微波動會導致顯著的氧化速率變化 [23]，研究人員從比較鋁和鎵的吉布斯自由能（Gibbs free energy）來推測部分可能原因，鋁和鎵金屬的吉布斯自由能如下列公式 5-8、5-9[26][27]：

$$2\,Al+3/2\,O_2 \rightarrow Al_2O_3$$

$$\Delta G^o = -1678712+357T-5.95T \times logT\ (J/mol) \qquad（5\text{-}8）$$

$$2\,Ga+3/2\,O_2 \rightarrow Ga_2O_3$$

$$\Delta G^o = -1105260+429.69T-12.47T \times logT\ (J/mol) \qquad（5\text{-}9）$$

由上式可知鋁氧化過程中比鎵釋放更多能量，同時考量到通水蒸氣進行濕氧化過程中氫氣也參與部分反應過程，因此下列自由能公式推論出砷化鋁在 425 ℃（698 k）溫度下進行濕氧化過程中的吉布斯自由能 [26][28]。

$$2\,AlAs+ 6\,H_2O_{(g)} \rightarrow Al_2O_3+ As_2O_{3(l)}+ 6\,H_2 \qquad \Delta G^{698} = -473\ kJ/mol \qquad（5\text{-}10）$$

$$As_2O_{3(l)}+3\,H_2 \rightarrow 2\,As+ 3\,H_2O_{(g)} \qquad \Delta G^{698} = -131\ kJ/mol \qquad（5\text{-}11）$$

$$As_2O_{3(l)}+ 6\,H \rightarrow 2\,As+ 3\,H_2O_{(g)} \qquad \Delta G^{698} = -1226\ kJ/mol \qquad（5\text{-}12）$$

若將公式 5-10 的 AlAs 以 GaAs 取代，則 ΔG^{698} = +10 kJ/mol，這表示以鎵原子取代部分鋁原子形成 AlGaAs 會讓氧化反應較不易進行（所需能量較高），而且鎵含量愈高愈不容易氧化 [23][26]。但是儘管砷化鋁有較高的氧化速率，氧化後的較大殘留應力讓元件結構較不穩定，因此後來大多數砷化鎵系列材料氧化侷限面射型雷射大多採用鋁含量 98%的 $Al_{0.98}Ga_{0.02}As$ 作為氧化層以獲得最佳的氧化速率與元件結構強度 [22]。除了鋁含量比例以外，氧化速率也與氧化溫度和反應物濃度有關，通常採用的氧化溫度在 400 ℃到 450 ℃之間，下圖 5-24 為 30 nm 厚的 $Al_{0.99}Ga_{0.01}As$ 在 400 ℃、425 ℃和 450 ℃溫度下固定氮氣流量與反應物水溫所得到的氧化時間與氧化深度關係圖。氧化層厚度也會影響氧化速率，一般越薄的氧化層因為水氣要擴散到元件內部所需的時間較長，因此氧化速率較慢，但是當氧化層厚度超過 50 nm 以後，氧化速率就幾乎不再受厚度增加影響 [29][30]。

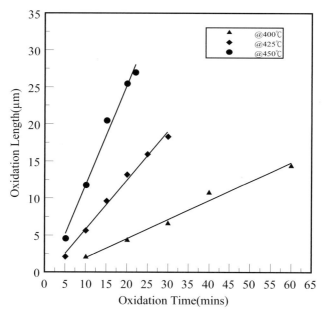

圖 5-24　Al$_{0.99}$Ga$_{0.01}$As 在不同溫度氧化時間與氧化深度關係圖

　　雖然較高溫度下可以獲得較快的氧化速率，但是一般來說稍慢的氧化速率有助於精確控制氧化深度 [24][31]，同時較低的氧化溫度也可以避免在氧化反應終止樣品冷卻降溫過程中可能遭受到溫度劇烈變化以及殘留熱應力導致氧化層上方 DBR 破裂剝離的風險 [22]。選擇性氧化製程時間控制非常嚴苛主要的原因在於氧化反應通常只能進行一次 [32] [33]，一旦氧化時間太短導致氧化深度不足，原本較多孔隙可以供水氣滲透進行氧化反應的 γ-Al$_2$O$_3$ 在降溫過程中可能會轉換爲較緻密的 α-Al$_2$O$_3$，因此如果發現氧化深度不足，再把樣品放回氧化爐中也無法再一次對更內部尚未反應的材料進行氧化，即使再次增加氧化時間或提高溫度，最有可能發生的是原本的氧化層產生不規則裂隙讓水氣擴散進入內部繼續氧化，但是原本比照蝕刻 mesa 形狀的氧化孔徑（oxide aperture）也會因此變成不規則，同時也無法控制最終的電流孔徑尺寸。另一方面，如果氧化時間太長，那麼所有原本可導通電流的砷化鋁鎵層全部被轉變成絕緣的氧化鋁，完全沒有留下可供載子流通的電流孔徑，那麼整批樣品就報廢無法使用了，因此精確控制氧化時間以期能一次達到最終所需的氧化孔徑是氧化侷限面射型雷射最關鍵的製程步驟。

　　選擇性氧化製程所使用的濕式氧化爐管（wet oxidation furnace）如下圖 5-25 所示，其基本構造主要包含一個可以均勻加熱面射型雷射磊晶片的承載座或爐管加熱腔體，並利用氮氣作爲輸送氣體將加熱的純水蒸發的水氣吹送至氧化爐中，與蝕刻暴露出來的高鋁含量氧化層進行化學反應。採用氮氣吹送水蒸氣而非直接通氧氣主要原因在於氧氣反而會抑制砷化鋁鎵氧化反應進行 [28]，推測其可能原因應該是氧氣與砷化鋁鎵反應會在表面形成緻密的氧化鋁，反而會形成保護層讓內部未被氧化的砷化鋁鎵不再反應。

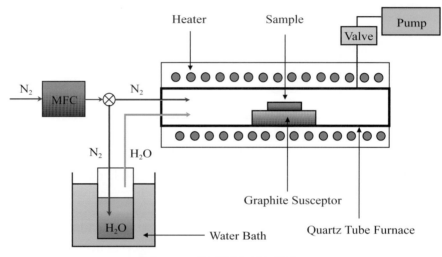

圖 5-25　濕式氧化爐示意圖

　　氧化爐溫度分布均溫區必須仔細校正，在晶片放置處溫度變化率應控制在攝氏 ±0.1 ℃以內，以避免溫度變化影響氧化速率，並且在樣品處隨時監測氧化溫度。高鋁含量砷化鋁鎵層氧化速率對溫度變化相當敏感，因此精確控制氧化溫度對於達成高再現性是必要的條件，同時水氣加熱溫度關係到反應物濃度，因此也會影響氧化速率，圖 5-26 顯示三種不同水溫條件下砷化鋁鎵層氧化速率關係。

　　完成選擇性氧化製程後，必須觀察氧化後的電流侷限孔徑大小符合元件製作需求，但是該氧化層卻位在高反射率的 DBR 底下，通常難以藉由一般的可見光光學顯微鏡直接觀察，可能必須藉助紅外光電荷耦合元件（charge coupled device, CCD）或者 SEM 等間接方式來觀察。但是長波長紅外光 CCD 相對昂貴，通常解析度也比較低，因此也很難直接觀察到 1.3 微米波長的面射型雷射動輒 5～6 微米深的氧化層結構，透過 SEM 觀察劈開晶片剖面可以大致確認氧化深度，但是通常劈開面位置不會恰好是元件發光區的直徑，有可能

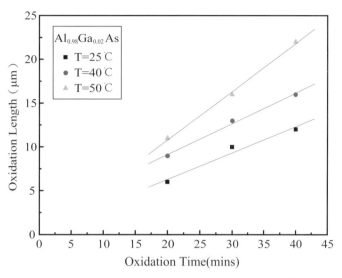

圖 5-26　　三種不同水溫下 $Al_{0.98}Ga_{0.02}As$ 氧化速率關係圖

只是圓形 mesa 的任一弦，因此直接由光學影像觀察仍然是最準確的方式。下圖 5-27 即為光學顯微鏡觀察完成選擇性氧化製程的面射型雷射元件，較亮的同心圓即為氧化層，因為 AlGaAs 氧化成為 Al_xO_y 後，折射率由 3 減少為 1.6 左右，與相鄰未被氧化的 $Al_{0.12}Ga_{0.88}As$ （n = 3.5）之間折射率差異增加為 Δn = 1.9，使得氧化層上方反射率增加，因此比周遭未被氧化的區域更能將光學顯微鏡光源反射回來，形成更明亮的影像區域。

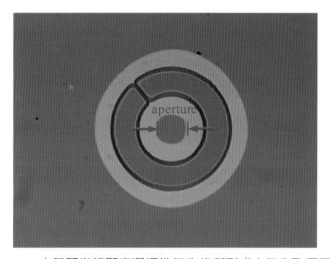

圖 5-27　　光學顯微鏡觀察選擇性氧化後所形成之氧化孔徑尺寸

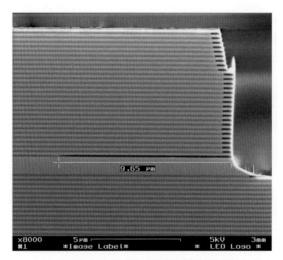

圖 5-28　SEM 觀察面射型雷射磊晶層劈開面之氧化深度

　　圖 5-28 即為氧化製程後將元件劈開再透過 SEM 從劈開面觀察氧化深度，由圖中可以觀察到，面射型雷射磊晶層結構中週期排列的交錯線條即為 DBR，顏色最淡的是 $Al_{0.12}Ga_{0.88}As$，稍微深色的是 $Al_{0.92}Ga_{0.08}As$，黑色線段就是被氧化形成的 Al_xO_y，較長者就是 $Al_{0.98}Ga_{0.02}As$ 氧化層，氧化層下方較厚的淺色結構就是等效 1 個波長的活性層增益區；較短的黑色線段就是 $Al_{0.92}Ga_{0.08}As$ 被氧化形成的 Al_xO_y，比較兩者氧化深度差異就可以發現鋁含量僅僅差異 6% 就可以造成氧化速率的顯著變化。

5.2.3　金屬電極製作

　　在完成選擇性氧化製程後，通常會將蝕刻後殘留在磊晶片表面繼續作為氧化製程保護層的 SiO_2 或 SiN_x 以 RIE 蝕刻去除，然後再將樣品放入 PECVD 重新成長 SiO_2 或 SiN_x 表面披覆層（surface passivation）以保護元件不受外界環境水氧侵襲同時提供電性絕緣，典型的製程參數為反應腔體中通入氮氣稀釋之 5% 矽烷（SiH_4），流量 160 sccm，笑氣（N_2O）流量 710 sccm，RF 功率 20 W，壓力 500 mTorr，製程溫度 300 ℃，成長時間 5 分鐘，總厚度為 200 nm。

　　接下來就可以經由黃光微影製程定義出欲鍍上金屬電極的圖案後，將樣品進行 RIE 蝕刻以去除不必要的 SiO_2 或 SiN_x 絕緣層暴露出下方面射型雷射磊晶片最表面重摻雜的歐姆接觸層（ohmic contact layer），以便進行 p- 型導電電極之製作。完成絕緣層蝕刻後，將樣品以鹽酸或氨水的稀釋液浸泡以去除表面自氧化層，再放入熱蒸著機（thermal evaporator）或濺鍍機（sputter）、電子束蒸鍍機（electron beam evaporator）以蒸鍍金屬電極，一般常用於與 p 型砷化鎵材料形成歐姆接觸的金屬有金鋅（AuZn）合金，或者分層鍍上 Ti/Pt/Au 亦可作為 p- 型導電電極。蒸鍍金屬完成後將樣品放入丙酮中以超音波震盪去除光阻及其上方不必要的金屬（metal lift-off），然後再置入爐管以溫度 420 ℃通氮氣進行退火五分鐘以形成導電特性良好的歐姆接觸。

　　通常 p 型金屬電極尺寸並不足以供後續元件封裝打線（wire bonding）用途，因此需要另外再進行打線電極（bonding pad）的製作，方法大致上與 p- 型電極的製作一樣，同樣以黃光微影製程定義出打線電極圖案，然後再分層蒸鍍金屬 Ti/Au 作為打線電極，蒸鍍完畢後取出樣品放入丙酮中以超音波震盪去除不必要的金屬，即可完成打線電極。

　　為了降低元件的串聯電阻，一般在進行 n- 型電極製作之前會先將基板背面利用化學機械研磨拋光（chemical mechanical polishing, CMP）方式磨薄，基板磨薄除了可以減少串聯電阻外，也利於後續元件切割封裝。磨薄並去除表面氧化層後，同樣利用金屬蒸鍍機台分層鍍上 AuGe/Ni/Au 作為 n- 型導電電極，蒸鍍完畢後同樣進行退火五分鐘，即可形成良好的歐姆接觸電極。上述金屬電極製作方法適用於高摻雜的導電 DBR 與導電基板，可以形成垂直式結構藉由磊晶層最表面的金屬電極注入電流一路向下傳遞到基板背面的金屬電極。基本上到 p 型及 n 型電極完成時，面射型雷射就可以進行探針點測確認操作特性或進行元件篩檢，下圖 5-29 即為完成製程的氧化侷限面射型雷射顯微影像。

　　通常面射型雷射最重要的操作特性就是輸出功率對電流及電壓關係（light output power-current-voltage, LIV curve），下圖 5-30 即為同一批製程所製作的 850 nm 氧化侷限面射型雷射 LIV 特性曲線，從圖中可以觀察到輸出功率在操作電流約 1.3 mA 時光輸出功率開始急遽上升，顯示元件已經達到雷射操作閾值增益，因此其閾值電流即為 1.3 mA，同時在操作電流 15 mA 時雷射輸出功率達到最大值約 6 mW，透過 IV 特性曲線也可以計算出元件串聯電阻，其他面射型雷射操作特性重要參數如表 5-2 所列。

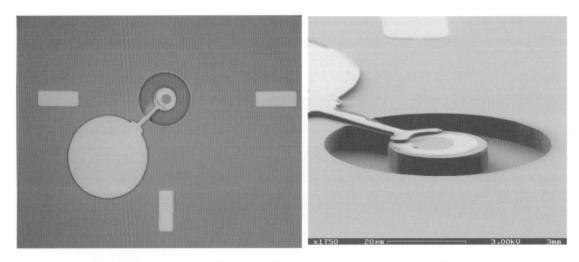

圖 5-29 光學顯微鏡觀察氧化侷限面射型雷射元件上視圖（左）與 SEM 觀察 mesa 發光區及金
屬電極側視圖（右）

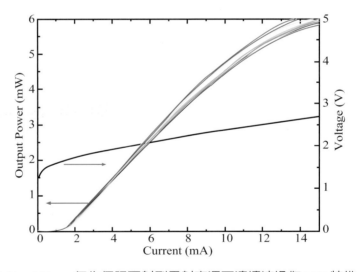

圖 5-30 850 nm 氧化侷限面射型雷射室溫下連續波操作 LIV 特性曲線

　　主要量測的特性除了上述的閾值電流 I_{th} 和最大輸出功率以外，通常還包括半高寬
（full width at half maximum, FWHM）發散角、順向電壓值 V_f、串聯電阻 R_s、斜率效率
（slope efficiency, S.E.）、上升時間和下降時間（rise time/ fall time, T_r/T_f）分別為雷射在被
脈波激發時從最大峰值功率的 10% 上升到 90% 以及從 90% 下降回 10% 所需的時間，另

外雷射發光頻譜半高寬（spectral width）、高頻操作截止頻率（cutoff frequency, f_{3dB}）、抖動（jitter）以及電容值都是影響面射型雷射高頻操作特性的關鍵參數，其他操作特性參數還包括變溫量測的特性溫度以及單模面射型雷射的旁模抑制比等，將在下面章節面射型雷射應用部分進行介紹。圖 5-31 將氧化侷限面射型雷射製程步驟圖像化呈現，以利讀者能更清楚理解各項製程的目的。

表 5-2　850 nm 氧化侷限面射型雷射主要操作特性

Parameters	Oxide confined
I_{th} typ./ max. (mA)	1.3/1.5
FWHM typ./max.. (deg)	28/30
V_f (V) typ./max.	2.5/2.8 (@8mA)
Rs (Ω) typ./max.	90/110 (@8mA)
Slope efficiency S.E.	0.45/0.65
T_r/T_f (ps)	35/45
Spectral width (nm)	0.35
F_{3dB} (GHz)	9(@8mA)
Jitter, (ps)	17
Capacitance (pF)	3
Device structure	n-substrate

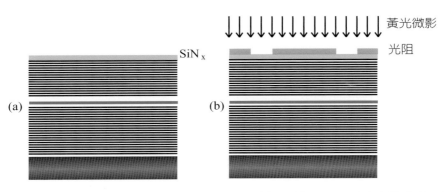

圖 5-31　(a) 完成清洗之磊晶片以 PECVD 成長 SiN_x 蝕刻保護層；(b) 黃光微影定義元件圖案

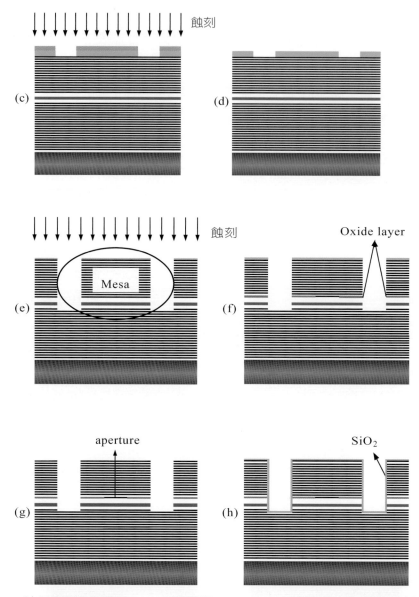

續圖 5-31 (c) 蝕刻轉移元件圖案；(d) 去除光阻；(e) ICP-RIE 蝕刻面射型雷射結構；(f) 選擇性
濕式氧化；(g) 去除殘餘 SiN_x 蝕刻保護層；(h) 重新成長 SiO_2 絕緣保護層

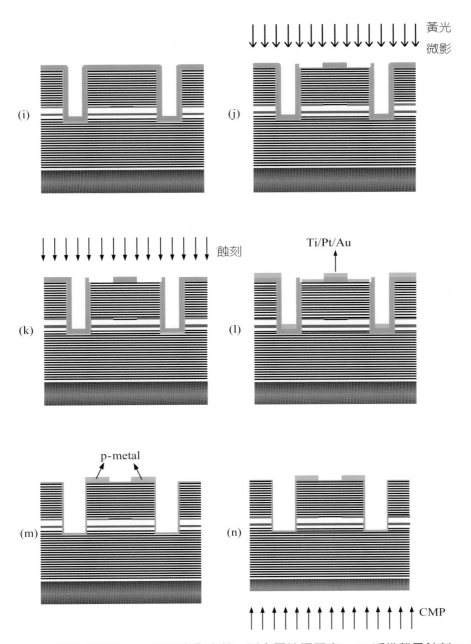

續圖 5-31　(i) 光阻旋轉塗佈；(j) 黃光微影定義 p 型金屬接觸圖案；(k) 活性離子蝕刻 SiO₂ 定義
p 型電極圖案；(l) 熱蒸著 p 型金屬；(m) p 型金屬電極 lift-off 並退火；(n) n 型基板
背面研磨拋光

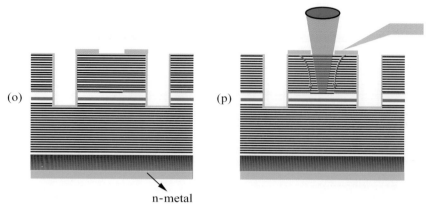

續圖 5-31　(o) 基板背面鍍上 AuGe/Ni/Au n 型電極並退火；(p) 元件此時即可進行探針點測

本章習題

1. 940 nm 氧化侷限面射型雷射上方共有 25 對 p 型 DBR，由四分之一波長的 $Al_{0.92}Ga_{0.08}As$（n = 3.0）和 $Al_{0.12}Ga_{0.88}As$（n = 3.47）所組成，30 nm 厚的 $Al_{0.98}Ga_{0.02}As$ 位於活性層上方第一對 DBR 中，請估算蝕刻深度至少需多深才能順利進行選擇性氧化製程？

2. 承第 1 題，若要對上述波長的面射型雷射元件進行蝕刻，採用 SiO_2 作為蝕刻保護層並利用活性離子蝕刻設備進行下方的 DBR 蝕刻，該設備對 SiO_2 和 AlGaAs DBR 材料蝕刻選擇比為 1：4，若在氧化製程中需保留至少 300 nm 厚的 SiO_2 作為保護層，則至少需鍍上多少厚度的 SiO_2 才足供蝕刻及氧化製程所需？

3. 人眼一般無法直接看到波長大於 700 nm 的紅外光，但是有些數位相機和手機可以拍到紅外光，若這些相機均採用普通 Si CMOS 影像感測器（CMOS image sensor, CIS），Si 在室溫下的能隙大小為 1.12 eV，請問可用來輔助 Si CIS 對焦的紅外光面射型雷射最長波長為何？

參考資料

[1]　W. W. Chow, K. D. Choquette, M. H. Crawford, K. L. Lear, and G. R. Hadley, "Design, fabrication, and performance of infrared and visible vertical-cavity surface- emitting lasers," IEEE J. Quantum Electron., vol. 33, pp. 1810-1824, 1997.

[2]　K. Iga, S. Kinoshita, and F. Koyama, "Microcavity GaAlAs/GaAs surface emitting laser with I_{th} = 6 mA," Electron. Lett., Vol. 23, no. 3, pp. 134-136, 1987.

[3]　M. Ogura, W. Hsin, M. C. Wu, S. Wang, J. R. Whinnery, S. C. Wang and J. J. Yang "Surface-emitting laser diode with vertical GaAs/GaAlAs quarter-wavelength multilayers and lateral buried heterostructure" Appl. Phys. Lett. 51, 1655-1657, 1987.

[4]　K. D. Choquette, M. Hong, R. S. Freund, S. N. G. Chu, R. C. Wetzel, and J. P. Mannaerts "Vacuum integrated fabrication of vertical-cavity surface emitting lasers" J. Vac. Sci. Technol. B11, 1844-1849, 1993.

[5]　C. J. Chang-Hasnain, Y. A. Wu, G. S. Li, G. Hasnain, K. D. Choquete, C. Caneau, and L. T. Florez "Low threshold buried heterostructure vertical cavity surface emitting laser" Appl. Phys. Lett. 63, 1307-1309, 1993.

[6]　Y.A. Wu; G.S. Li; R.F. Nabiev; K.D. Choquette; C. Caneau; C.J. Chang-Hasnain "Single-mode, passive antiguide vertical cavity surface emitting laser" IEEE Journal of Selected Topics in Quantum Electronics, 1 (2), 629-637, Jun 1995.

[7]　D. L. Huffaker, D. G. Deppe, K. Kumar, T. J. Rogers "Native-oxide defined ring contact for low threshold vertical-cavity lasers" Appl. Phys. Lett. 65, 97-99, 1994

[8]　W. T. Tsang, "Self-terminating thermal oxidation of AlAs epilayers grown on GaAs by molecular beam epitaxy," *Appl. Phys. Lett.*, vol. 33, pp. 426-429, 1978.

[9]　J. M. Dallesasse, N. Holonyak Jr., A. R. Sugg, T. A. Richard, and N. El-Zein, " Hydrolyzation oxidation of $Al_xGa_{1-x}As$-AlAs-GaAs quantum well heterostructures and superlattices" Appl. Phys. Lett. 57, 2844, 1990.

[10]　J. M. Dallesasse and N. Holonyak, Jr., "Native-oxide stripe-geometry $Al_xGa_{1-x}As$-GaAs quantum well heterostructure lasers," *Appl. Phys. Lett.*, vol. 58, pp. 394-396, 1991.

[11]　F. A. Kish, S. J. Caracci, N. Holonyak, Jr., J. M. Dallesasse, K. C. Hsieh, M. J. Ries, S. C. Smith, and R. D. Burnham, "Planar native-oxide index-guided $Al_xGa_{1-x}As$-GaAs quantum well heterostructure lasers," *Appl. Phys. Lett.*, vol. 59, pp. 1755-1757, 1991.

[12] S. A. Maranowski, A. R. Sugg, E. I. Chen, and N. Holonyak, Jr., "Native oxide top- and bottom-confined narrow stripe p-n $Al_yGa_{1-y}As$-GaAs-$In_xGa_{1-x}As$ quantum well heterostructure laser," *Appl. Phys. Lett.*, vol. 63, pp. 1660-1662, 1993.

[13] K. D. Choquette, H. Q. Hou, "Vertical-cavity surface emitting lasers: Moving from reach to manufacturing," *Proc. IEEE*, vol. 85, pp. 1730-1739, 1997.

[14] K. D. Choquette, R. P. Schneider, Jr., K. L. Lear, and K. M. Geib, "Low threshold voltage vertical-cavity lasers fabricated by selective oxidation," Electron. Lett., vol. 30, pp. 2043-2044, 1994.

[15] M. H. MacDougal, P. D. Dapkus, V. Pudikov, H. Zhao, and G. M. Yang, "Ultralow threshold current vertical-cavity surface-emitting lasers with AlAs-oxide-GaAs distributed Bragg reflectors," *IEEE Photon. Technol. Lett.*, vol. 7, pp. 229-231, 1995.

[16] K. L. Lear, K. D. Choquette, R. P. Schneider, Jr., S. P. Kilcoyne, and K. M. Geib, "Selectively oxidized vertical-cavity surface emitting lasers with 50% power conversion efficiency," Electron. Lett., vol. 31, pp. 208-209, 1995.

[17] R. Jäger, M. Grabherr, C. Jung, R. Michalzik, G. Reiner, B. Weigl, and K. J. Ebeling, "57% wallplug efficiency oxide-confined 850nm wavelength GaAs VCSELs," Electron. Lett., vol. 33(4), pp. 330-331, 1997.

[18] K. L. Lear, A. Mar, K. D. Choquette, S. P. Kilcoyne, R. P. Schneider, Jr., and K. M. Geib, "High-frequency modulation of oxide-confined vertical-cavity surface-emitting lasers," Electron. Lett., vol. 32, pp. 457-458, 1996.

[19] D. G. Deppe, D. L. Huffaker, T. H. Oh, "Oxide confinement: A revolution in VCSEL technology", *Proc. Conf. Laser and Electro-Optics, CLEO'97*, vol. 11, pp. 193-193, 1997.

[20] K. D. Choquette, G. Hasnain, Y. H. Wang, J. D. Wynn, R. S. Freund, A. Y. Cho, and R. E. Leibenguth, "GaAs vertical-cavity surface-emitting lasers fabricated by reactive ion etching," IEEE Photon. Technol. Lett., vol. 3, pp. 859-862, 1991.

[21] K. D. Choquette, K. L. Lear, R. P. Schneider, Jr., K. M. Geib, J. J. Figiel, and R. Hull, "Fabrication and performance of selectively oxidized vertical-cavity lasers," IEEE Photon. Technol. Lett., vol. 7, pp. 1237-1239, 1995.

[22] K. D. Choquette, K. M. Geib, H. C. Chui, B. E. Hammons, H. Q. Hou, T. J. Drummond and R. Hull, "Selective oxidation of buried AlGaAs versus AlAs layers," Appl. Phys. Lett., vol. 69, pp.1385-1387, 1996.

[23] K. D. Choquette, K. M. Geib, C. I. H. Ashby, R. D. Twesten, O. Blum, H. Q. Hou, D. M. Follstaedt, B. E. Hammons, D. Mathes, R. Hull, " Advances in selective wet oxidation of AlGaAs alloys," IEEE J. Select. Topics Quantum Electron., vol. 3, pp. 916-926, 1997.

[24] C. I. H. Ashby, M. M. Bridges, A. A. Allerman, B. E. Hammons, and H. Q. Hou," Origin of the time dependence of wet oxidation of AlGaAs," Appl. Phys. Lett., vol. 75, pp. 73-75, 1999.

[25] S. Guha, F. Agahi, B. Pezeshki, J. A. Kash, D. W. Kisker, and N. A. Bojarczuk, "Microstructure of AlGaAs-oxide heterolayers formed by wet oxidation," Appl. Phys. Lett., vol. 68, pp. 906-908, 1996.

[26] Julian Cheng and Niloy K. Dutta, "Vertical-Cavity Surface-Emitting Lasers：Technology and Applications," Gordon and Breach Science Publishers, pp.66-72, 2000.

[27] D. R. Lide, "CRC HANDBOOK OF CHEMISTRY and PHYSICS,75th Edition", pp. 5-73, 1995.

[28] C. I. H. Ashby, J. P. Sullivan, K. D. Choquette, K. M. Geib, and H. Q. Hou, "Wet oxidation of AlGaAs : The role of hydrogen," J. Appl. Phys. vol. 82, pp. 3134-3136, 1997.

[29] J.-H. Kim, D. H. Lim, K. S. Kim, G. M. Yang, K. Y. Lim, and H. J. Lee "Lateral wet oxidation of $Al_xGa_{1-x}As$-GaAs depending on its structures" Appl. Phys. Lett. 69 (22), 3357-3359, 1996.

[30] R. L. Naone and L. A. Coldren "Surface energy model for the thickness dependence of the lateral oxidation of AlAs" J. Appl. Phys. 82, 2277-2280, 1997.

[31] S. A. Feld, J. P. Loehr, R. E. Sherriff, J. Wiemeri, and R. Kaspi, "In-situ optical monitoring of AlAs wet oxidation using a novel low-temperature low-pressure steam furnace design," IEEE Photon. Technol. Lett., vol. 10, pp. 197-199, 1998.

[32] D. L. Huffaker, D. G. Deppe, C. Lei, and L. A. Hodge, "Sealing AlAs against oxidative decomposition and its use in device fabrication," Appl. Phys. Lett., vol. 68, pp.1948-1950, 1996.

[33] D. H. Lim, G. M. Yang, J. H. Kim, K. Y. Lim, and H. J. Lee, "Sealing of AlAs against wet oxidation and its use in the fabrication of vertical-cavity surface-emitting lasers," Appl. Phys. Lett., vol. 71, pp.1915-1917, 1997.

第 **6** 章

紅外光VCSEL技術與應用

　　如同本書前面章節所述，由於砷化鎵／砷化鋁鎵材料系統可以直接在砷化鎵基板上成長高品質的分布布拉格反射鏡，而且具有顯著的折射率差異，因此可以在較少磊晶層數的情況下就獲得足夠雷射操作所需的高反射率，同時藉由控制摻雜與介面漸變方式可以降低串聯電阻，再加上採用高鋁含量砷化鋁鎵層作為選擇性氧化電流侷限，大幅提升砷化鎵面射型雷射的操作特性，因此目前商業上最成功的面射型雷射均為砷化鎵系列材料所製作的，主要發光波長在紅外光波段。本章將深入探討砷化鎵系列材料所製作的紅外光面射型雷射操作特性與相關應用。

6.1　紅外光 VCSEL 元件

　　目前面射型雷射廣泛被應用在資通訊領域（information and communication technology, ICT），技術最為成熟的面射型雷射主要由三五族化合物半導體藉由磊晶成長方式製作，所採用的基板包括磷化銦（InP）以及砷化鎵（GaAs）等，但是近年來也有許多公司及研究團隊投入大量資源研究以矽基板、鍺基板或四族化合物半導體基板成長半導體雷射相關研究，但是目前尚未有成熟可靠的技術投入量產。依照用途不同面射型雷射大致可以區分為兩大類，主要用在光通訊與光資訊。其中光通訊用途的面射型雷射，除了第一章提到的塑膠光纖以外，低損耗石英玻璃光纖採用的光收發模組主動光源發光波長大多在紅外光範圍，主要集中在波長 850 nm、1310 nm 以及 1550 nm，均採用砷化鎵或磷化銦基板製作，915 nm、940 nm 和 980 nm、1064 nm 波段也經常被用來製作高功率面射型雷射作為倍頻雷射或光纖雷射激發光源。主要原因在於目前光纖通訊所採用的玻璃光纖在這些紅外光波段具有最低的損耗，如下圖 6-1 所示為目前所採用玻璃光纖中傳輸的光源波長對衰減係數的關係，可以觀察到最低損耗出現在 1310 nm 與 1550 nm，因此可以不用中繼放大器即可傳輸較遠距離，並且在 850 nm 波段也有相對較低的衰減率。而可見光波段的面射型雷射主要應用領域為光資訊，包含光儲存、顯示與掃瞄列印。主要原因在於可見光波長較短，應用在光儲存與掃瞄列印用途可以獲得更高的儲存密度與解析度，若要應用在顯示用途則可見光就成為不可避免的唯一選擇了。

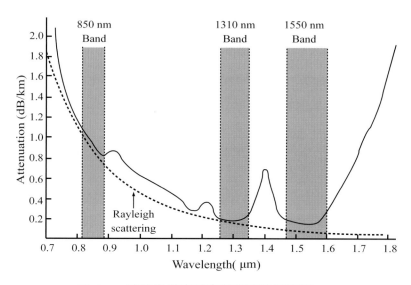

圖 6-1　玻璃光纖衰減率對傳輸波長關係 [1]

範例 6-1

如圖 6-1 所示玻璃光纖在波長 1550 nm、1310 nm 以及 850 nm 具有較低之訊號傳輸衰減率，若有一多模光纖（multi-mode fiber, MMF）在 850 nm 波長範圍衰減率 α 為 2.5 dB/km，若在一端輸入波長 850 nm 雷射光功率 2 mW，傳輸 3 公里後之輸出功率為何？若在接收端之光檢測器感光極限為 10 μW，則該輸入訊號最大傳輸距離為何？。

解：

(1) $P_{in} = P_{out} + \alpha L$　　　　　　　　　　　　　　　　　　　　　　　　（6-1）

　　α 為衰減率 2.5 dB/km，L 為傳輸距離

　　$P_{in} = P_{out} + \alpha L = P_{out} + 2.5$ dB/km×3 km = 2 mW

　　$P_{out} = 2$ mW $- \alpha L = 2$ mW $- 7.5$ dBm

　　2 mW = 10 log (2 mW/1 mW) dBm = 10 log2 dBm = 3 dBm

　　$P_{out} = 3$ dBm $- 7.5$ dBm $= -4.5$ dBm = 0.355 mW

(2) $10 \ \mu W = 0.01 \ mW = 10 \log (0.01 \ mW/1 \ mW) \ dBm$

$\qquad = 10 \log \left(10^{-2} \right) dBm = -20 \ dBm$

由 6-1 式 $P_{in} = P_{out} + \alpha L \rightarrow 2 \ mW = 10 \ \mu W + 2.5 \ dB/km \times L$

$3 \ dBm = -20 \ dBm + 2.5 \ dB/km \times L$

$L = (3 \ dBm + 20 \ dBm)/(2.5 \ dBmkm^{-1})$

$\quad = \left(23/2.5 \right) \ km = 9.2 \ km$

故最遠可傳輸 9.2 公里仍可被該光檢測器偵測到，但是如果輸入的雷射光經過高速調變的話，實際傳輸距離會短的多。

6.1.1 InP 異質接面／量子井面射型雷射

　　為了應用在光纖通訊上有效提升訊號傳輸距離，對於發光波長 1310 nm 與 1550 nm 的面射型雷射需求也相當迫切，傳統半導體雷射二極體在長波長紅外光雷射大多採用磷化銦系列材料，但是磷化銦系列材料成長雷射二極體結構時經常遭遇到特性溫度較低的問題，往往需要額外的主動散熱裝置來協助雷射二極體維持在恆溫狀態避免操作特性劣化，主要原因在於磷化銦／磷砷化銦鎵系列材料所形成的異質接面結構中導帶能障差異較小（$\Delta E_c \fallingdotseq 0.4 E_g$），與砷化鎵系列材料（$\Delta E_c \fallingdotseq 0.7 E_g$）相較之下低不少，因此注入電子經常因為元件接面溫度上升而獲得額外動能因此溢流到活性層外，這個載子溢流（carrier overflow）現象讓元件量子效率變差，注入的載子還沒機會在活性區復合形成光子就流失掉，原本獲得的能量以熱的形式逸散，又進一步提高接面溫度，導致惡性循環讓雷射操作特性變差，此外活性層中常見的歐傑復合（Auger recombination）也會讓元件發光效率低落，如圖 6-2 所示。

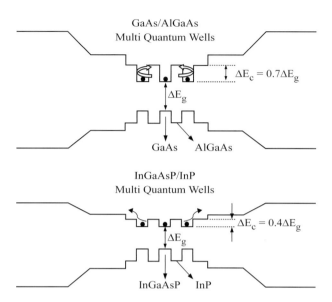

圖 6-2　GaAs/AlGaAs 量子井（上）與 InGaAsP/InP 量子井（下）導帶能隙差異 ΔE_c 所形成的載子侷限（carrier confinement）與載子溢流示意圖

　　除了載子侷限能力較差之外，磷化銦系列材料折射率差異也不顯著，如第三章表 3-1 所示，要獲得足夠雷射增益所需的 DBR 層數高達 50 對以上，不但會造成較高串聯電阻與所需的磊晶成長時間，這麼多對摻雜的 DBR 也會造成顯著的雜質吸收效應，讓元件達到雷射增益的條件更加嚴苛；此外與矽基板或砷化鎵基板相較之下，磷化銦基板較昂貴，而且機械特性較差，在磊晶或製程中容易因為受熱翹曲或破裂，因此製程良率較低，成本也相對昂貴。

　　如同第一章所述由 Iga 教授團隊最早成功製作出來的面射型雷射元件採用 n-InP/undoped GaInAsP/p-InP（n 型磷化銦／未摻雜磷砷化銦鎵活性層／p 型磷化銦）雙異質接面結構所組成 [2]，發光波長在 1.2 微米範圍（$\lambda = 1.18$ μm）。由於載子侷限效果較差且上下反射鏡反射率較低，因此元件必須固定在鍍金銅座上加強散熱效果，即使如此也只能在液態氮冷卻下在 77 K 以脈衝操作，閾值電流值為 900 mA，以基板側陰極直徑 100 μm 計算，雷射操作閾值電流密度為 11 kA/cm²，成功驗證面射型雷射的可行性是其最重大的貢獻，該實驗採用液相磊晶 LPE 法成長的結構與元件示意圖如下圖 6-3 所示。

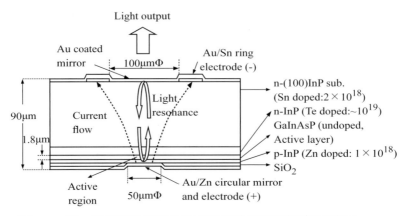

圖 6-3　第一個成功達到雷射操作的面射型雷射結構示意圖 [2]

　　隨後在 1993 年東京工業大學 T. Baba 和 Iga 教授團隊製作出接近室溫下連續波操作的 GaInAsP/InP 面射型雷射 [3]，與先前成果相較之下主要差異在於發光波長 1.37 微米的 GaInAsP/InP 發光層藉由製程方式再成長形成圓形平面埋入式異質結構（circular planar buried heterostructure, CPBH）[4]，p 側鏡面由 8.5 對 MgO/Si DBR 與 Au/Ni/Au 所組成，n 側鏡面則由 6 對 SiO$_2$/Si 介電質 DBR 構成。元件 p 側採用鎵銲料（Ga solder）貼合到鍍金的鑽石導熱板，藉助於 MgO/Si 較高的熱傳導係數以及散熱片來移除元件電激發光操作過程中產生的熱，使元件可以在接近室溫環境下連續波操作。在 77 K 溫度下元件可以連續波操作且大多數元件閾值電流值約為 10 mA，最低可達 0.42 mA。在 20 ℃下可以脈衝電激發光操作，閾值電流為 18 mA。最高可以維持連續波操作的溫度為 14 ℃，此時閾值電流值為 22 mA，遠場發散角為 4.2°。直到在 1995 年加州大學聖塔芭芭拉分校胡玲院士團隊在 GaAs 基板上以 MBE 分別成長 28 對 n 型 AlAs/GaAs DBR，另外成長 30 對 p 型 Al$_{0.67}$Ga$_{0.33}$As-GaAs DBR，再與 MOVPE 成長的 7 層應變補償 InGaAsP 量子井發光層在 630 ℃下通氫氣持溫 20 分鐘進行第一次晶片貼合，移除 InP 基板後再與 n 型 DBR 進行第二次晶片貼合 [5]。由於採用應變補償 InGaAsP 量子井結構，與原先的雙異質接面結構相較之下可以稍微改善載子溢流問題，因此所製作的元件首次成功在室溫下電激發光連續波操作，最低臨界電流為 2.3 mA，發光波長 1542 nm，符合玻璃光纖最低損耗的波段，但是砷化鎵材料與磷化銦材料熱膨脹係數差異顯著，在高溫環境或長時間操作下元件壽命與可靠度可能有疑慮。

由上述例子可以發現早期由於材料特性限制，能帶寬度符合 1310 nm 和 1550 nm 發光波長（大約 0.95～0.78 eV）的化合物半導體材料大多為磷化銦系列材料，如圖 6-4 所示，通常應用在長波長 1310 nm 和 1550 nm 波段的半導體雷射主動發光區的材料為磷砷化銦鎵（InGaAsP）與磷化銦組成的材料系統，因此所採用的基板也以晶格常數相匹配（lattice match）的 InP 為主。但是由於 InP 系列材料折射率差異較小，因此早期元件大多採用部分磊晶成長 n 型 DBR 結合高反射率金屬與介電質 DBR（因為 p 型摻雜 InP DBR 電阻相當高）；或者藉由晶片貼合方式藉助 AlGaAs/GaAs 高反射率 DBR 才能達到雷射增益條件，這樣的元件製程相當複雜良率也較低。

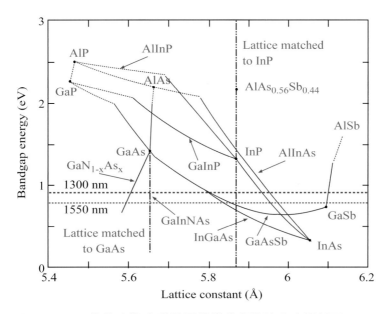

圖 6-4　III-V 族化合物半導體晶格常數與能隙大小關係圖 [6][7]

由圖 6-4 中可以觀察到一個大致的趨勢，通常能隙愈小的 III-V 族化合物半導體其晶格常數會愈大；相反的能隙愈大的 III-V 族化合物半導體其晶格常數愈小，比較特殊的例外是 GaN$_{1-x}$As$_x$ 這個材料，會在稍後另外介紹。從圖 6-4 中可以發現除了 InP 以外，還有一些材料組合藉由調整成分元素莫耳分率後其晶格常數也有機會和 InP 相匹配，包括 AlInAs、GaAsSb、InGaAs、AlAsSb [8][9][10]、AlGaAsSb [11][12][13] 其他還有較不常見且與 InP 基板晶格不匹配約 4% 的 AlGaSb [14][15]，當然還有最常見的 GaInAsP。因此除了 InGaAsP/InP 以外，AlInGaAs/InP 和 AlInGaAs/AlInAs 也被用來作為 InP 基板成長長波長面射型雷射的發光層增益材料，其中 InP 基板成長 InGaAlAs/InAlAs 全磊晶 DBR 夾著中央 $3/2\lambda$ 的 InGaAlAs 活性層面射型雷射可以在 55 ℃溫度下還能脈衝操作 [16]-[18]，並在 2006 年時由韓國電子通信研究院團隊獲得連續波操作溫度達 80 ℃的成果 [19]，不過採用這個材料系統雖然可以改善導帶能隙差異所造成的載子溢流問題，但是同樣的要成長高對數的 DBR 仍然會造成元件串聯電阻太高，特別是 p- 型 DBR 由於價帶能帶差異較大注入電洞需要更高能量才能順利克服這麼多對的異質接面所形成的能障，因此 InP 基板成長的全磊晶結構普遍遭遇 p- 型 DBR 電阻過大問題，導致注入電流造成元件溫度上升更進一步造成發光特性劣化，因此前述部分團隊就採用穿隧接面（tunnel junction，又稱為 Esaki junction，以發現半導體穿隧效應獲頒 1973 年諾貝爾物理獎的江崎玲於奈 Leo Esaki 命名）以及共振腔間電極接觸（intracavity contact）等磊晶和製程方式克服 p 型 DBR 電阻過高或摻雜 DBR 造成雜質吸收的不利因素，這些方法對磊晶和製程技術要求非常嚴苛，因而提高製程複雜度且降低良率。

綜合以上所述，採用與 InP 基板晶格匹配的化合物半導體成長全磊晶結構的面射型雷射，由於大多數晶格匹配的材料折射率差異較小，因此所需要的分布布拉格反射器對數也會非常多，而且由於發光波長較長，因此整體結構磊晶厚度會相當厚，不僅成長耗時而且材料成本也會相對提高，此外磷化銦基板較昂貴，機械強度也較脆弱，同時所製作的雷射元件高溫操作特性較差，經常需要主動散熱冷卻裝置以確保雷射輸出特性不會劣化，所以也無可避免的增加許多成本，因此在 1990 年代中期開始就有許多研究團隊轉而尋求其他與砷化鎵基板晶格匹配且能隙大小符合 1310～1550 nm 波長範圍的活性層材料。

6.1.2 InGaAs 量子井面射型雷射

由上述 InP 系列材料面射型雷射發展可以發現，要製作全磊晶結構的長波長面射型雷射難度較高，因此在 1990 年中期開始許多光通訊大廠及研究機構均投入大量資源開發與砷化鎵基板晶格匹配的主動層發光材料，希望能在砷化鎵基板上成長晶格匹配的材料或結構，同時獲得發光波長範圍在 1310 nm 甚至 1550 nm 的較長波段。

一般來說在面射型雷射製作上，反射器之選擇以半導體材料較常用，主要考量有兩點，第一是晶格匹配的問題；第二是導電難易度的問題。採用半導體分布布拉格反射器的原因在於通常活性層材料需要成長在晶格匹配的基板或磊晶層上，才能有效避免因為晶格不匹配造成的缺陷，導致活性層品質劣化。因此一般會在基板或緩衝層上先成長與活性層材料晶格匹配的分布布拉格反射器，而通常選用會導電且晶格匹配的半導體材料，例如 AlGaInP、GaAs、InGaAs 和 InGaAsN 四種材料分別可以作為紅光（650 nm）、近紅外光（850 nm）和紅外光（980 nm）以及長波長 1.3 μm 面射型雷射的半導體活性層材料，但是卻可以使用相同的砷化鎵／砷化鋁鎵（GaAs/AlGaAs）系統來製作半導體分布布拉格反射器，因為由圖 6-4 可以觀察到，這四種活性層材料均與砷化鎵材料系統晶格匹配，因此可以直接利用砷化鎵／砷化鋁鎵材料系統的高折射率差異來製作高品質的反射鏡同時還可以具有良好的導電能力，可以避免後續金屬電極製作的困難，又可以採用高鋁含量 AlGaAs 作為選擇性氧化電流侷限層，獲得更好的面射型雷射操作特性。

利用砷化鎵基板成長 AlGaAs/GaAs 分布布拉格反射器後繼續成長晶格匹配的活性層發光區，然後可以直接在活性層材料上繼續進行頂部半導體 DBR 磊晶步驟，稱為單石技術（Monolithic），好處是磊晶成長過程中不需要將晶片在活性層成長完畢後重新傳送到不同的薄膜蒸鍍設備沉積介電質或金屬反射鏡，可避免晶片汙染；另外作為反射器的半導體材料通常其晶格常數與熱膨脹係數也與活性層材料較為相近，因此可以減低元件在操作時因溫度上升而受熱膨脹不均形成應力，甚至造成缺陷而影響雷射操作特性及壽命；而且半導體材料在摻雜之後導電度良好，可以有效傳導電流到活性層以達成載子數量反轉分布，滿足雷射操作條件，因此目前大多數量產面射型雷射均採用半導體分布布拉格反射器即基於上述考量。不過有些特殊應用在製作高功率面射型雷射元件時，會設計某一側的布拉格反射器反射率較低，並且外加一個外部共振腔結構，以期能提高元件輸出功率。

儘管如圖 6-4 中預期將 InGaAs 中的 In 莫耳分率提高到 0.4 就可以發出波長在 1.3 微米範圍的紅外光，但是實際上這樣高的銦含量使得晶格常數與砷化鎵基板差異太大，磊晶層超過特定厚度（critical thickness）時容易形成缺陷差排，因此原先預期需要成長在 $In_{0.2}Ga_{0.8}As$ 基板上才有可能獲得高品質的磊晶層足供半導體雷射使用 [20]-[23]。但是實際上應用在作為發光層結構時，由於量子井厚度一般都在 10 nm 以內，因此可以形成高應變量子井結構（highly strained quantum well），不至於因為晶格常數差異過大導致磊晶層破裂或差排形成。瑞典皇家理工學院 J. Malmquist 團隊在 2002 年首次在砷化鎵基板上成長 $Al_{0.88}Ga_{0.12}As$/GaAs DBR，發光區增益介質由 1λ 共振腔中 $In_{0.39}Ga_{0.61}As$（8.1 nm）/GaAs（20 nm）/In$_{0.39}$Ga$_{0.61}$As（8.1 nm）雙重量子井結構所組成，元件可以在室溫下連續波操作發光波長為 1260 nm，並且在 85 ℃時有最低閾值電流 1.6 mA，最長發光波長為 120 ℃操作溫度下所測得之 1269 nm[24]-[27]，這個結果凸顯了與 InP 系列材料最大的差異在於 InGaAs/GaAs 具有較高元件操作溫度（因為導帶能隙差異較高因此載子侷限效果較好）同時採用砷化鎵基板直接成長高反射率 AlGaAs/GaAs DBR 還可以利用選擇性氧化侷限來獲得更低的閾值電流值 [28]，這是 InP 材料系統所欠缺的優勢。

6.1.3　InGaAsN 量子井面射型雷射

在圖 6-4 中有一個材料與其他 III-V 族化合物半導體相當不一樣，就是氮砷化鎵 GaN$_{1-x}$As$_x$，其他材料依照組成比例不同大多是晶格常數愈大其能帶寬度就愈小；相反的晶格常數愈小的材料組成則能帶寬度就愈大，氮砷化鎵卻是隨著氮的比例增加其晶格常數減少同時能隙也會變小，因此最早由日立公司光電實驗室的 M. Kondow 團隊在 1995 年 [29]-[31] 提出可以在 InGaAs 材料中添加少量氮元素，就可以有機會獲得發光波長在 1.3～1.55 微米範圍同時又與砷化鎵基板晶格常數相匹配的發光材料。由圖 6-4 中可以發現，InGaAs 晶格常數比 GaAs 大，因此直接成長在 GaAs 基板上會形成壓縮應變（compressive strain）；相反的 GaNAs 晶格常數比 GaAs 小，因此直接成長在 GaAs 基板上會形成伸張應變（tensile strain），那麼如果將兩個三元材料結合在一起形成四元化合物半導體 InGaAsN（或 GaInNAs），就可以減輕該材料與砷化鎵基板之間的晶格不匹配程度同時又能獲得較小能隙達到較長發光波長雙重優點。

M. Kondow 團隊在 1996 年採用 GaInNAs/GaAs 單一量子井結構製作邊射型雷射先後達成 77 K [32] 以及室溫下連續波操作 [33] 的成果，發光波長為 1.18 μm，特性溫度 T$_0$ 為 126 K，是當時長波長雷射二極體的最高紀錄，與砷化鎵材料半導體雷射特性溫度典型值 140 K 相當接近，且明顯優於 InP 材料半導體雷射的 70～90 K。該團隊在 1997 年成功利用該材料作為面射型雷射活性層達成室溫下連續波光激發光操作，波長為 1.22 μm [34][35]，同年也成功達成室溫下脈衝電激發光操作，發光波長 1.18 μm，活性層為 7 nm 厚的 Ga$_{0.7}$In$_{0.3}$N$_{0.004}$As$_{0.996}$ 單一量子井結構，最高操作溫度可達 95 ℃[36]。該團隊採用氣體源分子束磊晶系統（gas-source molecular beam epitaxy, GS-MBE）成長 GaInNAs，氮的含量相對較不容易提高。在 1997 年日本理光公司通用電子研發中心的 S. Sato 團隊利用低壓（100Torr）MOCVD 系統並採用 DMHy（二甲基聯胺或二甲基肼）作為氮原子來源以成長 GaAs/Ga$_{0.9}$In$_{0.1}$N$_{0.03}$As$_{0.97}$/GaAs 雙異質接面雷射二極體，雖然氮原子莫耳分率僅有 3% 但是已經比 MBE 成長的雷射活性層還要高，因此發光波長成功達到 1.3 微米，並且可以在室溫下脈衝操作 [37]。

2000 年時史丹佛大學 J. S. Harris 教授團隊利用 MBE 系統在砷化鎵基板上成長全磊晶結構面射型雷射，活性層為三層 7 nm 厚的 Ga$_{0.3}$In$_{0.7}$N$_{0.02}$As$_{0.98}$ 被 20 nm 厚 GaAs 隔開的三重量子井結構，波長達 1200 nm，可以在室溫下脈衝電激發光 [38] 以及室溫下連續波電激發光 [39]，同年稍後仍任職於 Sandia 國家實驗室的 K. D. Choquette 團隊利用上下均為 n 型 Al$_{0.94}$Ga$_{0.06}$As/GaAs DBR 夾著兩層 6 nm 厚且被 GaAs 隔開的 In$_{0.34}$Ga$_{0.66}$As$_{0.99}$N$_{0.01}$ 雙重量子井活性層，上方 n 型 DBR 與活性層間加入一層穿隧接面（tunnel junction）提供電洞注入，且上下 DBR 與活性層之間都有選擇性氧化電流孔徑，由於上下都採用 n 型 DBR 可以在較低摻雜濃度下就獲得低電阻，有效減低自由載子吸收（free carrier absorption）效應，使得該元件首次成功在室溫下連續波電激發光操作，波長達 1294 nm 且為單模操作，最高操作溫度達 55 ℃[40]。除了上述成果均以 MBE 系統成長以外，在 2002 年也分別由 Agilent 實驗室和 Emcore 公司團隊成功以 MOCVD 方式成功製作 1.3 微米的 InGaAsN 面射型雷射 [41][42]。

由於氮平常呈現氣態，因此要將其摻雜入 InGaAs 固體中本來就有相當高的難度，一般添加的濃度沒辦法太高，因為在相對較高的磊晶溫度下氮原子容易逸散，此外在 MBE 磊晶系統中氮的來源為射頻電漿產生器（RF plasma source），通常會將氮原子游離為電漿態再和其他成分原子於基板表面結合反應，可能會撞擊磊晶面造成損傷形成非輻射復合中心而降低發光效率，因此在 2001 年起日本古河電機公司橫濱研發實驗室的 H. Shimizu 團隊嘗試在成長 InGaAsN 時添加銻原子並發現能顯著改善磊晶品質 [43]，該團隊並在 2003 年首次成功製作 GaInNAsSb–GaAs 面射型雷射，發光波長 1.287 μm，室溫下連續波電激發光操作，在氧化侷限電流孔徑 9.4 μm 的元件其閾值電流值為 2.5 mA，氧化孔徑 7 μm 的元件閾值電流值為 1.85±0.15 mA，最大功率可達 1 mW [44]。不過該元件雖然也是全磊晶結構，但是磊晶成長過程較為複雜，主要分成三個步驟進行，上下 DBR 為 30.5 對 n 型和 28 對 p 型 Al$_{0.9}$Ga$_{0.1}$As–GaAs 分別以 MOCVD 進行磊晶成長，中間的 2λ 共振腔中包含

$Ga_{0.63}In_{0.37}N_{0.012}As_{0.972}Sb_{0.016}/GaN_{0.019}As_{0.981}$ 三重量子井另外以 GS-MBE 成長，該成果證實 GaInNAsSb 在長波長面射型雷射上的應用確實可行。

史丹佛大學 J. S. Harris 教授團隊在 2003 年也利用 MBE 系統在砷化鎵基板上成長 InGaAsNSb 五元化合物半導體面射型雷射，將發光波長進一步往 1.55 微米範圍延伸。其 發光層為三層 7 nm 厚 $Ga_{0.62}In_{0.38}N_{0.016}As_{0.958}Sb_{0.026}$ 量子井被 20 nm 厚 GaNAs 隔開，上 下分別由 29 對 n 型及 24 對 p 型摻雜的 $Al_{0.92}Ga_{0.08}As$/GaAs DBR 所組成，元件發光波長 1.46 μm 是當時在砷化鎵基板上所能獲得最長發光波長的面射型雷射紀錄，在 −10 ℃溫度 下可以脈衝操作電激發光，閾值電流值為 580 mA，在 0 ℃時閾值電流值為 700 mA [45]。 在 2006 年時該團隊同樣在砷化鎵基板上成長全磊晶結構面射型雷射，發光層為三層 7.5 nm 厚 $Ga_{0.62}In_{0.38}N_{0.03}As_{0.94}Sb_{0.03}$ 量子井被 21 nm 厚 $GaN_{0.04}As_{0.96}$ 區隔開，藉由選擇性氧化 製程保留 14 μm 電流孔徑，可以在 −25 ℃電激發光操作，波長為 1534 nm [46]。在 2009 年時採用三層 7 nm 厚 $Ga_{0.59}In_{0.41}N_{0.028}As_{0.946}Sb_{0.026}$ 量子井並以 20 nm 厚的應變補償（strain -compensating）$GaN_{0.033}As_{0.967}$ 區隔開，元件發光波長為 1.53 μm，氧化孔徑 7 μm 的元件在 15 ℃下電激發光連續波操作閾值電流值 2.87 mA，最高可連續波操作溫度為 20 ℃，與之 前成果相比操作特性已經有顯著提升 [47]，顯示與砷化鎵基板晶格匹配的 GaInNAsSb 材 料應用在 1.3 μm 和 1.55 μm 全磊晶結構面射型雷射具有相當高的潛力 [48][49]。

6.1.4 InAs 量子點面射型雷射

東京大學荒川泰彥教授（Y. Arakawa）在 1982 年提出量子點結構的概念 [50]，在 1994 年柏林工業大學 D. Bimberg 教授和俄羅斯 Ioffe 物理技術研究所 N. N. Ledentsov 團隊首次利用 MBE 成長 $Al_{0.3}Ga_{0.7}As$/$In_{0.5}Ga_{0.5}As$/$Al_{0.3}Ga_{0.7}As$ 雙異質接面結構，其中 $In_{0.5}Ga_{0.5}As$ 因為應變導致形成島狀的量子點結構，所製作的邊射型雷射可以在液態氮冷 卻下電激發光操作，而且在 50～120 K 溫度範圍內特性溫度 T_0 可以高達 350 K [51]，顯示 該雷射二極體閾值電流值不大會隨著溫度變化，因為量子點發光頻譜已經不再單純由材料 能隙所決定，而是受到量子點尺寸大小造成的載子侷限效應量化能階所主導，這個高溫度 穩定性對於長波長半導體雷射相當重要，特別是在遠距離光纖通訊光收發模組主動光源 應用。隨後 InGaAs 或 InAs 量子點成長在砷化鎵基板製作紅外光半導體雷射陸續被報導 [52]-[61]。

在 2000 年時美國空軍技術學院 J. A. Lott 與俄羅斯 Ioffe 物理技術研究所 N. N. Ledentsov 和柏林工業大學 D. Bimberg 教授團隊合作共同發表 InAs/In$_{0.15}$Ga$_{0.85}$As（5 nm）的量子點發光層面射型雷射[62]，可以在 20 ℃下脈衝電激發光操作，發光波長爲 1.3 μm。該結構利用固態源分子束磊晶（solid-source MBE）直接成長在 n 型摻雜砷化鎵基板上，上下 DBR 分別由 5.5 對和 7 對 AlAs/GaAs 所組成，在稍後製程中被氧化爲 AlOx/GaAs 介電質／半導體混成式 DBR 以獲得高反射率。發光層與 DBR 之間分別被上下兩層 1λ 厚的 GaAs 間隔層（spacer）隔開，由於上下 DBR 氧化後形成 AlOx 無法導通電流，因此注入電流就必須透過緊鄰活性層的這兩層間隔層及金屬電極來達成。發光層基本上是由 2.5 倍單層原子層（monolayer）厚度的 InAs 以及覆蓋在其上的 5 nm 厚 In$_{0.15}$Ga$_{0.85}$As 形成量子井包覆量子點結構（dot-in-well）中間再以 25 nm 厚的 GaAs 隔開形成三重量子井結構。元件結構如下圖 6-5 所示。由於磊晶成長機制的關係，成長 2.5 倍原子層的磊晶時間並不足以讓 InAs 材料形成均勻連續的平整薄膜，反而會在局部形成金字塔狀的小島（pyramidal islands），這些密度約爲 5×10^{10} cm^{-2} 的小島就是量子點，可以有效侷限注入載子在小範圍內形成發光復合，而且發光波長通常會比 InAs 塊材（bulk material）來的短，因爲載子被侷限在與其物質波波長相近的範圍內時，其能階分布會形成不連續的量化能階（quantized energy states），因此可以讓原本晶格常數遠大於砷化鎵且發光波長超過 1.55 微米的 InAs 材料有機會直接成長在砷化鎵基板上並發出波長在 1.3～1.55 微米範圍的

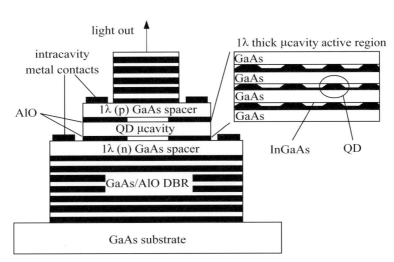

圖 6-5　InAs/InGaAs 量子點面射型雷射結構示意圖 [62]

光，稍後在 2001 年該團隊也達到連續波操作的成果 [63]。並將 DBR 高鋁含量材料分別由 AlAs 換成 $Al_{0.98}Ga_{0.02}As$ 再氧化成 Al(Ga)O [64] 以及全磊晶未摻雜的 $Al_{0.9}Ga_{0.1}As$/GaAs 半導體 DBR [65]，配合共振腔間電極接觸（intracavity contact）注入電流均可達到室溫下連續波電激發光操作的成果。

2005 年時工研院與俄羅斯 Ioffe 物理技術研究所及交通大學團隊合作，首次利用 MBE 系統成長全摻雜的 GaAs/$Al_{0.9}Ga_{0.1}As$ DBR 製作出室溫下連續波操作電激發光的量子點面射型雷射 [66]，並且利用光子晶體結構改善單模操作之旁模抑制比最高達到 40 dB [67] [68]。所採用的磊晶結構如下圖 6-6 所示，採用 n 型摻雜砷化鎵基板先成長 33.5 對 1/4 波長的 n 型摻雜 GaAs/$Al_{0.9}Ga_{0.1}As$ DBR，接著成長 2λ 厚的 GaAs 活性層，活性層中成長九層 2-monolayer 的 InAs 並以 8 nm 厚的 $In_{0.15}Ga_{0.85}As$ 覆蓋形成量子井包覆量子點結構，每層量子井之間以 30 nm 厚的 GaAs 隔開，全部九層量子井被分三組，每組均為三重量子井結構，被平均分配在 2λ 共振腔中的三個電場強度駐波峰值（standing wave peak position）位置以獲得最大的增益，接著繼續成長 27 對 p 型 DBR。由於上下 DBR 均有施加摻雜，因此可以用砷化鎵系列材料面射型雷射製程方式來製作元件，包括選擇性氧化孔徑以及上下電極均直接沉積在磊晶片最上層表面與基板背面，無須採用複雜的共振腔間電極接觸方式。實際製作的元件可以在室溫下連續波操作，閾值電流僅為 1.7 mA，最大輸出功率為 0.33 mW，發光波長 1275 nm 且為單橫模操作，旁模抑制比為 28 dB，進一步在發光區製

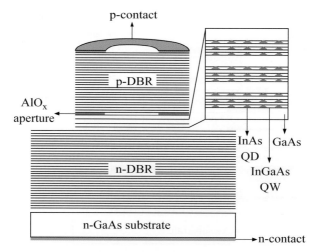

圖 6-6　全磊晶全摻雜量子點面射型雷射結構示意圖 [66]

作光子晶體結構時可以提高旁模抑制比達到 40 dB，顯示 InAs/InGaAs 量子點結構確實適合用於長波長面射型雷射發光區增益介質。

　　採用量子點結構製作面射型雷射還有一個比其他材料更具優勢的特性，如同本書 3-4 節介紹面射型雷射操作溫度特性時所述，以及圖 3-10 所描述發光層材料增益頻譜隨溫度上升而往較長波長紅移的速度，比共振腔縱模（也就是主要發光波長）還要快的多，因此在不同溫度下操作時由於元件溫度上升，會使閾值電流大小發生變化，評估一個雷射元件閾值電流大小是否容易隨著溫度變化而改變的特性參數稱為特性溫度（characteristics temperature, T_0），T_0 通常跟發光層增益材料有關，如前面所述 InP 系列材料因為導帶能階差異較小，因此電子容易因為溫度上升而溢流，導致雷射在較高溫度下就需要更高注入電流才能達到雷射增益，因此其 T_0 相對較低，一般多在 60～80 K，採用 AlInGaAs 等與 InP 晶格匹配材料可以稍微提升到 70～90 K，而一般典型 GaAs 材料 850 nm 面射型雷射特性溫度就有 140 K 左右，採用 InAs/InGaAs 量子點發光材料後，由於增益頻譜變成受到量子點尺寸大小影響，不再受半導體材料能隙大小主導，因此其溫度效應變的很小，也就是說增益頻譜波長不大會隨著溫度上升而明顯往長波長紅移，所以利用 InAs/InGaAs 材料所製作的雷射元件其 T_0 值輕易都可以超過 350 K，甚至經過仔細的調整增益頻譜峰值波長與共振腔波長的差異（gain-cavity mode detuning），有機會在光通訊模組操作溫度範圍 -5～75 ℃甚至更嚴苛的 -40～85 ℃溫度範圍內達到 T_0 值接近無限大的結果，也就是說在這個溫度範圍內閾值電流值幾乎不隨著溫度變化而改變。

　　通常面射型雷射較一般雷射二極體具有更好的高溫操作特性，而且發光波長對溫度變化率也遠低於傳統邊射型雷射。圖 6-7 顯示一個 850 nm 氧化侷限面射型雷射變溫測試光輸出功率對電流（L-I）特性曲線，由圖中可以觀察到當元件操作溫度從 20 ℃提高到 90 ℃時，閾值電流值從 1.3 mA 增加到 2.2 mA，最大輸出功率從 5 mW 降低為 2.2 mW。藉由元件在不同溫度下操作的閾值電流值可以計算出該雷射的特性溫度，其公式如下：

$$I_{th} = I_{th0} \times \exp\left(\frac{T}{T_0}\right) \tag{6-2}$$

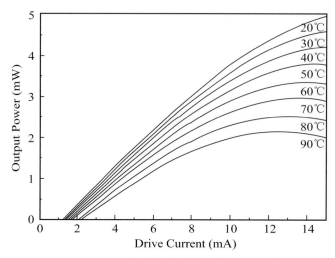

圖 6-7   850 nm 面射型雷射變溫測試 LI 特性曲線

範例 6-2

如圖 6-7 所示面射型雷射變溫測試 LI 特性曲線，在溫度 20 ℃時閾值電流值 1.3 mA，溫度 40 ℃時閾值電流值 1.5 mA，試求該面射型雷射之特性溫度 T_0。

解：

由（6-2）式：$I_{th} = I_{th0} \times \exp\left(\dfrac{T}{T_0}\right)$

$\dfrac{I_{th}}{I_{th0}} = \exp\left(\dfrac{T}{T_0}\right)$

$\ln\left(\dfrac{I_{th}}{I_{th0}}\right) = \dfrac{T}{T_0}$

$\ln(I_{th}) - \ln(I_{th0}) = \dfrac{T}{T_0}$

$\Delta\ln(I_{th}) = \dfrac{\Delta T}{T_0}$

$T_0 = \dfrac{\Delta T}{\Delta\ln(I_{th})}$

$T_0 = \dfrac{(40 - 20)}{\ln(1.5) - \ln(1.3)} = 140\text{K}$

6.2　紅外光 VCSEL 應用

6.2.1　光通訊應用與高頻操作

在 1996 年面射型雷射產品問世以來，早期主要應用即為短距離光纖通訊傳輸模組主動光源，特別是高速區域網路（high speed local area network, LAN），然而受到 2000 年網路股泡沫化影響，全球對光纖網路建置的需求減緩，並且導致許多已經架設完成的骨幹網路光纖甚至未曾被啟用，因而被稱為黑暗光纖（dark fiber）。然而網路使用者對於頻寬的需求並未因此而減緩，特別是更多耗費網路頻寬的新應用持續不斷的推出，並廣泛受到網路使用者歡迎，例如影音分享網站 YouTube 以及不限容量的雲端硬碟儲存服務、Gmail 網路信箱等所獲得的成功即為最佳例證。此外低價甚至免費的網路電話如 Skype、各種新興通訊軟體如 Whatsapp、LINE 與社群網站如 Facebook、Instagram 的成功也加深對寬頻高速網路服務的迫切需求。而這些應用都將以往僅有越洋通訊使用海底光纖或者長途通訊使用骨幹光纖網路的領域，逐漸延伸到每個用戶端都傾向使用光纖連結，才可以滿足日益增加的穩定且高速頻寬需求。特別是近年來高畫質數位電視（HDTV）節目的放送和高容量高畫質影音光碟（HDVD 或 Blu-ray Disk）的規格，都使得寬頻網路系統所需傳遞的資料量急遽增加，再加上高畫質隨選視訊串流（video on demand, VOD）以及互動式直播節目與實況節目的普及，要即時傳遞這些高畫質影音視訊需要相當大的頻寬才能滿足使用者需求。

因此美、日等先進國家開始建置光纖到府的網路服務，臺灣也在環島骨幹光纖網路完工後逐步開始建構從機房到用戶端的「最後一哩」光纖到府建設，可以預期相關軟硬體需求將日益增加。而其中最關鍵性的零組件當屬傳輸模組中作為主動光源的面射型雷射。2003 年以前國外還有許多大公司從事光通訊用面射型雷射研發製造，例如美國的 Fuji Xerox、Motorola、HP Agilent、Honeywell、Cielo、Gore Photonics、Emcore Mode、E2O、JDS Uniphase、Luxnet、Novalux、Nova Crystal、Bandwidth9、Picolight、Finisar 等多家公司；日本古河電機（Furukawa）轉投資的 Fitel、Fujitsu、Hitachi、NEC；德國西門子集團的 Infineon、Ulm Photonics（出售給荷蘭皇家飛利浦改名為 Philips Photonics）；瑞典的 Zarlink（前身為加拿大 Mitel）；瑞士的 Avalon Photonics（被 Bookham 併購）以及英國的

IQE、AXT 等專業磊晶廠。

當時全球市場面射型雷射二極體磊晶片、元件及模組主要供應商有瑞典 Mitel、美國 Emcore Mode 與 Honeywell Microswitch、德國 Infineon、美國 Gore Photonics、New focus、臺灣光環科技、聯亞光電、禧通等多家公司。而長波長（> 850 nm）面射型雷射主要供應商有 Gore、法國電信（France Telecom）、日本 Hitachi、美國 Nova Crystal、Bandwidth9、與 Sandia 國家實驗室研究團隊所組成之 Cielo 公司（已被併購）。850 nm 之面射型雷射是目前商品化最成功的產品，早期主要磊晶片供應商有英國 EPI 公司與美國 EMCORE 公司、SPIRE（Bandwidth）公司等，臺灣的光環科技、穩懋、聯亞光電、禧通（已改名為華立捷）、晶元光電、鼎元光電也有規模化量產，但目前為止民間企業尚無針對藍綠光波段短波長面射型雷射磊晶技術與元件製程量產技術之商品化成果。

早期臺灣亦有國聯光電、勝陽光電、全新光電、晶誼光電（E2O 與晶元光電合資）等公司投入面射型雷射磊晶片領域，而光環科技、威凱、全磊微機電、鴻亞及華新麗華等公司則投入面射型雷射元件製造領域，後段模組則有鼎元、前鼎等公司。但是由於受網路泡沫化影響，目前上述公司大多數被購併、解散、重整或裁撤面射型雷射相關產品部門，僅餘少數公司仍持續相關研發與量產工作。學術研究單位與法人機構包括工研院光電所、中華電信研究所均有專案計畫從事面射型雷射技術開發，並成功技術移轉產業界進行量產工作；然而受到先前產業不景氣影響，相關研究計畫大多面臨縮減命運，僅交通大學光電所及中央大學、臺灣大學等少數學術單位仍持續進行相關技術研發工作。

目前國內外網路服務大廠已經積極佈局光纖到府（FTTH）、光纖到建築（FTTB）等 FTTx 服務基礎建設的建置，建構全光纖的網路服務環境，希望能帶動數位內容產業發展，同時提供數位電視、數位影音隨選視訊、寬頻網路甚至雲端儲存及伺服器代管等服務。光通訊產業在 2008～2009 年金融風暴後逐漸復甦，儘管因為個人手持無線行動通訊裝置普及以及社群網路席捲的浪潮，光纖固網開始面臨高速行動通訊無線網路技術的競爭，但是由於先天上高頻寬、低延遲（low latency）以及穩定不易受干擾的特性，高速光纖通訊技術仍然是滿足網路使用者對於頻寬需求的最佳解決方案。

下圖 6-8 顯示光纖通訊傳輸模組光源常見波長 850 nm、1310 nm 以及 1550 nm 在單模光纖與多模光纖中傳輸距離與速度的關係圖 [69]。由圖中可以觀察到 850 nm 波段若要達到 1 Gbps（Gigabits Per Second, Gb/s）的資料傳輸速度，則其最大可傳輸距離會降到 300

公尺左右，也就是一般區域網路 LAN 從機房交換器到用戶端的距離，如果要傳輸更長距離就必須要改用單模光纖或者改用 1310 nm 或 1550 nm 的長波長光源。同時如果要提高資料傳輸速度，那麼收發模組的主動光源就必須操作在更快的切換速度，如同第一章所述，面射型雷射由於活性層增益區體積一般較傳統邊射型雷射小，因此可以在較高的操作頻率調變，但是對 850 nm 面射型雷射而言，調變速度超過 2.5 GHz 以上就需要做一些磊晶或製程的必要改善，才能達到更高的調變速度。

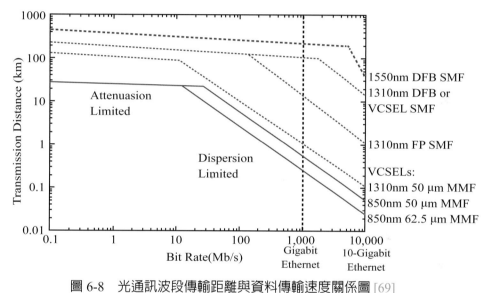

圖 6-8　光通訊波段傳輸距離與資料傳輸速度關係圖 [69]

　　影響面射型雷射調變速度的主要參數是時間常數（time constant）$\tau = RC$，其中 R 為元件串聯電阻，C 為元件電容值。時間常數與元件操作截止頻率（cutoff frequency, f_c）關係如下：

$$\tau = RC = \frac{1}{2\pi f_c} \text{ 或 } f_c = \frac{1}{2\pi RC} = \frac{1}{2\pi \tau} \qquad （6\text{-}3）$$

　　由 6-3 式可以得知，元件操作截止頻率與時間常數成反比，也就是說電阻 R 和電容值 C 的乘積愈大，最大操作頻率就會愈低。因此若要改善面射型雷射高速操作特性，就必須減少 RC 時間常數。通常電阻值在磊晶成長時就已經決定，可以藉由 DBR 介面漸變

（interface grading）及局部重摻雜（modulation doped 或 δ-doped）來減低磊晶片串聯電阻，在元件製程上也可以透過共振腔間電極（intra-cavity contact）、共平面電極（coplanar contact）等方式來避免注入電流流經電阻較高的 DBR 和基板，同時又可以避免傳統垂直式結構上下電極互相重疊形成平行電板的電容效應；此外如同 5-1 節提到蝕刻面射型雷射結構會造成表面不平坦導致金屬電極斷裂問題，因此有研究團隊採用介電質材料如聚醯亞胺（polyimide, PI）、苯並環丁烯（benzocyclobutene, BCB）或旋塗玻璃（spin-on glass, SOG）等，塗佈在蝕刻後完成氧化製程的面射型雷射表面，進行平坦化製程後有利於後續金屬電極製作避免斷裂，同時由於這些材料具有較低介電常數（low dielectric constant, low-k），而且厚度較傳統濺鍍或化學氣相沉積的無機介電質薄膜還要厚的多，因此即便上下金屬電極互相重疊，依據電容公式 $C = \varepsilon A/d$，較低介電常數 ε 與較厚的電極間距離 d 有助於減少元件的電容值，因而減少時間常數，提高元件最高操作頻率。上述幾種電極配置方式如下圖 6-9 所示。雖然這些特殊製程方式可以減少 RC 值，但是缺點是蝕刻深度要求控制非常準確，必須剛好停在重摻雜的磊晶層上，此外選用有機材料做為表面平坦化用途，若元件未經密封封裝（hermetic seal）在高溫高濕環境下長時間操作的可靠度仍有疑慮。

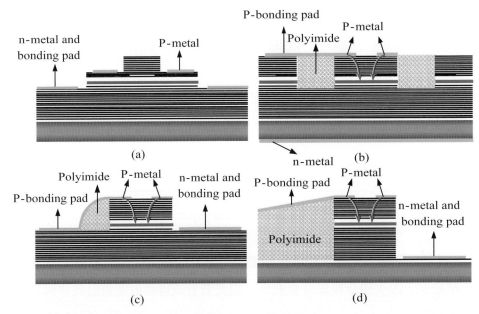

圖 6-9 (a) 共振腔間電極接觸；(b) 聚乙醯胺平坦化垂直式結構；(c) 共平面共振腔間電極接觸；(d) 聚乙醯胺平坦化共平面電極製程結構示意圖

　　由圖 6-9 可以觀察到除了圖 6-9(b) 也就是傳統垂直式結構中,上下電極有重疊以外,其他三種結構電極大多錯開不相平行,而且注入電流也不流經基板,甚至可以避開電阻值較高的 DBR,因此元件電阻及電容乘積可以降低,獲得較優異的高頻操作特性。下圖 6-10 顯示一個 850 nm 氧化侷限面射型雷射在不同電流下高頻操作頻率響應特性圖,由圖中可以觀察到在驅動電流達到 6 mA 時,元件的 3 dB 截止頻率（f_{3dB} 或 f_c）可以達到 13 GHz,這意味著該面射型雷射元件即便被操作在 13 GHz 的高頻調變狀態下仍然能輸出直流操作（調變頻率為 0）時一半的光功率,這可以確保該元件可以被有效操作在 10 Gbps 的調變速度。

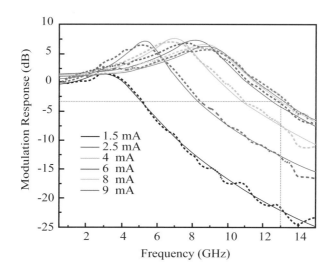

圖 6-10　850 nm 氧化侷限面射型雷射高頻操作頻率響應特性圖

　　通常面射型雷射應用在光通訊收發模組用途時會量測高頻眼圖（eye diagram）以確認該元件確實可以操作在相對應的頻率,如下圖 6-11 所示即為一 850 nm 氧化侷限面射型雷射操作在 10 GHz 頻率下所測得之眼圖,不同頻率的眼圖有不同的遮罩圖形（mask pattern）,元件實際操作在對應頻率時,類似眼睛形狀的部分張的愈開表示數位訊號轉換雜訊愈小品質愈好,實際通過一段距離的光纖傳輸後比較能夠被清楚還原為原本的電訊號。目前單一面射型雷射已經能夠達到超過 50 Gbps 的調變速度,採用 four-level pulse amplitude modulation（PAM-4）以及 4 種不同波長元件甚至可以達到 400 Gbps 的速度，有望成爲符合下一世代 IEEE 802.3 bs 規範的 Terabit Ethernet 傳輸模組光源 [70]。

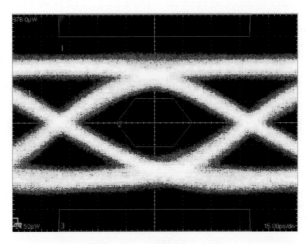

圖 6-11　850 nm 氧化侷限面射型雷射在 10 Gbps 速度下量測之眼圖

　　由於面射型雷射具有低功耗、高調變速度、低成本、壽命長等優點，目前在數據中心內部巨量資料傳輸、超高速以太網路（Gigabit Ethernet）、超級電腦運算與儲存單元之間傳輸資料的光纖通道（fiber channel）、企業級儲存區域網路（storage area network, SAN）已經實際應用；在個人用途部分目前 Intel 與蘋果電腦合作最早在 2011 年將 Thunderbolt（Intel 開發代號爲 Light peak）傳輸介面實際應用到蘋果筆電，發展到目前第三代 Thunderbolt 3.0 雙向傳輸頻寬已經達到 40 Gbps；通用序列埠 USB 3.1 傳輸頻寬爲 10 Gbps，USB3.2 倍增爲 20 Gbps；高畫質多媒體介面（high definition multimedia interface, HDMI）在 2.0 版傳輸頻寬達到 18 Gbps，HDMI 2.1 版更預計提高到 48 Gbps，可支援 4 K 高畫質 120 Hz 畫面更新率以及 8 K 超高畫質 60 Hz 畫面更新率的高速傳輸需求，這些高速傳輸介面目前大多仍使用銅纜，因此傳輸距離大多受限於僅能在數米長度內才能維持符合規格的傳輸速度，若要在超過 10 公尺長度的距離進行高速傳輸，那麼就必須使用面射型雷射作爲傳輸模組主動光源了。

　　除了上述已經有實際應用的場域以外，無線行動通訊即將邁入 5 G 時代，第五代行動通訊技術標榜更高傳輸速度達 1 Gbps 以上，爲了因應多人同時使用以及所採用無線高頻訊號衰減較快的特性，基地台佈建密度必須隨之增加，同時還可能需搭配波束成型（beamforming）等技術，這種同時大量訊號傳遞的需求也將透過基地台與基地台和基地台與交換機房之間的光纖網路，這時候微型基地台搭配面射型雷射光纖通訊系統將成爲最具競爭力的選擇。

6.2.2　光資訊應用與單模操作

　　除了光通訊用途以外，面射型雷射在光資訊相關應用也相當重要，光資訊主要包含資料儲存與圖文影像資訊呈現（包含掃瞄、影印、列印與雷射投影、全像術等應用）。資料儲存主要包含傳統光碟、雷射全像資料儲存（holographic data storage）、磁光碟（magneto-optical disc, MO disc），到目前機械式硬碟（hard disk drive, HDD）以磁性材料爲主要記錄媒介的高密度儲存技術也開始仰賴雷射輔助以提高資料儲存密度，稱爲熱輔助磁紀錄（heat assisted magnetic recording, HAMR），該技術最早由希捷科技（Seagate）開始投入研發，稍後硬碟大廠威騰電子 Western Digital（WD）也投入資源進行技術開發，希捷已經在 2023 年推出使用 HAMR 熱輔助磁記錄技術的硬碟，儲存容量爲 22 TB，碟片儲存密度高於目前業界主流產品，由於儲存密度直接與儲存單元面積成反比，因此可以聚焦越小光點的雷射輔助光源才有辦法加熱小範圍磁性材料表面以利數位資料寫入而不影響相鄰的磁區或磁軌，這時候面射型雷射優勢就浮現出來。

　　傳統光碟以往主要仰賴雷射讀寫頭採用波長更短的光源來提高儲存密度，以便在同樣尺寸的光碟片上獲得更高的儲存容量，從最早採用 780 nm 紅外光雷射的傳統光碟儲存容量 700 MB，到改用 650 nm 紅光雷射作爲 DVD 光碟讀寫頭光源時，容量提升爲單面單層 4.7 GB，單面雙層爲 8.5 GB；進一步採用波長更短的 405 nm 藍光雷射後，由東芝、NEC、三洋電機主導的 HD DVD 規格中單層容量已達 15 GB，雙層容量爲 30 GB；另一由 SONY 與松下電器主導的藍光陣營 Blu-ray Disk 單層容量爲 25 GB，雙層容量達到 50 GB。

　　雖然目前尚未有實際產品面市，但是雷射全像資料儲存有別於光碟或硬碟等二維平面儲存技術，可以在三維立體空間中進行資料存取，不僅具有最高資料儲存密度，讀取速度也可以較現有儲存裝置高，同時資料保存時間相對也更久。

　　上述這些高密度高容量資訊儲存技術有一個共通點，就是藉助於聚焦後雷射光點（spot size）愈小，所能夠儲存的資訊密度就愈高，因此如果能採用波長越短的雷射就有機會獲得更小的光點，但是如果使用的雷射波長無法改變，那麼將原本多模態（multi mode）的雷射光輸出改善為單模態（single mode）輸出也能有效縮減聚焦光點大小，提高儲存密度或光纖耦合效率與傳輸距離。

　　如前面章節所述，由於先天上共振腔長度較短因此面射型雷射一般操作在單一縱向模態，因此在提到多模或單模時大多指的是橫向模態（transverse mode），橫向模態是由於發光區面積與發光波長相比大到足夠容納光波在其中形成駐波，而且由於磊晶層厚度些微差異，因此這些共振駐波獲得足夠增益所發出的雷射光波長也會有些微差異。在許多用途上例如上述的高密度光儲存或者長距離高速光纖通訊都會希望所用的光源為單一波長的單模態操作，因此如何製作單橫模面射型雷射也就成為在光資訊與光通訊應用所需的關鍵技術之一。

　　目前砷化鎵系列材料所製作之面射型雷射，大多採用選擇性氧化技術作為電流侷限方法，除可提供增益波導以外同時亦具備折射率波導效果，因此能獲得較傳統離子佈植法所製作之面射型雷射更優異的操作特性。然而由於選擇性氧化層的位置通常相當接近活性層增益區，因此如欲獲得單橫模雷射輸出，所需的電流孔徑通常必須小於 5 微米，對於選擇性氧化製程而言，精確控制氧化孔徑在 5 微米以下相當困難，而且再現性與均勻性不高。因此許多研究團隊均致力於開發新式結構及製程方法，利用額外的製程技術以抑制高階橫模產生，達到單橫模輸出的目的。

　　目前為止有許多研究團隊提出各種不同的單橫模面射型雷射製作技術，例如德國烏爾姆大學（Ulm University）K. J. Ebling 教授所領導的研發團隊，利用蝕刻方法在發光區表面形成環狀溝槽結構，移除部分 DBR 使高階橫模所能獲得的反射率較低，因此較難達到雷射增益，從而達到抑制高階橫模的目的 [71]；另外韓國 Y.H. Lee 研究團隊率先在發光區表面蝕刻週期性孔洞結構，形成類似光子晶體結構的缺陷，同樣可以降低高階模態反射率以抑制高階橫模輸出 [72]；稍後日本 SONY 公司研究團隊亦利用類似概念，在發光區表面蝕刻三角形孔洞，同樣可以達到抑制高階橫模的目的 [73]。另外國內交通大學林國瑞教授、李建平教授及工研院研究團隊合作亦提出在發光區鍍上高折射率或吸光材料（例如鍺）以破壞高階模態的邊界值條件，形成反波導結構（anti-waveguide）導致高階橫模無法獲得

雷射增益輸出 [74]。而面射型雷射發明人 Iga 教授在日本東京工業大學的研究團隊提出利用多層選擇性氧化層的概念，也可在較大的氧化孔徑條件下獲得單橫模輸出結果 [75]；此外美國伊利諾大學香檳分校的 K. D. Choquette 教授利用發光區表面離子佈植法，在氧化侷限面射型雷射發光區形成部分吸光區，成功抑制高階橫模輸出 [76]。而臺灣大學楊英杰教授與中央大學許晉瑋教授研究團隊亦提出類似概念，差別在於利用鋅擴散技術取代離子佈植法，同樣可以抑制高階橫模輸出 [77]。最新提出的方法為加州大學柏克萊分校常瑞華教授研究團隊所提出的高折射率差光柵（high contrast grating, HCG）技術，利用微奈米製程技術在面射型雷射發光區製作光柵，提供高反射率使單橫模可以有效達到雷射增益輸出，同時也可減少所需的分布布拉格反射器對數，減少磊晶成長時間與串聯電阻 [78]。

　　典型的多模面射型雷射遠場圖形（far-field pattern）如圖 6-12 所示，該元件為 850 nm 面射型雷射，氧化電流孔徑為 9 微米，由圖中可以觀察到在操作電流 1.5 mA 時元件剛剛達到臨界增益，所發出雷射光呈現單一橫模，當電流增加到 2 mA 時高階橫模開始產生，再增加到 3 mA 更多高階模態相繼出現。圖 6-13 為同一元件在不同操作電流下所量得的發散角，在 1.5 mA 操作電流時元件操作在單橫模輸出，發散角僅約 6°，2 mA 操作電流時發散角增加到 8°，隨著操作電流增加，最大發散角約為 25°，而且在發光區兩個正交方向量測的發散角相當一致，顯示輸出光束呈現良好的幾何對稱。

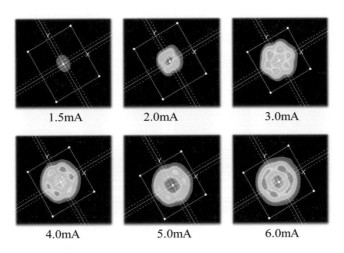

圖 6-12　氧化孔徑 9 微米之 850 nm 面射型雷射遠場圖形

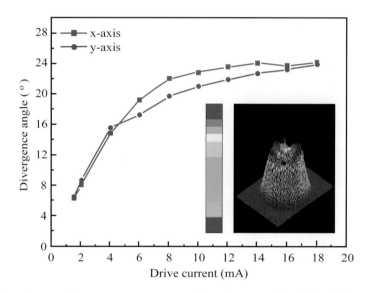

圖 6-13　雷射光束發散角與操作電流關係圖，右下方插圖為輸出光束強度空間分布

　　進一步將氧化孔徑縮小到 5 微米，則發光區尺寸已經與發光波長尺度相近，所能夠容納的橫向駐波有限，因此高階模態沒有機會獲得雷射增益輸出，元件可以操作在單一橫模輸出，如下圖 6-14 所示。同一元件在不同操作電流下的發散角如圖 6-15 所示，由於較小孔徑繞射現象較為明顯因此在較低操作電流時發散角即達 11～15°，但是隨著操作電流增加，最大發散角僅為 18°，仍然小於多模態元件，發光區正交方向發散角相當一致，圖6-15 右下方插圖顯示輸出光束呈現高斯對稱分布，有助於縮小聚焦後光點尺寸，改善光纖耦合效率或光儲存相關應用的儲存密度。

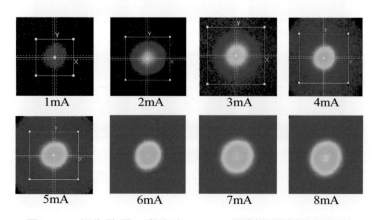

圖 6-14　氧化孔徑 5 微米之 850 nm 面射型雷射遠場圖形

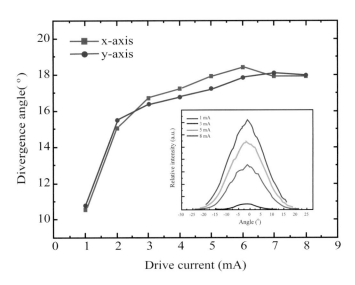

圖 6-15　單橫模面射型雷射發散角與操作電流關係圖，右下方插圖為輸出光束角度與強度分布圖

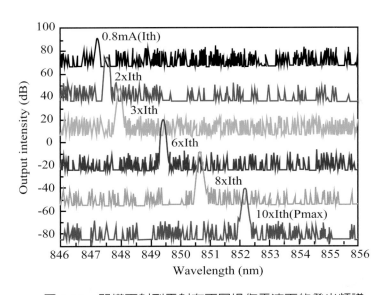

圖 6-16　單模面射型雷射在不同操作電流下的發光頻譜

　　同樣一個 5 微米氧化孔徑的元件發光頻譜如圖 6-16 所示，該元件閾值電流值為 0.8 mA，由圖中可以觀察到隨著操作電流增加，元件溫度升高，發光波長因此逐漸向長波長方向移動，這個現象在 3.4 節溫度效應中已經有說明，值得注意的是圖 6-16 中不管操作

電流已經增加到 10 倍閾值電流值（8 mA），元件仍然操作在單一發光波長，而且發光波長峰值強度（peak intensity）與旁模（side mode）或雜訊相比高出 30 dB，這表示該元件旁模抑制比（side mode suppression ratio, SMSR）為 30 dB，已經符合一般單模操作的規格需求，不過一般直接將氧化孔徑縮小到 5 微米甚至更小的話，元件容易遭受靜電放電（electrostatic discharge, ESD）影響，嚴重甚至會導致元件失效，因此在實際製作單模面射型雷射時需將這個因素列入設計考量。

6.2.3 感測器應用

除了光通訊與光資訊的應用以外，感測器相關應用已經成為面射型雷射成長最迅速且數量最龐大的應用場域。早期面射型雷射商品化後市場並未立即獲得顯著成長，甚至在 2000 年後遭受網路泡沫化影響導致許多原本從事面射型雷射元件與模組生產的廠商變得較為蕭條。當時僅存少數廠商仍然持續投資研發並轉向開發光通訊模組以外的其他應用，最早出現的消費等級應用當屬雷射光學滑鼠。

在採用面射型雷射做為滑鼠感測器光源之前，早期的光學滑鼠大多採用紅外光 LED，後來改用波長較短的紅光 LED，不過由於 LED 發光頻譜較寬，一般應用在光學滑鼠上所能獲得的光學解析度較低，同時也無法在缺乏對比的光滑表面例如玻璃上運作。在 2004 年時由於光通訊產業仍未有復甦跡象，滑鼠大廠羅技與安捷倫合作共同推出首個量產的消費等級雷射滑鼠，所採用的雷射光源即為波長 850 nm 的面射型雷射，也算是解決了一小部分面射型雷射需求不振的燃眉之急。因為雷射滑鼠雖然具有更高解析度與可在玻璃表面操作等優點，但是市場主流仍然是更為便宜的 LED 光學滑鼠。

稍後在 2010 年微軟與以色列新創公司 PrimeSense（已於 2013 年被蘋果公司以 3.6 億美元購併）合作，採用 VCSEL 元件開發體感及動作偵測模組，名為 Kinect 的裝置可以連接微軟遊戲主機 Xbox360 進行各種遊戲肢體動作反饋輸入，稍後也有其他廠商開發可以辨識更精細的手勢辨識功能。

在 2007 年蘋果推出首款智慧型手機後，各大廠牌紛紛推出具備照相功能的智慧型手機，同時相機的解析度與功能也成為廠商與消費者關注的重點。在 2014 年 LG 推出新款智慧型手機 G3，首次搭載雷射相機對焦輔助系統，所使用的光源即為面射型雷射，此後華碩 ZenFone 系列、宏達電 HTC 10/U Ultra 系列、Google Pixel 系列、OPPO R7 Plus、華為手機等均開始搭載雷射輔助對焦模組，由於智慧型手機市場規模龐大，此時面射型雷射應用在感測器用途的市場規模可能已經超過光通訊和光資訊相關應用。應用雷射輔助相機對焦主要機制有兩種，其一是在低照度環境下藉助於雷射光投射到被攝物表面，有助於提高被攝物亮度或對比，協助相機相位自動對焦（phase detection auto-focus, PDAF）或對比式對焦（contrast detection auto-focus）系統更快合焦；第二種機制為配合光感測器與運算單元計算雷射光從發射到接收到被攝物反射回來所經過的時間來估算實際距離再驅動對焦機構進行合焦。下圖 6-17 即為雷射滑鼠及智慧型手機雷射對焦模組之照片，圖中可以觀察到雷射滑鼠感測器模組中有發出微弱紅色光點，實際上雷射光波長為 848 nm，紅光為注入載子在砷化鋁鎵層復合發光所致。

圖 6-17　雷射滑鼠（左圖感測器模組周圍標示波長為 848 nm）及智慧型手機雷射對焦模組（右圖中左上角橢圓型黑色元件）

　　在 2017 年蘋果推出首次搭載臉部解鎖（face ID）功能的手機 iPhone X，其臉部辨識功能主要由稱為「TrueDepth 相機」的 3D 立體影像感測技術所構成。據蘋果公司發佈的資料分析該手機所搭載的 TrueDepth 相機包含 700 萬畫素的 CMOS 影像感測器作為紅外光相機、泛光照明器（flood illuminator）、近接感測器（proximity sensor）、環境光感測器（ambient light sensor）與點陣投射器（dot projector）等元件所組成，其中至少有泛光照明器、近接感測器與點陣投射器會使用到面射型雷射元件，以蘋果通常新款手機年銷量 7000 萬支來估算，每年至少就會用上 2 億顆面射型雷射，更不用說其他搭載雷射輔助對焦系統以及銷量超越蘋果的安卓系統手機品牌也紛紛宣示將於旗艦手機搭載面射型雷射 3D 臉部解鎖功能，如此一來感測器市場篤定成為面射型雷射最大應用領域，連帶促成面射型雷射生產廠商一片榮景，包括蘋果手機的 3D 感測器供應商 Lumentum 與面射型雷射供應商 Finisar 及臺灣數家相關代工廠均受益匪淺，其中 Finisar 在 2017 年獲蘋果投資 3 億 9 千萬美元開發雷射臉部辨識相關技術，並在 2018 年底被雷射及光學元件大廠 II-VI 出資 32 億美元併購。

另一項面射型雷射在感測器領域潛在殺手級應用為光達（light detection and ranging, LiDAR，又稱雷射雷達），目前自動駕駛車輛技術開發主要面臨的困境除了法規尚未完備以外，人工智慧演算法與環境及障礙物辨識技術分別為軟硬體方面主要的技術瓶頸。目前在車輛周圍環境建構與行人或障礙物辨識偵測方面有不同的技術可供選擇，包含攝影機影像辨識、超音波測距、毫米波雷達與光達等，Intel 公司在 2017 年大手筆以高達 153 億美元併購的以色列科技公司 Mobileye，就是全球頂尖的影像辨識行車安全輔助系統開發商。在自駕車領域每個不同的環境辨識技術都有各自的擁護者，也有廠商同時採用不同技術作為互補。而其中競爭最為激烈的當屬光達。因為光達技術不但可以像手機 3D 辨識利用飛行時間（time-of-flight, ToF）進行測距，也可以透過點陣投射或結構光（structured light）來重建 3D 立體影像，同時又可以透過都卜勒效應來偵測待測物與光源之間的相對速度，與其他人工智慧影像辨識、超音波和毫米波雷達相較之下可以說是功能最全面的技術，也因此目前開發自駕車技術的廠商大多搭載光達搭配其他感測技術。

唯一限制光達普及的原因在於傳統光達利用機械方式旋轉反射鏡投射雷射光的掃瞄方式，讓整個系統體積相對龐大、旋轉機構容易損壞、機械旋轉掃瞄畫面更新率較慢以及價格居高不下更是致命缺點，因此許多廠商均投入資源開發全固態光達利用微機電製程或陣列方式取代傳統機械掃瞄方式，解決傳統光達機械旋轉機構可靠度與壽命問題，這剛好就是面射型雷射易於形成二維陣列以及與其他光電元件整合成光積體電路模組的優勢所在。若自駕車技術成熟真正推廣到量產上市時，所搭載的光達體積、重量、可靠度與價格一定與現行測試車輛搭載在車頂的形式不同。

目前開發及銷售車載光達的廠商包括 Google 創立自駕車品牌 Waymo、Blackmore Lidar、AEye、Velodyne Lidar、Quanergy、Ouster、TriLumina、Luminar、Innoviz、

Strobe、奧地利微電子 ams AG.、加拿大 LeddarTech、德國 Blickfeld 等公司，其中已經有數家公司產品採用 VCSEL 作為雷射光源達到全固態光達的目標。與手機 3D 感測應用類似的地方在於光達和 3D 景深相機同樣採用紅外光波段，以蘋果手機為例其 3D 景深感測模組光源採用 940 nm 這個太陽光頻譜中缺乏的波長（因為大氣層中水氣分子吸收），以避免環境背景自然光源干擾感測結果；而兩者最主要差異在於手機感測應用僅需低功率，因為一般偵測距離很少超過手臂伸直的長度，而車載光達則要求偵測距離至少 150 公尺，最好可達 200 公尺以確保較快車速時可以預留足夠反應時間，因此車載光達雷射光源所需的功率就相當高，這時候單一 VCSEL 元件無法達到功率需求，就必須採用陣列方式提高輸出功率，同時由於功率增加，為了避免雷射光直射行人眼睛造成傷害，因此最好可以採用更長波長如 1550 nm 的雷射光源，降低光子能量以符合 eye safety 的要求。

　　光達相關感測器應用不僅可用於自駕車，在工廠自動化中也已經實際用於機器人視覺、生產線動態即時檢測、工作物定位，其他如輸送帶計數器、超高精度編碼器（encoder）、干涉儀、原子鐘等應用也都是面射型雷射足以勝任的領域。

　　另外還有一個近年來日益重要的感測器用途也開始利用 VCSEL 作為光源，那就是空汙氣體感測器。一般常見有害氣體（易燃易爆、窒息性或有毒、惡臭）如甲烷、氨氣、硫化氫、一氧化碳等吸收波長都在 1510～1650 nm 之間，利用可調波長面射型雷射吸收光譜（tunable diode laser absorption spectroscopy, TDLAS）可以在相當低濃度的情況下就偵測到這些特定氣體外洩或者濃度超標；面射型雷射也是傅利葉轉換紅外光譜（Fourier-Transform-Infrared-Spectrometry, FTIR）技術光源的最佳選擇。由於 VCSEL 具有低功耗、響應速度快、準確率高等優點，應用在氣體感測用途比起傳統金屬氧化物半導體氣體感測器需要加熱到較高工作溫度以及較高功耗且氣體選擇性較差相較之下更有優勢。

6.3　紅外光 VCSEL 的近期發展

6.3.1　面射型雷射陣列

　　在 2000 年雖然因為網路股泡沫化影響光纖傳輸模組及包含面射型雷射主動光源關鍵零組件的市場，但是全球對於網路頻寬的需求仍逐步成長，除了搜尋引擎龍頭 Google 在

2003 年起就陸續在全球各地建構 24 處資料中心作為數據儲存、運算服務等軟硬體技術資源基礎設施，特別是在 2005 年全球影音分享網站龍頭 YouTube 開始營運、2007 年微軟入股 Facebook、2008 年 Netflix 開放訂戶不限時數影片串流服務，以及全球電商龍頭亞馬遜在 2010 年將線上零售網站轉移至自家的亞馬遜雲端運算服務（Amazon Web Services, AWS），這些企業雲端服務及數位內容存取、即時影音串流、社交網站及自媒體、短影音等應用如雨後春筍迅速普及，特別是 2007 年蘋果推出智慧型手機後，數位行動裝置的普及進一步推升對高速數據傳輸的渴望，對於網路頻寬需求開始呈現爆發性成長。

網路傳輸頻寬大小主要取決於收發模組的調變速度，可以操作在更高頻率的主動元件成為其中最關鍵的零組件。在 2000 年蘋果電腦開始在其個人電腦及筆記型電腦上配備傳輸速度可達每秒 10 億位元的乙太網路介面（Gigabit Ethernet, GbE），不過當時網路線仍多採用傳統的銅絞線，僅能在相對較短距離（約數十公尺以內）達到高速傳輸頻寬，因此未能充分發揮其優勢。如果採用 850 nm 面射型雷射作為 GbE 傳輸模組主動光源，其調變速度可以輕易達到每秒 10 億次的需求，但是 IEEE 隨後推出的新標準 10 GbE 其傳輸頻寬大幅提高 10 倍，早期單一顆面射型雷射較難達到這麼快的調變速度，因此會將多顆面射型雷射製作成一維或二維陣列，例如 1×4、1×8、1×12 或 1×16 的面射型雷射陣列（VCSEL array），陣列中單一元件可以做為傳遞一個通道資訊的主動光源，如果單一元件可以操作在每秒 25 億位元（2.5 Giga-bit-per-second, Gbps）的調變速度的話，那麼 4 個通道組成的收發模組就可以提供 10 Gbps 的傳輸頻寬。隨著面射型雷射磊晶與製程技術的演進，高速調變特性或的顯著改善，目前市場上已經有可以操作在 25 Gbps 的單一面射型雷射，如果同樣採用 4 個單一元件構成的陣列的話，4 個通道將可提供 100 Gbps 的傳輸速度，這對滿足數據中心資料高速存取或影音即時串流等高頻寬應用需求而言相當重要。

上述面射型雷射陣列主要著眼于滿足高速光纖網路傳輸頻寬的需求，另一方面，面射型雷射由於先天活性層增益區體積較傳統邊射型雷射二極體小，雖然可以達到較低的閾值操作電流，但是最大輸出功率也同樣因而受限。要解決這個問題的有效方式同樣可以藉由製作面射型雷射陣列來改善，由於面射型雷射不像傳統邊射型雷射必須進行晶片劈裂才能形成共振腔鏡面，因此可以相當容易形成二維的雷射陣列，同時也因為其雷射鏡面為交錯排列的分布布拉格反射器而非傳統晶粒劈裂再進行鏡面鍍膜形成，因此有機會藉由增加發光孔徑的方式提升雷射輸出功率，而不用擔心傳統邊射型雷射在高功率操作時的鏡面損傷（catastrophic optical damage, COD）導致元件失效的疑慮。面射型雷射藉由陣列型式集合不同數量的發光孔徑在單一晶粒中的做法可以輕易將發光功率依照需求放大（scale up），如下圖 6-18 所示即為 940 nm 面射型雷射陣列，具有超過 200 個發光孔徑的元件且 p/n 電極均位於發光面另一側底部，整個晶粒以覆晶封裝（Flip-chip package）型式固著於散熱基板上，其發光功率可達 2 W 以上，進一步增加發光孔徑數量可以再將輸出光功率提升到超過 4 W。高功率面射型雷射對於應用在光達系統主動光源而言是相當必要的，主要原因如前面所述要偵測距離 150 至 200 公尺的範圍時，需要有較高輸出功率的雷射光束才能提高反射回來被光檢測器接收到的訊號雜訊比（signal-to-noise ratio, SNR）。

圖 6-18　940 nm 面射型雷射陣列達到雷射閾值前自發放射發光表面樣貌

6.3.2　多接面面射型雷射

上述面射型雷射陣列單一晶粒輸出功率已經可以達到 4 W 以上，晶粒尺寸可以控制在長寬 1×1 mm² 以內，若要再進一步提高輸出功率，增加發光孔徑的同時也勢必會增加晶粒面積，如此一來相同尺寸磊晶片所能切割的晶粒數量就相對減少。若不增加元件整體面積的話，一個可行的方案就是提高增益區活性層材料的體積，也就是增加光子在共振腔中來回振盪期間所通過路徑上可以提供增益的介質數量。早期的方法是利用外部共振腔方式製作垂直式外部共振腔面射型雷射 Vertical-External-Cavity Surface-Emitting Laser（VECSEL）或者 Novalux 公司所開發的延伸共振腔面射型雷射 Novalux Extended Cavity

Surface-Emitting Laser（NECSEL）[79]，可以在 920～980 nm 波段範圍內獲得 1 W 的多模輸出功率以及 0.5 W 的單模輸出功率，不過該技術需要在面射型雷射結構磊晶完成元件製程後再另外製作外部共振腔所需的鏡面結構，或者插入非線性晶體利用倍頻方式產生短波長綠光或藍光的雷射輸出，製程難度高且體積無可避免的顯著增加，對於後續應用較為不利。

得益於化合物半導體技術演進以及太陽能電池發展的歷程所啓發，目前太陽能電池轉換效率最高紀錄均爲多接面太陽能電池所創下，其設計理念主要是將不同吸收波段的半導體材料依序由下而上堆疊磊晶在同一基板上，常見的多接面太陽能電池最下層通常採用砷化鎵或鍺基板成長鍺吸收接面，其能帶寬度約為 0.66 eV，可以吸收波長 1.8 微米以下的紅外光波段，然後再成長能帶寬度約爲 1.2 eV 的 InGaAs 吸收層，可以吸收波長 1 微米以下的近紅外光波段，最上層爲 InGaP 能帶寬度約爲 1.86 eV，負責吸收太陽光頻譜中波長比紅光短的所有可見光頻譜。由於每一個接面都由 p 型半導體與 n 型半導體所組成，要將多個不同材料的 p-n 接面串連起來成長在相同磊晶基板上，就必須仰賴先前所提到的穿隧接面（tunnel junction, TJ）來將不同吸收波段的材料串聯在一起，讓照光產生的光電流可以有效的傳遞到外部迴路。

基於上述多接面太陽能電池的設計概念，多接面活性層也同樣被採用於提高面射型雷射的輸出功率。如同圖 6-6 使用磊晶量子點作爲主動層發光材料由於其增益較小因此需要成長三組每組三層的量子點包覆於量子井結構中，以獲得足夠的增益產生雷射光輸出，該元件的增益材料分布在 2λ 未摻雜的活性層中，因此元件串聯電阻相當高，要達到在室溫下直流連續波操作較不容易。因此近年來產業界及研究單位紛紛在主動發光層中成長兩組或更多的多重量子井結構，並且在相鄰的多重量子井之間加入穿隧接面以降低元件串聯電阻，其元件結構如圖 6-19 所示，圖 6-20 則是主動層發光區多接面與穿隧接面形成的能帶結構示意圖。如此一來元件可以獲得更高的增益因而提高光輸出功率，但是晶粒面積卻未隨之增加。

由於多接面面射型雷射可以立即有效的在不增加元件尺寸的前提下成倍提高雷射光輸出功率，因此目前多家國際大廠包含 ams OSRAM AG（由奧地利微電子 ams AG 與 OSRAM 合併而成）、Lumentum、COHERENT（與 II-VI 合併）、Vixar 以及 TRUMPF 等均已推出多接面面射型雷射陣列產品，典型的 940 nm 多接面面射型雷射陣列產品直

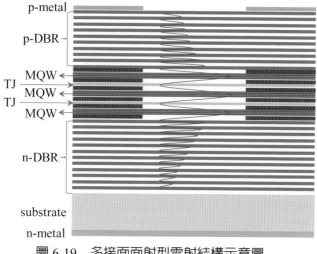

圖 6-19　多接面面射型雷射結構示意圖

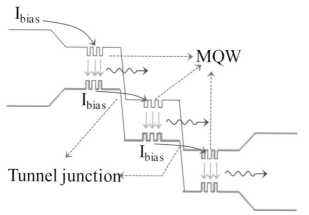

圖 6-20 多接面面射型雷射活性層能帶結構示意圖 [80]

流連續波操作功率均可超過 4 W，脈衝操作功率甚至高達 110～147 W，電光轉換效率可以達到 53%。在單一發光孔徑元件電光轉換效率更可以高達 60%，斜率效率（slope efficiency）也從單接面元件的 1.1 W/A 分別提升到雙接面和三接面的 2.1 W/A 和 3.15 W/A，同時微分量子效率也分別提高為 160% 和 240%。

　　採用多接面多重量子井結構作為面射型雷射增益區在磊晶結構設計時需要注意一個關鍵，傳統雷射二極體發光活性層一般不會刻意摻雜，主要是因為摻雜元素通常會形成非輻射復合中心，導致注入載子不發光而以熱的形式逸散，降低元件的內部量子效率。但是在加入多接面量子井結構後活性層厚度無可避免的會增加，不摻雜的話電阻太高會阻礙電流注入效率，而穿隧接面通常由摻雜濃度相當高（普遍可以達到 $10^{19}cm^{-3}$ 以上）且厚度非常薄的 p^{++}-n^{++} 接面所形成，如果磊晶成長穿隧接面的位置沒有精確控制在主動發光層中光場強度分布的駐波節點（node position）位置的話，那就會造成嚴重的光子吸收，導致發光效率不升反降，如圖 6-19 所示。在圖 6-19 中可以觀察到，紅色弦波表示面射型雷射內部光場強度分布情況，要特別觀察的是主動層發光區中，三組多重量子井恰好位於光場強度峰值的位置（peak position），這樣可以確保發光層所產生的光子可以獲得最大的增益；另一方面兩組穿隧接面 TJ 恰好位於光場分布節點的位置，可以最大程度避免該接面重度摻雜對光子造成強烈吸收，同時又可以促成電荷載子順利導通，避免多層未摻雜的量子井結構造成過高的串聯電阻。

6.3.3 下發光面射型雷射

部分長波長面射型雷射可能基於覆晶封裝電極布局於磊晶層表面的需求，或者希望將電極製作在磊晶層同一側以降低金屬電極寄生電容影響高頻操作特性，同時活性層如果可以較接近散熱基板的話也有助於改善元件操作散熱特性進而提升最大輸出功率，因此會將面射型雷射元件製作成光從原本基板側輸出的下發光（bottom-emitting）形式，如下圖 6-21 所示。

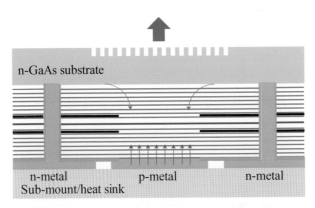

圖 6-21 下發光面射型雷射元件結構示意圖

由圖 6-21 可以觀察到，p 型與 n 型電極都製作在磊晶層表面同一側，整個元件被翻轉固晶在導熱係數較高的載板（sub-mount）或散熱片（heat sink）上，這種封裝形式就稱為覆晶封裝（Flip-chip package），這時候 n 型電極注入電荷不再需要流經整個磊晶基板厚度（通常面射型雷射基板磨薄後厚度仍有 100～150 微米左右以維持足夠的機械強度以利進行後續封裝製程），而是可以側向流經較短路徑即可到達活性層與 p 型電極注入載子復合發光；同時覆晶封裝結構磊晶面與活性層可以比較靠近導熱係數較高的載板或散熱片，有助於提升元件操作的散熱效率，降低元件熱阻。如果採用傳統的 p 型和 n 型電極分別位於晶粒上下兩側的話，電流流經較厚的磊晶基板會遭遇較大的元件串聯電阻，因而導致較多的熱產生，同時由於元件操作過程中產生的熱必須藉由磊晶基板才能傳遞到下方的載板或散熱片等封裝材料，整體元件散熱效率就會受到磊晶基板導熱係數的限制。以常見的砷化鎵基板為例，其導熱係數為 55 W/(m·K)，相較之下矽的導熱係數為 148 W/(m·K)，常見的散熱封裝材料如氮化鋁（AlN）基板導熱係數為 285 W/(m·K)，銅更可達 400 W/(m·K)。

藉由下發光方式搭配覆晶封裝或基板移除後貼合到散熱基板上，可以使活性層也就是元件操作中主要熱源更加貼近導熱係數高的散熱基板，使熱量盡速被移除有助於改善元件操作特性，特別是可以承受較大操作電流才會達到熱翻轉（thermal rollover），因此可以獲得較高的光輸出功率。所謂的熱翻轉就如圖 6-7 中所示，在相對較低操作電流下 LI 特性大致呈現線性關係，也就是說雷射光輸出功率隨著操作電流提高而增加，但是當操作電流大到一定程度後，繼續加大電流時雷射光輸出功率增加幅度開始變得平緩，最後甚至開始隨著加大電流而出現雷射功率不升反降的現象，這主要原因就是因為較大操作電流造成元件溫度升高，注入活性層的載子特別是電子因為高溫而獲得額外的動能，開始有機會溢流到量子井外形成漏電流，這個現象降低了內部量子效率，最後電子的能量沒有轉換成雷射光輸出反而變為熱能，持續增加注入電流會讓這個過程形成惡性循環，進一步增加元件溫度並降低雷射光輸出功率，在圖 6-7 中可以觀察到在環境溫度越高的情況下這個現象越顯著，也因此凸顯出面射型雷射散熱效果直接影響到操作特性的優劣。

採用下發光面射型雷射結構有一點需要注意，亦即發光波長對應的能量大小必須比基板的能帶寬度還要小，不然所發出的光子絕大多數都會被基板所吸收，例如砷化鎵基板成長 850 nm 面射型雷射，如果要製作下發光元件的話，基板必須利用化學機械研磨（chemical-mechanical polishing, CMP）或蝕刻方式移除，如果是砷化鎵基板成長砷化鎵銦鎵量子井（InGaAs/GaAs QWs）製作 905 nm、940 nm 或 980 nm 的面射型雷射，那麼相對較長的發光波長有機會穿透較薄的砷化鎵基板，但是因為通常磊晶基板都會摻雜成n 型以利製作金屬電極，這些雜質摻雜同樣會造成顯著的光子吸收因而大幅降低光輸出功率，因此在實務上通常還是會盡可能將基板移除或減薄。如果基板沒有完全移除，如圖 6-21 所示，那麼可以在基板表面再以製程方式製作各種週期性微結構，例如微透鏡（micro lens）、光子晶體（photonic crystals）、繞射光學元件（diffractive optical elements, DOE）、高折射率差光柵（high contrast gratings, HCGs）或者超穎介面（meta-surface）[81]，可以用來對面射型雷射輸出光束進行聚焦、模態控制、分光與圖案生成、偏振控制（polarization control）[82] 以及調控雷射光束偏折或指向（beam steering）[83] 等功能，如圖 6-21 最上方 n 型砷化鎵基板表面發光區週期性結構就可能是光子晶體、高折射率差光柵或超穎介面的結構剖面示意圖。

6.3.4 可定址面射型雷射陣列

在 6.3.1 所介紹的面射型雷射陣列除了應用於光通訊主動傳輸模組光源的一維陣列可以個別點亮以外，二維陣列若應用於高功率需求時，其結構均採用共陰極（Common cathode）與共陽極（Common anode）的電極布局，元件上所有發光孔徑在開關操作時不是全部點亮就是全部熄滅，光輸出功率就是個別發光孔徑發光功率總合。這樣的操作形式在特定應用場合不見得能夠滿足不同需求，因此可定址面射型雷射陣列（Addressable VCSEL array）元件製作技術也是近期發展重點，目前可定址 VCSEL 陣列元件電極導線布局大致上有兩種方式，如下圖 6-22 所示。圖 6-22(a) 基本上是基板共陰極（如果採用 n 型摻雜基板製作），個別面射型雷射元件具有獨立的上電極，在操作時基板側 n 型電極接地，視需要在個別元件對應的 p 型電極施加正偏壓即可點亮該元件，整個面射型雷射陣列可以視需要同時或分別輪流點亮任意一個或多個像素點（pixel），同時個別像素點也可以視需要以直流連續波或者脈衝方式進行操作，這種陣列型式可以稱為單一可定址（Single addressable）或獨立可定址（Independent addressable）面射型雷射陣列。

另一種可定址面射型雷射如圖 6-22(b) 所示，二維陣列中同一行的 n 型電極被並聯在

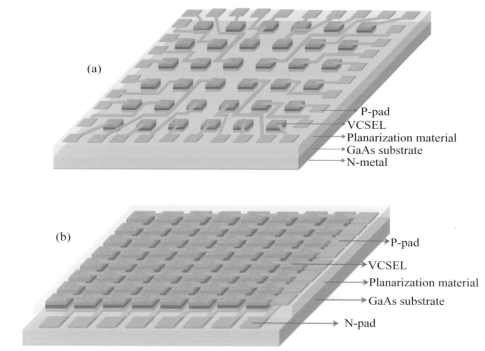

圖 6-22　可定址面射型雷射陣列電極導線布局方式 (a) 基板共陰極單一元件定址與 (b) 循序掃描矩陣式定址布局

一起，另外正交方向同一列元件的 p 型電極也被並聯在一起，上下 p 型與 n 型電極導線之間必須在平坦化製程時填入絕緣介電質材料作為電性隔絕。在元件操作時與被動式矩陣有機發光二極體（Passive matrix organic light emitting diodes, PMOLED）顯示器元件類似，n 型下電極與 p 型上電極依序施加偏壓，上下電極被施加足夠順向偏壓而導通的交點位置該元件就會被點亮，未被導通（輸入訊號為 0 或低電壓準位）的交點對應的面射型雷射則不發光，利用這種方式可以獲得循序點亮的面射型雷射陣列，與前者相較之下，這種陣列方式個別面射型雷射元件無法被同時點亮（除非電極採用分組掃描形式，那麼同時間允許有複數顆元件可以被點亮），並且由於操作在電極循序掃描的情況下，各個元件持續發光的時間很短暫，通常是脈衝操作形式，這種組態一般被稱為矩陣式可定址（matrix addressable）面射型雷射陣列。

　　另外還有一種型式稱為整列可定址（column addressable）面射型雷射陣列，剛好介於上述兩種不同的定址方式之間。該元件結構基本上也是在基板側製作整面的共陰極（反之若是製作下發光元件或採用 p 型基板則在基板側製作共陽極），面射型雷射陣列的上電極則將同一列的所有個別元件用一條金屬電極連接起來，操作時下方 n 型電極接地，上方 p 型電極依序施加正偏壓，獲得順向偏壓的一整列面射型雷射元件就可以同時被點亮，這兩種不同型式的可定址面射型雷射陣列元件電極組態示意圖與相對應的簡化等效電路圖如下圖 6-23 所示。

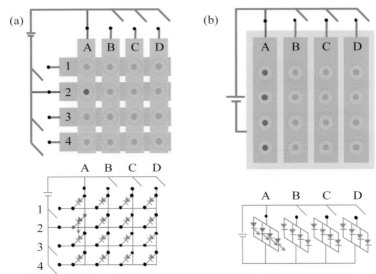

圖 6-23　(a) 矩陣式可定址與 (b) 整列可定址面射型雷射陣列電極布局示意圖，下方為對應的等效電路示意圖。

　　目前市面上已經有廠商提供上述三種不同定址方式的面射型雷射陣列產品，其中單一可定址面射型雷射陣列的優點是不同像素點可獨立同時點亮與連續波操作，缺點則是由於必須容納個別 VCSEL 像素的上電極導線至陣列周邊的打線電極（bonding pad），所以個別像素之間的間距必須維持較寬以容納導線連接，因此磊晶片面積利用率相對較低，利用這種導線布局所製作的元件實際點測照片如下圖 6-24 所示，該元件具有 8×8 合計 64 個發光孔徑，n 型基板側金屬為共陰極，發光波長為 940 nm，元件周圍共計 64 個 p 型打線電極可供個別發光孔徑施加正偏壓以點亮相對應的像素。

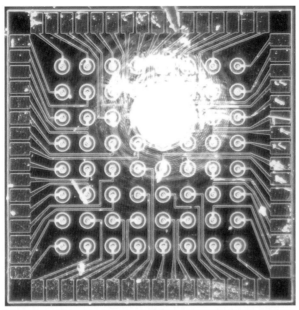

圖 6-24　單一可定址面射型雷射陣列實際點測照片

　　本節所述面射型雷射陣列與多接面面射型雷射、下發光面射型雷射與可定址面射型雷射陣列，實際上大多數都與近期光達相關應用的需求與發展有關。目前利用雷射光源作為測距用途主要依靠兩種不同的方式來進行，分別是飛行時間測距（Time of Flight, ToF）以及結構光（structured light）。飛行時間測距原理相當容易理解，基本上就是在觀測者所在位置發出的雷射光源照射到待測物後，同樣在觀測位置接收反射回來的雷射光訊號，通常是利用非常靈敏的感光元件例如矽光電倍增器（Silicon Photomultiplier, SiPM）、雪崩光電二極體（Avalanche Photodiode, APD）或單光子雪崩二極體（Single Photon Avalanche Diode, SPAD）來偵測反射的雷射光訊號，紀錄光源從發射到接收反射訊號的時間差，乘上光速就是光源來回傳遞的光程，由於日常生活中接觸到的物體運動速度均遠小於光速，量測期間的相對位移量通常可以忽略不計，因此這個光程除以 2 就是待測物與觀測者之間的距離。其公式可以寫為 $d = (\Delta t \times c)/2$，其中 d 為待測物的距離，$\Delta t$ 為雷射光發出與接收的時間差，c 為光速，利用這種方式進行測距稱為直接飛行時間測距（direct Time of Flight, dToF）；另外如果採用 CMOS 影像感測器（CMOS image sensors, CIS）量測反射回來所接收到的雷射光訊號相位差再藉由運算來求得距離的方式，被稱為非直接飛行時間或間接飛行時間（indirect Time of Flight, iToF）。兩種方式目前都已實際應用在數位行動裝置上，例如手機和平板電腦 3D 影像辨識，其中根據報導三星與華為手機等部分安卓系統採用 iToF 技術，而蘋果手機與高階平板則採用 dToF 技術。

另一種 3D 測距方式採用結構光也有不同的實施方式，其中之一是利用數位光處理器（Digital Light Processor, DLP）或前述的繞射光學元件 DOE，將雷射光源轉換為週期性規則圖案例如緊密排列明暗交錯的條紋或網格紋等投影到待測物上，再透過影像感測器接收觀測反射回來的圖案，如果待測物表面輪廓有高低起伏的深度差異，那麼原本規則的圖案會呈現扭曲狀況，藉由軟體演算法比對運算就可以還原出景深資訊；另外也可以藉由繞射光學元件將單一雷射光源轉換為數萬個雷射光點投影到待測物上形成點雲（point cloud），同樣也可以藉由紅外光 COMS 影像感測器對光束點投影在待測物上所形成的光斑大小及形狀進行分析，從而獲得 3D 景深資訊，目前蘋果手機與高階平板採用的 3D 景深相機就是利用面射型雷射結合繞射光學元件作為點雲投射的光源。

目前數位行動裝置使用的 ToF 測距有效範圍大致在公分等級到數公尺之間，更短的距離例如 1 mm 以內由於光速來回的時間太短，僅約 6.67 ps（6.67×10^{-12} s）以內，感光元件響應時間不夠快以及處理器同步、時脈控制等諸多因素可能都無法配合這個極端的狀況，所幸一般消費者日常使用這些數位裝置的場景也鮮少會有測量這麼短距離的應用需求；而超過 10 公尺距離的場景則是由於通常手持數位裝置基於電量考量因此普遍採用單一發光孔徑的面射型雷射作為測距光源，本身的發光功率僅約數毫瓦（mW），因此即便可以照射到超過 10 公尺以外的待測物，再反射回來能被感測器接收到的訊號也極其微弱，特別是較長距離的量測場景更容易受到環境光源的干擾影響導致訊號雜訊比 SNR 變低，因此超過 10 公尺以上的測距需求就必須仰賴可以發出較高功率的面射型雷射陣列作為主動光源了。

如同前面 6.3.1 與 6.3.2 兩小節所述，目前 940 nm 面射型雷射陣列直流連續波操作輸出功率已經可達 4 W 以上，多接面面射型雷射陣列脈衝操作輸出功率更可達到 110 W 以上，已經可以滿足在自駕車偵測距離須達 150 公尺甚至 200 公尺或其他中長距離測距的應用場景。但是要如何將雷射輸出光束投影到周遭環境以建構 3D 景深資訊供自駕車系統判斷行車安全，就成為現階段研究的重點。由於雷射光束發散程度較小，特別是若要提高對環境場景偵測的解析度，雷射光束越窄、投射光點越密集越有利。早期傳統光達採用機械掃描方式，結合機械馬達旋轉與掃描振鏡（Galvo scanning system）將單一雷射光束以循序掃描方式逐步偵測周遭環境物體距離資訊，缺點是整體架構體積龐大且速度受限於機械馬達旋轉無法獲得即時快速的 3D 圖像。後來改用微機電製程方式製作的數位光處理器 DLP 鏡面，大幅改善了速度和體積兩大瓶頸，不過 DLP 鏡面仍屬可動元件，雖然不像機械馬達容易磨損或耗電，但是應用在車載用途上遭受長時間震動、高溫曝曬和雨雪冷熱衝擊、鹽霧等極端環境因素都有可能造成損壞，若能將面射型雷射陣列製作成可以具有可變指向性或掃描、點雲投射功能的高解析光源成為全固態光達（all-solid-state LiDAR），將是自駕車技術普及的最大關鍵。

結合光學相位陣列（Optical Phased Array, OPA）與面射型雷射陣列有機會可以調控雷射輸出光束指向不同角度，在 2015 年美國休斯實驗室（HRL Laboratories）與 Princeton Optronics 公司（2017 年被奧地利微電子 ams AG 併購）團隊合作，利用類似圖 6-24 具有 64 個獨立發光孔徑但是隨機排列的單一可定址面射型雷射陣列結合光學相位陣列，製作出雷射輸出光束最大可調變角度為 2.2° 的元件 [84]，稍後 2019 年北京工業大學與中國科學院半導體所團隊利用 4×4 面射型雷射陣列藉由不同幾何排列與同調耦合方式進一步將雷射光束指向性可調控角度從 2.21° 提高到 6.06°[85]。這種方式需要將多個光學元件垂直堆疊起來，現階段還無法利用製程方式製作單石整合（monolithic integration）元件，同時光束可調控角度也相對較有限。

近期由於超穎介面設計與製作技術發展迅速，並且可以整合製作於面射型雷射發光區表面，使其成為製作全固態光達技術最具潛力的關鍵技術。以 2020 年北京工業大學、中國科學院半導體所與法國 CNRS 團隊合作發表的成果為例 [83]，採用 6.3.3 小節所述的下發光面射型雷射結構，該團隊在磊晶層背面的砷化鎵基板發光區表面製作特定尺寸、截面形狀與排列方式的奈米級蝕刻柱狀結構形成超穎介面，通常其截面尺度都小於發光波長（sub-wavelength）以利藉由調控相鄰細微結構改變入射光波前，可以讓所形成新的波前指向不同的角度，達到調控光束指向（beam steering）、縮小發散角等功能，論文中呈現出光束單側偏折角度最大已達 15°，已經可以符合自駕車 LiDAR 垂直方向掃描角度 ±15° 的需求。這個成果也顯示利用超穎介面技術與繞射光學元件或光學相位陣列相較之下可以顯著提升雷射光束角度調控能力。同時超穎介面製作在面射型雷射發光區表面還可以用來形成圓形偏振光（circular polarization）[86]，雷射光偏振控制在生醫感測、雷射空汙偵測、量子資訊以及 AR/VR 等應用相當重要。

　　結合超穎介面光束調控能力與面射型雷射陣列可以產生類似繞射光學元件投射點雲的效果，再透過結構光或 ToF 的演算法重新建構 3D 圖像。或者也可以在可定址面射型雷射陣列中個別發光像素發光區表面製作靜態超穎介面，同樣可以循序或同時打出多個不同指向的雷射光點作為 3D 景深距離量測的主動光源，如果再採用多接面面射型雷射大幅提高光輸出功率，那就可以符合中長距離 LiDAR 測距與 3D 環境影像建構的需求。由於超穎介面能與面射型雷射製程技術相容，可以製作成單石整合元件，省略傳統 LiDAR 的振鏡與馬達或微機電製作的數位微鏡元件（Digital Micromirror Device, DMD），同時也不需要外加透鏡或繞射光學元件、光學相位陣列等元件，因此體積可以大幅縮小，有利於與驅動電路與訊號處理元件整合封裝，實現全固態光達的技術優勢，對於自駕車或 AR/VR 等穿戴式應用而言將會是最具競爭力的技術主流。

本章習題

1. 一條 120 公里長的光纖其衰減係數對波長 λ = 1.3 μm 的雷射而言是 0.3 dB km^{-1}，對波長 λ = 1.55 μm 的雷射其衰減係數為 0.15 dB km^{-1}，若分別有這兩個波長的面射型雷射發出功率 2 mW 的光並且全部耦合進入光纖，則光纖另一端輸出這兩個波長的光功率分別為何？

2. 若光纖通訊用收發模組中的光檢測器對 1.3 μm 和 1.55 μm 波長雷射光的偵測極限均為 1 μW，請計算兩種波長輸出功率均為 2 mW 且全數耦合到第 1 題的光纖中，最遠可被該檢測器偵測到的傳輸距離為何？

3. 一個 InAs/InGaAs 量子點面射型雷射發光波長 1.3 μm，在 0 ℃時測得之臨界電流值 I_{th} 為 1.9 mA，10 ℃時為 1.85 mA，20 ℃時為 1.82 mA，30 ℃時為 1.8 mA，40 ℃時為 1.83 mA，50 ℃時為 1.85 mA，請計算該面射型雷射室溫下之特性溫度為何？

參考資料

[1] A. S. Tanenbaum, *"Computer Networks, 4th Edition."* © Prentice Hall, Upper Saddle River, NJ., 2003.

[2] H. Soda, K. Iga, C. Kitahara, and Y. Suematsu, "GaInAsP/InP surface emitting injection lasers," Jpn. J. Appl. Phys., vol. 18, pp. 2329-2330, Dec. 1979.

[3] T. Baba, Y. Yogo, K. Suzuki, F. Koyama, K. Iga "Near room temperature continuous wave lasing characteristics of GaInAsP/InP surface emitting laser" Electronics Letters, 29 (10), 913-914, May 1993.

[4] T. Baba, K. Suzuki, Y. Yogo, K. Iga, F. Koyama "Threshold reduction of 1.3 μm GaInAsP/InP surface emitting laser by a maskless circular planar buried heterostructure regrowth" Electronics Letters, 29 (4), 331-332, Feb. 1993.

[5] D.I. Babić; K. Streubel; R.P. Mirin; N.M. Margalit; J.E. Bowers; E.L. Hu; D.E. Mars; Long Yang; K. Carey "Room-temperature continuous-wave operation of 1.54-μm vertical-cavity lasers" IEEE Photonics Technology Letters, 7 (11), 1225-1227, Nov. 1995.

[6] C. W. Wilmsen, L. A. Coldren, H Temkin "Vertical-Cavity Surface-Emitting Lasers Design, Fabrication, Characterization, and Applications" Cambridge Univ. Pr., pp. 304, 2001.

[7] S. F. Yu "Analysis and Design of Vertical Cavity Surface Emitting Lasers" John Wiley & Sons, pp. 5, 2003.

[8] K. Tai; R.J. Fischer; A.Y. Cho; K.F. Huang "High-reflectivity $AlAs_{0.52}Sb_{0.48}$/GaInAs(P) distributed Bragg mirror on InP substrate for 1.3-1.55 μm wavelengths" Electronics Letters, 25 (17), 1159-1160, 17 Aug. 1989.

[9] O. Blum, M. J. Hafich, J. F. Klem, and K. L. Lear "Electrical and optical characteristics of AlAsSb/GaAsSb distributed Bragg reflectors for surface emitting lasers" Appl. Phys. Lett. 67, 3233-3235, 1995.

[10] O. Blum, I. J. Fritz, L. R. Dawson, A. J. Howard, T. J. Headley, J. F. Klem, and T. J. Drummond "Highly reflective, long wavelength AlAsSb/GaAsSb distributed Bragg reflector grown by molecular beam epitaxy on InP substrates" Appl. Phys. Lett. 66, 329, 1995.

[11] O. Blum; J.F. Klem; K.L. Lear; G.A. Vawter; S.R. Kurtz "Optically pumped, monolithic, all-epitaxial 1.56μm vertical cavity surface emitting laser using Sb-based reflectors" Electronics Letters, 33 (22), 1878-1880, 23 Oct 1997.

[12] O. Blum; I.J. Fritz; L.R. Dawson; T.J. Drummond "Digital alloy AlAsSb/AlGaAsSb distributed Bragg reflectors lattice matched to InP for 1.3-1.55μm wavelength range" Electronics Letters, 31(15), 1247-1248, 20 Jul 1995.

[13] A. Kohl; J.C. Harmand; J.L. Oudar; E.V.K. Rao; R. Kuszelewicz; E.L. Delpon "AlGaAsSb/ AlAsSb microcavity designed for 1.55 /spl mu/m and grown by molecular beam epitaxy" Electronics Letters, 33(8), 708-710, 10 Apr 1997.

[14] G. Tuttle; J. Kavanaugh; S. McCalmont "(Al,Ga)Sb long-wavelength distributed Bragg reflectors" IEEE Photonics Technology Letters, 5(12), 1376-1379, Dec. 1993.

[15] B. Lambert, Y. Toudic, Y. Rouillard, M. Baudet, B. Guenais, B. Deveaud, I. Valiente, and J. C. Simon "High reflectivity 1.55 μm (Al)GaSb/AlSb Bragg mirror grown by molecular beam epitaxy" Appl. Phys. Lett. 64, 690-691, 1994.

[16] C. Kazmierski, J.P. Debray, R. Madani, I. Sagnes, A. Ougazzaden, N. Bouadma, J. Etrillard, F. Alexandre and M. Quille "+55℃ pulse lasing at 1.56μm of all-monolithic InGaAlAs/InP vertical cavity lasers" Electron. Lett., vol. 35, no. 10, pp. 811-812, 1999.

[17] J. K. Kim, E. Hall, O. Sjolund, G. Almuneau, and L. A. Coldren, "Room-temperature electrically pumped multiple-active-region VCSELs with high differential efficiency at 1.55-μm," Electron. Lett., vol. 35, no. 13, pp. 1084-1085, 1999.

[18] O.-K. Kwon, B.-S. Yoo, J.-H. Shin, J.-H. Baek, and B. Lee "Pulse Operation and Threshold Characteristics of 1.55-μm InAlGaAs-InAlAs VCSELs" IEEE Photon. Technol. Lett, 12 (9), 1132-1134, Sep. 2000,

[19] M.-R. Park, O.-K. Kwon, W.-S. Han, K.-H. Lee, S.-J. Park, and B.-S. Yoo "All-Epitaxial InAlGaAs-InP VCSELs in the 1.3-1.6-μm Wavelength Range for CWDM Band Applications" IEEE Photon. Technol. Lett, 18 (16), 1717-1719, Aug. 15, 2006

[20] K. Otsubo, H. Shoji, T. Fujii, M. Matsuda and H. Ishikawa "High-Reflectivity $In_{0.29}Ga_{0.71}As/$ $In_{0.28}Al_{0.72}As$ Ternary Mirrors for 1.3 μm Vertical-Cavity Surface-Emitting Lasers Grown on GaAs" Jpn. J. Appl. Phys., Part 2, 34 (2B), L227-L229, 1995.

[21] H. Shoji, K. Otsubo, T. Kusunoki, T. Suzuki, T. Uchida and H. Ishikawa "$In_{0.38}Ga_{0.62}As/$ InAlGaAs/InGaP Strained Double Quantum Well Lasers on $In_{0.21}Ga_{0.79}As$ Ternary Substrate" Jpn. J. Appl. Phys., Part 2, 35 (6B), L778-L780, 1996.

[22] I. J. Fritz, B. E. Hammons, A. J. Howard, T. M. Brennan, and J. A. Olsen "Fabry-Perot reflectance modulator for 1.3 μm from (InAlGa)As materials grown at low temperature" Appl.

Phys. Lett. 62 (9), 919-921, 1993.

[23] F. E. Ejeckam, Y. H. Lo, S. Subramanian, H. Q. Hou and B. E. Hammons "Lattice engineered compliant substrate for defect-free heteroepitaxial growth" Appl. Phys. Lett. 70 (13), 1685-1687, 1997.

[24] C. Asplund, P. Sundgren, S. Mogg, M. Hammar, U. Christiansson, V. Oscarsson, C. Runnstrm, E. Ödling, J. Malmquist, "1260 nm InGaAs vertical-cavity lasers," Electron. Lett., vol.38, pp.635-636, 2002.

[25] P. Sundgren, R. Marcks von Würtemberg, J. Berggren, M. Hammar, M. Ghisoni, V. Oscarsson, E. Ödling and J. Malmquist, "High-performance 1.3 µm InGaAs vertical cavity surface emitting lasers," Electron. Lett., vol. 39, pp. 1128-1129, 2003.

[26] R. M. V. Würtemberg, P. Sundgren, J. Berggren, and M. Hammar, M. Ghisoni, E. Ödling, V. Oscarsson, and J. Malmquist, "1.3 mm InGaAs vertical-cavity surface-emitting lasers with mode filter for single mode operation," Appl. Phys. Lett., vol. 85, pp. 4851-4853, 2004.

[27] Carl Asplund, "Epitaxy of GaAs-based long-wavelength vertical cavity lasers," Doctorial Thesis, Department of Microelectronics and Information Technology, Royal Institute of Technology (KTH), Stockholm, Sweden, 2003.

[28] E. Pougeoise, P. Gilet, P. Grosse, S. Poncet, A. Chelnokov, J.-M. Gerard, G. Bourgeois, R. Stevens, R. Hamelin, M. Hammar, J. Berggren, P. Sundgren "Strained InGaAs quantum well vertical cavity surface emitting lasers emitting at 1.3µm" Electron. Lett., 42 (10), 584-586, 11 May 2006.

[29] M. Kondow, K. Uomi, A. Niwa, T. Kitatani, S. Watahiki, and Y. Yazawa, "A novel material of GaInNAs for long-wavelength-range laser diodes with excellent high-temperature performance," Proc. Solid State Device and Mater., Osaka, Japan, pp. 1016-1018, 1995.

[30] M. Kondow, K. Uomi, A. Niwa, T. Kitatani, S. Watahiki, and Y. Yazawa, "GaInNAs: A novel material for long-wavelength-range laser diodes with excellent high-temperature performance," Jpn. J. Appl. Phys., vol. 35, pp. 1273-1275, 1996.

[31] M. Kondow, S. Nakatsuka, T. Kitatani, Y. Yazawa and M. Okai "Room-Temperature Pulsed Operation of GaInNAs Laser Diodes with Excellent High-Temperature Performance" Jpn. J. Appl. Phys., vol. 35 (11), pp. 5711-5713, 1996.

[32] K. Nakahara, M. Kondow, T. Kitatani, Y. Yazawa, and K. Uomi "Continuous-wave operation of long-wavelength GaInNAs/GaAs quantum well laser" Electron. Lett., 32(17), pp, 1585-

1586, 1996.

[33] M. Kondow, S. Natatsuka, T. Kitatani, Y. Yazawa and M. Okai "Room-temperature continuous-wave operation of GalnNAs/GaAs laser diode" Electron. Lett., 32(24), pp, 2244-2245, 1996.

[34] M.C. Larson; M. Kondow; T. Kitatani; Y. Yazawa; M. Okai "Room temperature continuous-wave photopumped operation of 1.22μm GaInNAs/GaAs single quantum well vertical cavity surface-emitting laser" Electron. Lett., 33(11), pp, 959-960, 1997.

[35] M. Kondow, T. Kitatani, S. Nakatsuka, M. C. Larson, K. Nakahara, Y. Yazawa, M. Okai and K. Uomi, "GaInNAs: a novel material for long-wavelength semiconductor lasers," IEEE J. Select. Topics. Quantum. Electron., vol. 3, pp. 719-730, 1997.

[36] M.C. Larson, M. Kondow, T. Kitatani, K. Nakahara, K. Tamura, H. Inoue, K. Uomi "GaInNAs-GaAs long-wavelength vertical-cavity surface-emitting laser diodes" IEEE Photon. Technol. Lett., 10 (2), 188-190, Feb. 1998.

[37] S. Sato, Y. Osawa, T. Saitoh and I. Fujimura "Room-temperature pulsed operation of 1.3μm GaInNAs/GaAs laser diode" Electron. Lett., 33(16), pp, 1386-1387, 1997.

[38] C.W. Coldren; M.C. Larson; S.G. Spruytte; J.S. Harris "1200 nm GaAs-based vertical cavity lasers employing GaInNAs multiquantum well active regions" Electron. Lett., 36 (11), 951-952, 25 May 2000.

[39] M. C. Larson, C. W. Coldren, S. G. Spruytte, H. E. Petersen, and J. S. Harris "Low-Threshold Oxide-Confined GaInNAs Long Wavelength Vertical Cavity Lasers" IEEE Photon. Technol. Lett., 12 (12), 1598-1600, 2000.

[40] K. D. Choquette, J. F. Klem, A. J. Fischer, O. Blum, A. A. Allerman, I. J. Fritz, S. R. Kurtz, W. G. Breiland, R. Sieg, K. M. Geib, J. W. Scott, R. L. Naone, "Room temperature continuous wave InGaAsN quantum well vertical-cavity lasers emitting at 1.3 μm," Electron. Lett., vol.36, pp.1388-1390, 2000.

[41] T. Takeuchi, Y. L. Chang, M. Leary, A. Tandon, H. C. Luan, D. Bour, S. Corzine, R. Twist, M. Tan, "1.3 μm InGaAsN vertical cavity surface emitting lasers grown by MOCVD," Electron. Lett., vol. 38, pp.1438-1440, 2002.

[42] C. S. Murray, F. D. Newman, Shangzhu Sun, J. B. Clevenger, D. J. Bossert, C. X. Wang, H. Q. Hou, R. Stall, "1.3 micron InGaAsN oxide-confined VCSELs grown by MOCVD," IEEE/LEOS Summer Topical Meetings2002, pp.TuH3-33-TuH3-34, 2002.

[43] H. Shimizu, K. Kumada, S. Uchiyama, and A. Kasukawa "High performance CW 1.26 μm

GaInNAsSb-SQW ridge lasers," IEEE J. Select. Topics Quantum Electron., vol.7, pp.355-364, 2001.

[44] H. Shimizu, C. Setiagung, M. Ariga, Y. Ikenaga, K. Kumada, T. Hama, N. Ueda, N. Iwai, and A. Kasukawa, "1.3-μm-Range GaInNAsSb-GaAs VCSELs," IEEE J. Select. Topics Quantum. Electron., vol. 9, pp. 1214-1219, 2003.

[45] M. A. Wistey, S. R. Bank, H. B. Yuen, L. L. Goddard, J. S. Harris "Monolithic, GaInNAsSb VCSELs at 1.46 μm on GaAs by MBE" Electron. Lett., 39 (25), 1822-1823, Dec. 11 2003.

[46] M. A. Wistey, S. R. Bank, H. P. Bae, H. B. Yuen, E. R. Pickett, L. L. Goddard, J. S. Harris "GaInNAsSb/GaAs vertical cavity surface emitting lasers at 1534 nm" Electron. Lett., 42 (5), 282-283, March 2 2006.

[47] T. Sarmiento, H. P. Bae, T. D. O-sullivan, J. S. Harris "GaAs-based 1.53 μm GaInNAsSb vertical cavity surface emitting lasers" Electron. Lett., 45 (19), 978-979, Sep.10 2009.

[48] J. S. Harris Jr., "GaInNAs long-wavelength lasers: progress and challenges" Semicon. Sci. Technol. vol.17, pp. 880-891, 2002.

[49] J. S. Harris Jr. "The opportunities, successes and challenges for GaInNAsSb" J. Crystal Growth, 278 (1-4), 3-17, 1 May 2005.

[50] Y. Arakawa and H. Sakaki, "Multidimensional quantum well laser and temperature dependence of its threshold current" Appl. Phys. Lett., Vol. 40, pp.939-941, 1982.

[51] N. Kirstaedter, N. N. Ledentsov, M. Grundmann, D. Bimberg, V. M. Ustinov, S. S. Ruvimov, M. V. Maximov, P. S. Kop'ev, Zh. I. Alferov, U. Richter, P. Werner, U. Gösele, J. Heydenreich "Low threshold, large T_0 injection laser emission from (InGa)As quantum dots" Electron. Lett., vol. 30 (17), pp. 1416-1417, 1994.

[52] H. Shoji, K. Mukai, N. Ohtsuka, M. Sugawara, T. Uchida, and H. Ishikawa "Lasing at Three-Dimensionally Quantum-Confined Sublevel of Self-organized $In_{0.5}Ga_{0.5}As$ Quantum Dots by Current Injection" IEEE Photon. Technol. Lett., 7 (12), 1385-1387, 1995.

[53] N. N. Ledentsov, V. A. Shchukin, M. Grundmann, N. Kirstaedter, J. Böhrer, O. Schmidt, D. Bimberg, V. M. Ustinov, A. Yu. Egorov, A. E. Zhukov, P. S. Kop'ev, S. V. Zaitsev, N. Yu. Gordeev, Zh. I. Alferov, A. I. Borovkov, A. O. Kosogov, S. S. Ruvimov, P. Werner, U. Gösele, and J. Heydenreich "Direct formation of vertically coupled quantum dots in Stranski-Krastanow growth" Phys. Rev. B, 54 (12), 8743-8750, 15 September 1996.

[54] K. Kamath, P. Bhattacharya, T. Sosnowski, T. Norris and J. Phillip"Room-temperature

operation of In$_{0.4}$Ga$_{0.6}$As/GaAs self-organised quantum dot lasers" Electron. Lett., vol. 32 (15), pp. 1374-1375, 1996.

[55] R. Mirin, A. Gossard and J. Bowers "Room temperature lasing from InGaAs quantum dots" Electron. Lett., vol. 32 (18), pp. 1732-1734, 1996.

[56] Q. Xie, A. Kalburge, P. Chen, and A. Madhukar "Observation of Lasing from Vertically Self-Organized InAs Three-Dimensional Island Quantum Boxes on GaAs (001)" IEEE Photon. Technol. Lett., 8 (8), 965-967, 1996.

[57] D. Bimberg; N. Kirstaedter; N.N. Ledentsov; Zh.I. Alferov; P.S. Kop'ev; V.M. Ustinov "InGaAs-GaAs quantum-dot lasers" IEEE J. Select. Topics Quantum. Electron., 3 (2), 196-205, Apr 1997.

[58] D. L. Huffaker, G. Park, Z. Zou, O. B. Shchekin, and D. G. Deppe "1.3 μm room-temperature GaAs-based quantum-dot laser" Appl. Phys. Lett., 73 (18), 2564-2566, 1998.

[59] G. Park, O. B. Shchekin, S. Csutak, D. L. Huffaker, and D. G. Deppe "Room-temperature continuous-wave operation of a single-layered 1.3 μm quantum dot laser" Appl. Phys. Lett. 75 (21), 3267-3269,1999.

[60] D. L. Huffaker, G. Park, Z. Zou, O. B. Shchekin and D. G. Deppe, "Continuous-wave low-threshold performance of 1.3 μm InGaAs-GaAs quantum-dot lasers," IEEE J. Select. Topics. Quantum. Electron., vol. 6, pp. 452-461, 2000.

[61] G. Park, O. B. Shchekin, D. L. Huffaker, D. G. Deppe "Low-threshold oxide-confined 1.3-μm quantum-dot laser" IEEE Photon. Technol. Lett., 12 (3), 230-232, March 2000.

[62] J. A. Lott, N. N. Ledentsov, V. M. Ustinov, N. A. Maleev, A. E. Zhukov, A. R. Kovsh, M. V. Maximov, B. V. Volovik, Z. I. Alferov and D. Bimberg, "InAs-InGaAs quantum dot VCSELs on GaAs substrates emitting at 1.3μm," Electron. Lett., vol. 36, pp. 1384-1385, 2000.

[63] J. A. Lott, N. N. Ledentsov, V. M. Ustinov, Z. I. Alferov, and D. Bimberg, "Continuous Wave 1.3 μm InAs-InGaAs Quantum Dot VCSELs on GaAs Substrates," in Conference on Lasers and Electro-Optics, J. Kafka, K. Vahala, R. Williamson, and A. Willner, eds., OSA Technical Digest (Optical Society of America, 2001), paper CTuH5.

[64] N. Ledentsov, D. Bimberg, V. M. Ustinov, Zh. I Alferov, J. A. Lott "Quantum dots for VCSEL applications atλ = 1.3μm" Physica E: Low-dimensional Systems and Nanostructures, 13 (2-4), 871-875, 2002.

[65] V. M. Ustinov, N. A. Maleev, A. R. Kovsh, A. E. Zhukov "Quantum dot VCSELs" Phys. Stat.

Sol. (a), 202 (3), 396-402, 2005.

[66] H. C. Yu, J. S. Wang, Y. K. Su, S. J. Chang, F. I. Lai, Y. H. Chang, H. C. Kuo, K. F. Lin, J. M. Wang, Y. H. Chang, C. P. Sung, H. P. D. Yang, J. Y. Chi, R. S. Hsiao, and S. Mikhrin, "1.3 μm InAs-InGaAs Quantum Dot Vertical Cavity Surface Emitting Laser with Fully Doped DBRs Grown By MBE," IEEE Photon. Technol. Lett., 18 (2), 418-420, 2006.

[67] H. P. D. Yang, Y. H. Chang, F. I. Lai, H. C. Yu, Y. J. Hsu, G. Lin, R. S. Hsiao, H. C. Kuo, S. C. Wang, and J. Y. Chi, "Singlemode InAs quantum dot photonic crystal VCSELs," Electron. Lett., Vol. 41, pp. 1130-1132, 2005.

[68] Y. H. Chang, P. C. Peng, W. K. Tsai, Gray Lin, Fang I Lai, R. S. Hsiao, H. P. Yang, H. C. Yu, K. F. Lin, J. Y. Chi, S. C. Wang, H. C. Kuo, "Single-mode monolithic quantum-dot VCSEL in 1.3 μm with sidemode suppression ratio over 30 dB," IEEE Photon. Technol. Lett., 18 (7), 847-849, 2006.

[69] J. S. Harris Jr., "GaInNAs long-wavelength lasers: progress and challenges" Semicon. Sci. Technol. vol.17, pp. 880-891, 2002.

[70] J. Lavrencik, S. Varughese, V. A. Thomas, G. Landry, Y. Sun, R. Shubochkin, K. Balemarthy, J. Tatum, and S. E. Ralph "4λ× 100Gbps VCSEL PAM-4 Transmission over 105m of Wide Band Multimode Fiber" OFC 2017, Tu2B, 2017.

[71] H. J. Unold, S. W. Z. Mahmoud, R. Jäger, M. Grabherr, R. Michalzik, and K. J. Ebeling, "Large-Area Single-Mode VCSELs and the Self-Aligned Surface Relief," IEEE J. on Selected Topics in Quantum Eelectronics, vol. 7, 386-392, 2001.

[72] D. S. Song, S. H. Kim, H. G. Park, C. K. Kim, and Y. H. Lee, "Single-fundamental-mode photonic-crystal vertical-cavity surface-emitting lasers," Applied Physics Letter, vol. 80, 3901-3903, 2002.

[73] A. Furukawa, S. Sasaki, M. Hoshi, A. Matsuzono, K. Moritoh and T. Baba, "High-power single-mode vertical-cavity surface-emitting lasers with triangular holey structure," Applied Physics Letter, vol. 85, 5161-5163, 2004.

[74] S. W. Chiou, G. Lin, C. P. Lee, H. P. Yang and C. P. Sung," Mode Control of Vertical-Cavity Surface-Emitting Lasers by Germanium Coating," Jpn. J. Appl. Phys. vol. 40, 614-616, 2001.

[75] N. Nishiyama, M. Arai, S. Shinada, K. Suzuki, F. Koyama, and K. Iga, "Multi-Oxide Layer Structure for Single-ModeOperation in Vertical-Cavity Surface-Emitting Lasers," IEEE Photon. Technol. Lett., vol. 12, 606-608, 2000.

[76] E. W. Young, K. D. Choquette, S. L. Chuang, K. M. Geib, A. J. Fischer, and A. A. Allerman, "Single-Transverse-Mode Vertical-Cavity Lasers Under Continuous and Pulsed Operation," IEEE Photon. Technol. Lett., vol. 13, 927-929, 2001.

[77] C. C. Chen, S. J. Liaw, and Y. J. Yang, "Stable Single-Mode Operation of an 850-nm VCSEL with a Higher Order Mode Absorber Formed by Shallow Zn Diffusion," IEEE Photon. Technol. Lett., vol. 13, 266-268, 2001.

[78] Michael C.Y. Huang, Y. Zhou1 and Connie J. Chang-Hasnain, "A surface-emitting laser incorporating a high-index-contrast subwavelength grating," Nature Photonics vol.1, 119-122, 2007.

[79] J G McInerney, A Mooradian, A Lewis, A V Shchegrov, E M Strzelecka, D Lee, J P Watson, M Liebman, G P Carey, A Umbrasas, C Amsden, B D Cantos, W R Hitchens, D Heald, V V Doan, J L Cannon, "High brightness 980 nm pump lasers based on the Novalux Extended Cavity Surface-Emitting Laser (NECSEL) concept." Proc. of SPIE Vol. 4947, 240-251, 2003.

[80] R. Koda, C. S. Wang, D. D. Lofgreen and L. A. Coldren, "High-differential-quantum-efficiency, long-wavelength vertical-cavity lasers using five-stage bipolar-cascade active regions." Appl. Phys. Lett. 86, 211104 , 2005.

[81] Yi-Yang Xie, Pei-Nan Ni, Qiu-Hua Wang, Qiang Kan, Gauthier Briere, Pei-Pei Chen, Zhuang-Zhuang Zhao, Alexandre Delga, Hao-Ran Ren, Hong-Da Chen, Chen Xu & Patrice Genevet, "Metasurface-integrated vertical cavity surface-emitting lasers for programmable directional lasing emissions." Nature Nanotechnol. 15, 125-130, 2020.

[82] Tsu-Chi Chang, Kuo-Bin Hong, Shuo-Yi Kuo & Tien-Chang Lu, "Demonstration of polarization control GaN-based micro-cavity lasers using a rigid high-contrast grating reflector." Sci Rep 9, 13055, 2019.

[83] Yi-Yang Xie, Pei-Nan Ni, Qiu-Hua Wang, Qiang Kan, Gauthier Briere, Pei-Pei Chen, Zhuang-Zhuang Zhao, Alexandre Delga, Hao-Ran Ren, Hong-Da Chen, Chen Xu and Patrice Genevet, "Metasurface-integrated vertical cavity surface-emitting lasers for programmable directional lasing emissions. Nat. Nanotechnol. 15, 125-130 (2020).

[84] Keyvan Sayyah, Oleg Efimov, Pamela Patterson, James Schaffner, Carson White, Jean-Francois Seurin, Guoyang Xu, and Alexander Miglo, "Two-dimensional pseudo-random optical phased array based on tandem optical injection locking of vertical cavity surface emitting lasers." Optics Express 23(15), 19405-19416, 2015.

[85] Guanzhong Pan, Chen Xu, Yiyang Xie, Yibo Dong, Qiuhua Wang, Jun Deng, Jie Sun, and Hongda Chen, "Ultra-compact electrically controlled beam steering chip based on coherently coupled VCSEL array directly integrated with optical phased array." Optics Express 27(10), 13910-13922, 2019.

[86] Xiangli Jia, Jonas Kapraun, Jiaxing Wang, Jipeng Qi, Yipeng Ji, and Connie Chang-Hasnain, "Metasurface reflector enables room-temperature circularly polarized emission from VCSEL." Optica 10(8), 1093-1099, 2023.

第 7 章 藍紫光VCSEL技術與應用

本章主要介紹短波長的藍綠光、紫光和紫外光氮化鎵面射型雷射發展。寬能隙藍光氮化鎵材料及其相關的光電元件發展在最近十年內一直是熱門的研究議題，由於氮化鎵材料並無晶格匹配的基板，因此在磊晶成長高品質氮化鎵薄膜始終面臨了高缺陷密度的問題，加上高濃度的 p 型氮化鎵製作不易，使得氮化鎵相關的光電元件發展相較於一般三五族材料緩慢許多。直到 1992 年，Akasaki 等人才製作出第一個氮化鎵發光二極體 [1]。而第一個室溫下連續操作的氮化鎵邊射型雷射直到 1996 年才被 Nakamura 等人實現，之後邊射型雷射的發展非常迅速，1998 年邊射型雷射輸出功率已可達 420 mW 以上，且元件壽命長達 10000 小時 [2]，這樣的突破主要是由於晶體品質的改善與有效的提高了 p 型氮化鎵的濃度。現今氮化鎵藍光邊射型雷射已發展相當成熟，並且已有商品化的出現，然而相較於藍光邊射型雷射而言，藍光 VCSEL 的發展卻非常緩慢，其中重要的關鍵在於缺少晶格匹配的基板與高反射率的氮化鎵 DBR 反射鏡製作困難，我們將在本章介紹藍紫光 VCSEL 的技術發展。

7.1　藍紫光 VCSEL 用之反射鏡

在氮化鎵發光二極體的發展過程中已受到許多的阻礙，其中包含缺少晶格匹配的基板、p 型氮化鎵鎂的低活化率、電子電洞移動率差異大、與 quantum-confined Stark effect（QCSE）現象等。而藍光 VCSEL 除了必須考量到上述的困難之外，DBR 的製作對於藍光 VCSEL 而言更是一大挑戰，一般而言以氮化鎵為材料系統的 DBR 可以分成三種，包含 AlN/GaN、AlGaN/AlGaN 與 AlInN/GaN 三種組合。AlN/GaN DBR 可以提供最大的折射率差異與禁止帶寬度（stopband width），然而 AlN 與 GaN 之晶格常數差異高達 2.4%，因此成長這種材料系統容易遇到應力的累積進而在晶片表面產生裂痕（crack），這樣的裂痕通常會伴隨著晶體缺陷的出現，並導致 DBR 反射率的降低。為了避免應力的累積效應，AlGaN/AlGaN 材料系統成了第二種選擇，主要是利用調整鋁與鎵的含量來減少晶格不匹配的程度，然而隨之而來的問題是折射率差異的下降導致 DBR 對數的增加。第三種是使用 AlInN/GaN 材料系統，並且調整銦含量使 AlInN 可晶格匹配於 GaN，然而成長高品質的 AlInN 薄膜並不容易，主要是因為高含量的銦容易形成相分離的現象以及薄膜中銦含量的不均勻分布，而 InN 與 AlN 的最適成長溫度極具差異性更是造成磊晶成長困難的主因之一。

　　儘管成長氮化物 DBR 極具挑戰性，許多研究群仍致力於高反射率氮化物 DBR 的成長與研究。Ng 等人利用分子束磊晶技術成長 25 對的 AlN/GaN DBR，波長在 467 nm 時最大反射率高達 99%，禁止帶寬度為 45 nm，然而由於 AlN 造成的伸張應力，部分 DBR 表面具有網狀的裂痕 [3]。交通大學 Huang 等人利用金屬有機化學氣相沉積系統成長 20 對無裂痕的 AlN/GaN DBR，為了克服應力累積的問題，在 DBR 結構中每 5 對 AlN/GaN DBR 插入一組包含 5 對的 AlN/GaN 超晶格結構（superlattice）以釋放所累積的應力，整組超晶格結構的厚度對應到四分之一的光學波長，圖 7-1 為此 DBR 結構側向之穿透式電子顯微鏡圖，其中顏色較淺的薄膜為 AlN。量測結果顯示，20 對的 AlN/GaN DBR 在波長 399 nm 時反射率可達 97% 以上 [4]。

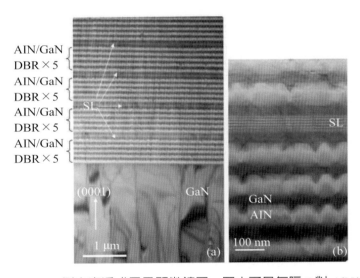

圖 7-1　(a) AlN/GaN DBR 側向穿透式電子顯微鏡圖，圖中可見每隔 5 對 AlN/GaN DBR 會插入 5 對的 AlN/GaN 超晶格結構；(b) AlN/GaN 超晶格結構附近之放大圖

　　而在 AlGaN/GaN DBR 材料系統中，Someya 與 Arakawa 利用金屬有機化學氣相沉積系統成長表面無裂痕之 35 對 $Al_{0.34}Ga_{0.66}N$/GaN DBR，其反射率可達 96% [5]。為了進一步控制成長氮化物 DBR 所累積的應力，Waldrip 等人提出在 AlGaN/GaN DBR 中插入 AlN 層來轉換成長 DBR 時的應力，其實驗結果顯示，成長 60 對的 $Al_{0.2}Ga_{0.8}N$/GaN DBR 並無發

現表面裂痕，波長在 380 nm 時其反射率可達 99%[6]。

　　至於晶格匹配的 AlInN/GaN DBR 結構首先由 Carlin 與 Ilegems 所提出，他們利用金屬有機化學氣相沉積系統成長 20 對的 $Al_{0.84}In_{0.16}N/GaN$ DBR，其反射率在波長 515 nm 時可達 90% 與 35 nm 的禁止帶寬度 [7]。另外，此研究群更進一步成長紫外光波段晶格匹配的 $Al_{0.85}In_{0.15}N/Al_{0.2}Ga_{0.8}N$ DBR，在成長此 DBR 結構前，必須先成長一層幾乎沒有應力的 $Al_{0.2}Ga_{0.8}N$ 層以避免之後磊晶時應力的形成，其實驗結果顯示，35 對的 DBR 結構在波長 340 nm 時其反射率可達 99% 與大約 20 nm 的禁止帶寬度 [8]。

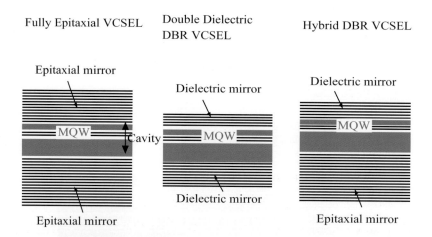

圖 7-2　三種 GaN 面射型雷射之結構設計：(a) 磊晶成長全結構的 VCSEL 結構；(b) 介質材料 DBR 的 VCSEL 結構；(c) 混合式 DBR VCSEL 結構

　　由於高反射率氮化物 DBR 成長的困難性，氮化鎵 VCSEL 所對應的結構設計主要可分為三種類型，如圖 7-2 所示。第一種類型為磊晶成長全結構的 VCSEL，包含上下 DBR 與主動層材料，完整磊晶結構的優點是易於控制雷射共振腔的厚度，然而就氮化物材料系統而言，即使有部分研究群能夠實現這樣的磊晶結構 [9]，其應力的考量、良好的晶體品質與高反射 DBR 的製作過程卻是十分困難的。第二種氮化物 VCSEL 結構是將上下 DBR 利用介電質氧化物所取代，這樣的 DBR 可以提供相當高的反射率和共振腔 Q 值，亦可有效增加 DBR 的禁止帶寬度，然而此種 VCSEL 結構其缺點在於難以準確地控制共振腔的厚度，並且需要雷射剝離（laser lift-off, LLO）技術和相對複雜的製程過程。除此之外，共振腔中氮化鎵必須保持一定厚度以上以避免雷射剝離製程時量子井結構受到破壞，較厚的共振腔可能引起閾值電流的增加與微共振腔效應的降低。第三種氮化鎵 VCSEL 結構同時使用了磊晶成長與介電質材料的 DBR 系統，因此可中和上述兩種類型的優點與缺點。

此種混合式 DBR VCSEL 結構通常使用磊晶的方式成長下 DBR 與共振腔，如此可以有效控制共振腔的厚度，而上 DBR 再利用沉積介電質 DBR 的技術完成垂直共振腔的結構，同時也保留了進一步製作成電激發 VCSEL 的彈性。

7.2　光激發式藍紫光 VCSEL

在氮化鎵藍光 VCSEL 發展方面，1996 年 Redwing 等人成功製作了第一個室溫下光激發的氮化鎵 VCSEL[10]，其元件結構由 10 μm 厚的 GaN 主動層與 30 對 $Al_{0.12}Ga_{0.88}N$/$Al_{0.4}Ga_{0.6}N$ 構成上下 DBR，其反射率大約為 84～93%，因此閾值光激發能量密度高達 2.0 MW/cm^2。其後，Arakawa 等人在 1998 年實現了在低溫 77 K 下觀察到雷射行為 [11]，其 3λ 光學厚度的共振腔成長於 35 對 $Al_{0.34}Ga_{0.66}N$/GaN DBR 上，而上 DBR 則為 6 對的 TiO_2/SiO_2 所組成，此即為混合式 DBR VCSEL 結構，其中上下 DBR 的反射率分別為 97% 與 98%。而 1999 年 Song 等人則使用雷射剝離技術，成功製作了上下 DBR 皆為 10 對 SiO_2/HfO_2 所組成的氮化鎵 VCSEL 結構，因此反射率高達 99.9%，所對應的共振腔 Q 值也高達 600 [12]。同年，Someya 等人報導了室溫下混合式 DBR 氮化鎵藍光 VCSEL，在光激發下雷射波長為 399 nm，且雷射光譜半高寬只有 0.1 nm [13]。

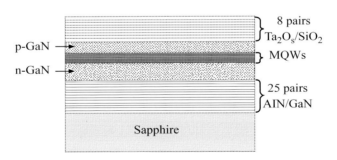

圖 7-3　氮化鎵藍光 VCSEL 結構，包含 25 對 AlN/GaN 下 DBR、3λ 光學共振腔及 8 對的 Ta_2O_5/SiO_2 上 DBR 所組成

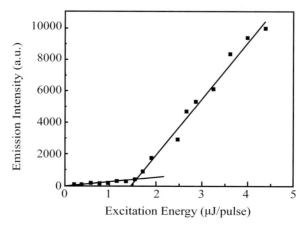

圖 7-4　雷射激發能量與 VCSEL 光輸出強度關係圖

　　上述氮化鎵 VCSEL 發展主要為 2000 年之前的結果，在 2000 年之後的發展主要集中在研究降低光激發的閾值能量密度，以及觀察光激發下的雷射特性 [14]。2005 年，交通大學 Kao 等人利用金屬有機化學氣相沉積系統成功製作了室溫下光激發混合式 DBR 氮化鎵藍光 VCSEL，其雷射結構由 25 對 AlN/GaN 下 DBR、3λ 光學共振腔及 8 對的 Ta_2O_5/SiO_2 上 DBR 所組成，如圖 7-3 所示 [15]。其中共振腔由 10 對的 $In_{0.2}Ga_{0.8}N$/GaN 多重量子井結構所組成，而下 DBR 則每 5 對 AlN/GaN 插入 5 對的 AlN/GaN 超晶格結構以釋放應力，其最大反射率分別為 97.5%（Ta_2O_5/SiO_2 DBR）與 94%（AlN/GaN DBR）。為了進一步觀察雷射特性，他們使用光激發光源為三倍頻之 Nd:YVO$_4$ 脈衝式雷射，雷射波長為 355 nm，圖 7-4 為雷射激發能量與 VCSEL 光輸出強度關係，由圖中可以發現明顯的光強度非線性轉折點，其對應的閾值激發能量密度約為 53 mJ/cm^2。

　　至於上下 DBR 皆利用介電質氧化物製作而成的氮化鎵 VCSEL，交通大學 Chu 等人亦在 2006 年成功製作出此類型的 VCSEL，並在室溫光激發下觀察到雷射的現象 [16]。他們先利用金屬有機化學氣相沉積系統成長 10 對 $In_{0.1}Ga_{0.9}N$/GaN 多量子井結構，接著鍍上 6 對的 SiO_2/TiO_2 DBR 於磊晶結構上，其反射率大約 99.5%。再配合雷射剝離技術去除藍寶石基板與適當的研磨後，再鍍上 8 對的 SiO_2/Ta_2O_5 DBR，其反射率約為 97%，圖 7-5 為其製作流程示意圖。

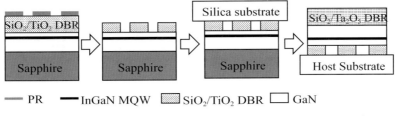

圖 7-5　氮化鎵介電質氧化物 DBR VCSEL 結構製作流程示意圖

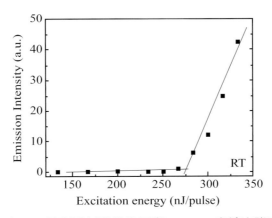

圖 7-6　室溫下量測雷射激發能量與 VCSEL 光輸出強度關係圖

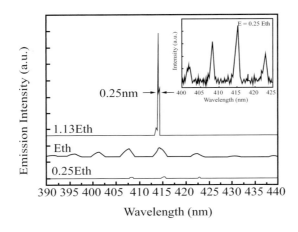

圖 7-7　雷射閾值激發密度前後之光激發光譜圖

　　圖 7-6 為室溫下量測雷射激發能量與 VCSEL 光輸出強度關係，當雷射激發功率約為 270 nJ 時可以觀察到雷射現象，其對應的閾值光激發密度約為 21.5 mJ/cm^2。此外，由於

利用雷射剝離技術時必須保留適當的共振腔厚度以避免量子井遭受高能量雷射的破壞，因此也造成整體的共振腔厚度大約有 4 μm，這樣的厚度也反應到光激發光譜上，如圖 7-7 所示，在達到雷射閾值激發密度之前，光譜中可以觀察到共振腔中的多重縱向模態，然而在激發能量達到雷射之後，只有單一縱向模態會產生雷射，其波長通常落於主動區增益頻譜的最大值附近。

7.3　電激發式藍紫光 VCSEL

上述實驗結果為近年來侷限在光激發的氮化鎵 VCSEL 的結果，一直到 2008 年，作者實驗室首次在 77 K 下成功製作出第一個電激發氮化鎵 VCSEL，其雷射結構為混合式 DBR VCSEL 結構，如圖 7-8 所示 [17]。下 DBR 為 29 對 AlN/GaN DBR，之後成長 790 nm 的 n 型氮化鎵與 10 對的 $In_{0.2}Ga_{0.8}N$/GaN 多量子井結構，最後成長 120 nm 的 p 型氮化鎵，整體共振腔厚度約 5λ，其波長設計在 460 nm，這是為了避免表面透明導電層銦錫氧化物（ITO）對光的吸收。完成磊晶成長與 ITO 之後，最後鍍上 8 對的 Ta_2O_5/SiO_2 上 DBR 形成混合式 DBR VCSEL 結構。由於雷射結構中的 AlN/GaN 下 DBR 為未摻雜，故為不導電材料，因此必須將元件設計成 intra cavity 結構，使 n 型與 p 型電極在元件同一側，雷射發光孔徑為 10 μm，ITO 厚度設計為 1λ 使其在波長 460 nm 之穿透率高達 98.6%。

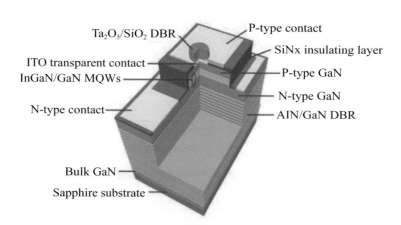

圖 7-8　第一個低溫下電激發氮化鎵 VCSEL 之雷射結構圖

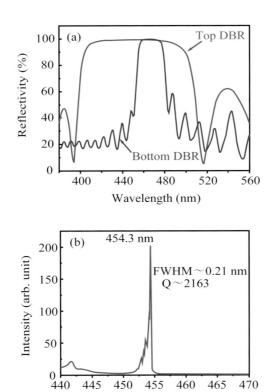

圖 7-9　(a) 29 對 AlN/GaN DBR 與 8 對 Ta$_2$O$_5$/SiO$_2$ DBR 之反射頻譜圖；(b) 室溫下利用 He-Cd
雷射激發的氮化鎵 VCSEL 光激發光頻譜

　　圖 7-9(a) 為 29 對 AlN/GaN DBR 與 8 對 Ta$_2$O$_5$/SiO$_2$ DBR 之反射頻譜圖，其中平坦的
禁止帶表示了高品質的 AlN/GaN DBR 結構，其最高反射率約為 99.4% 且禁止帶寬度約為
25 nm，而上 DBR 最高反射率約為 99%。圖 7-9(b) 為室溫下利用 He-Cd 雷射激發的光激
發頻譜，共振腔波長約為 454.3 nm 且 Q 值可高達 2200，再次表示了高品質的晶體結構與
上下 DBR 的高反射率。

　　圖 7-10 為電激發氮化鎵 VCSEL 於 77 K 下量測的電流、電壓與輸出強度關係圖，元
件的起始電壓（turn-on voltage）約為 4.1 V，相對高的電壓值可能由於微小的電流孔徑與
intra cavity 結構所致。而電流與發光強度的關係可觀察到明顯的雷射現象，其雷射閾值電
流約為 1.4 mA，所對應的電流密度約為 1.8 kA/cm^2。圖 7-11 為不同注入電流下之雷射頻
譜圖，當注入電流大於閾值電流時，波長在 462.8 nm 出現單一的雷射訊號。圖 7-11 中的

插圖為不同注入電流下的訊號半高寬值，可以發現在閾值電流之後訊號半高寬明顯下降，另一張插圖顯示注入電流為 1 mA 下之元件孔徑強度分布圖，圖中可以觀察到空間上強度分布的不均勻，有可能是銦在空間上的分布不均所導致。

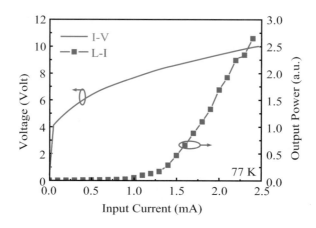

圖 7-10　電激發氮化鎵 VCSEL 於 77 K 下量測的電流、電壓與輸出強度關係圖

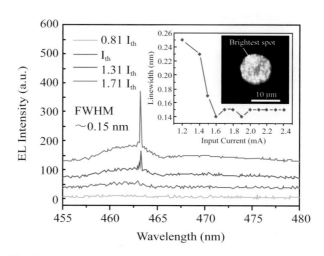

圖 7-11　電激發氮化鎵 VCSEL 於 77 K 下量測不同注入電流下之雷射頻譜圖

　　除了上述低溫下電激發的氮化鎵 VCSEL 之外，在 2008 年末，Nichia 公司發表了室溫下連續操作的氮化鎵 VCSEL[18]，其雷射結構是利用雷射剝離技術製作而成的上下介電質 DBR 結構，主動層是由 2 對 InGaN/GaN 多量子井結構所組成，上下 DBR 分別為 7 對

與 11.5 對的 SiO$_2$/Nb$_2$O$_5$ DBR，其中 ITO 配合共振腔中的光場分布設計在光學駐波的節點上，而在共振腔厚度方面，他們更利用化學機械研磨技術（chemical-mechanical polishing, CMP）將 n 型氮化鎵的厚度減薄，使整體共振腔厚度只有約 1.1 μm，相當於 7 倍的光學波長厚度。其雷射的閾值電流約爲 7 mA，對應的電流密度約爲 13.9 kA/cm^2，起始電壓約爲 4.3 V，當注入電流爲 12 mA 時對應的雷射功率爲 0.14 mW。觀察其不同注入電流下之發光頻譜圖，當注入電流小於閾值電流時，可以明顯看到高階橫向模態的分布，且訊號半高寬約爲 0.11 nm，而當注入電流爲 1.1 倍的閾值電流時，雷射訊號波長爲 414.4 nm 且半高寬變窄爲 0.03 nm。他們進一步觀察 8 μm 電流孔徑之近場影像，可以發現當注入電流爲 0.6 倍的閾值電流時，發光強度均勻地涵蓋整個雷射孔徑，而當達到閾值電流之後，一個直徑大約 2 μm 的亮點出現在靠近孔徑中心的位置，表示雷射光點大小會小於電流孔徑。

　　雖然於 2008 年研究群成功實現了低溫下與室溫下氮化鎵 VCSEL 的結果，然而氮化鎵 VCSEL 目前仍需面臨許多挑戰，包含電流分布的改善、輸出功率的提升、雷射模態的控制以及元件生命期長短等。這些問題都是將藍光氮化鎵 VCSEL 進一步推向商品化之前必須努力的目標。

7.4　藍紫光 VCSEL 的近期發展

　　自從本研究團隊於 2008 年在 29 對 AlN/GaN MOCVD 磊晶 DBR 上成長發光層，成功的在 77 K 環境溫度下製作出世界第一顆電激發連續波操作的藍光氮化鎵 VCSEL[17]。氮化鎵 VCSEL 研究進入了電激發注入的發展階段，接下來陸續有團隊以雷射剝離法與晶圓鍵結技術、光化學蝕刻技術製作出電激發式氮化鎵 VCSEL；而元件主要以混合式與介電質 DBR 爲基礎，再藉由基板改變、結構設計，使雷射閾值降低、改善光場侷限、高操作溫度等特性，進而達到元件優化的目的。

7.4.1　混合式氮化鎵 VCSEL

　　在混合式氮化鎵 VCSEL 的研究，2010 年本研究團隊優化製程達到室溫連續波操作電激發氮化鎵 VCSEL，此元件是以磊晶成長 AlN/GaN DBR 以及 InGaN MQW 發光層再搭

配 Ta_2O_5/SiO_2 氧化物 DBR 所實現如圖 7-12，其特點為在共振腔中插入了 AlGaN 電流阻擋層且將 ITO 厚度減薄至 30 奈米 [19]。2011 年，為了達到更好的電流偏限效果以及降低 ITO 的吸收，本研究團隊移除了結構中的 ITO 並在共振腔中加入氮化鋁的電流孔徑達成腔內的電流偏限效果，如圖 7-13，此外此電流偏限孔徑之折射率差更可以提供橫向的光學偏限，研究結果顯示 AlN 確實有達到電流偏限的目的且得到窄線寬頻譜 [20]。

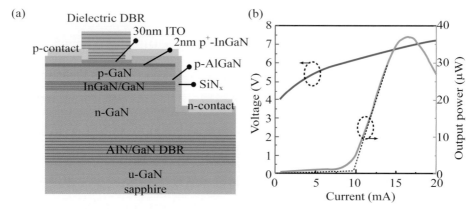

圖 7-12　(a) 本研究室製作之室溫連續操作混和式 VCSEL 結構圖；(b) 室溫下元件之 L-I-V 曲線

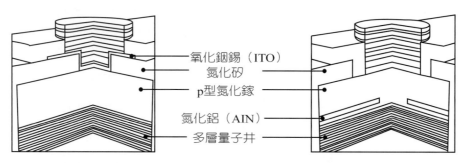

圖 7-13　氧化銦錫透明導電層之結構（左圖）；含氮化鋁電流偏限孔徑之結構圖（右圖）

　　混合式結構直到 2012 年才另外有瑞士 EPFL 團隊使用 AlInN/GaN DBR 搭配 TiO_2/SiO_2 氧化物 DBR 成功製作出室溫脈衝電激發混合型 GaN VCSEL [21]，因為磊晶 DBR 的製作不易，在混合式 VCSEL 發展一直沒有重大突破。在 2014 年瑞典查默斯科技大學（Chalmers University of Technology）提出搭配電流偏限層設計與光學偏限關係之模擬分析 [22]，內容探討在製作電流偏限層設計如何達到好的光場偏限效果並保有優異的電性特性，如圖 7-14 所示；在同樣結構設計下在 2017 年引入了熱透鏡的概念，一般認爲熱在 VCSEL 元件是很大的問題，然而熱透鏡效應就是爲了利用熱造成材料折射係數在孔徑中央變大進而達到更佳的光場侷限效果 [23]，但是結果僅止於模擬，到目前爲止尚未有實驗證實。

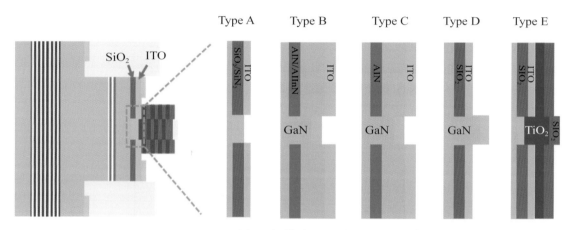

圖 7-14　不同電流侷限結構之混和式 VCSEL 結構圖

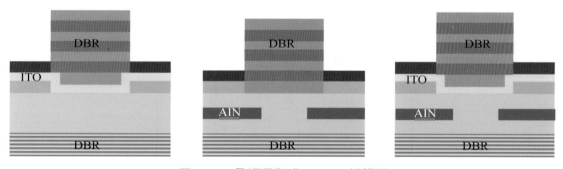

圖 7-15　各類混和式 VCSEL 結構圖

而本實驗室之研究團隊也於 2014 年提出電流侷限層之設計如圖 7-15 所示，並進一步模擬分析電性與光場分布狀態，並提出同時可滿足壓抑高階模態與預測和控制載子流向之行爲的新穎設計，提供最佳的指導方針於室溫電激發元件的製作上 [24]，同年也製作出淺蝕刻的結構，其品質因子（quality factor）高達 2600 之共振腔，證明此結構具有橫向光學侷限效果 [25]；並在 2017 年將此結構成功製作在電激發元件中，在 p-GaN 蝕刻 30 nm

的深度並回填 SiO₂ 以達到電流侷限層並同時具有光場侷限效果如圖 7-16 [26]。雖然在結構上對於電流特性與光場侷限設計有不同探討，但是礙於製程技術的限制，穩定製作出 GaN VCSEL 已經是一大挑戰，進一步改善結構增加元件特性僅止於模擬分析。2016 年，臺灣臺科大團隊成功製作出混合式 GaN VCSEL，他們嘗試蝕刻 p-GaN 製作光學侷限層，且利用 Si 擴散製作出電流侷限層，最後成功製作出 3 μm 直徑之電流侷限圖案，並觀察到雷射現象，如圖 7-17 [27]。

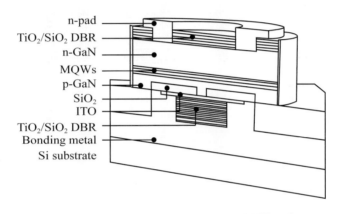

圖 7-16　蝕刻 GaN 並以 SiO₂ 回填之結構示意圖

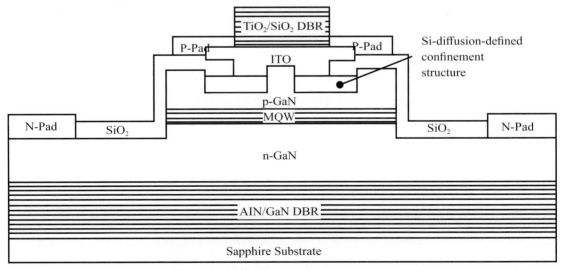

圖 7-17　臺灣臺科大團隊製作之混合式 VCSEL 結構示意圖

　　隨著氮化鎵磊晶技術的提升，日本名城大學團隊發表了多篇混合式 DBR 爲主的 GaN VCSEL 研究結果，藍紫光 GaN VCSEL 的操作特性才有重大的突破，雖然成長使用昂貴的 GaN 基板，但也因此得到高品質的磊晶結構。儘管磊晶 DBR 不容易達到極高的反射率，此團隊利用此特點，將磊晶 DBR 設計反射率較低並讓元件以下出光方式，因而得到極好的雷射出光效果，其輸出功率可達 3 mW 以上，此外其元件不只在室溫下連續操作，因爲使用 GaN 基板與磊晶 DBR 使得此結構有優異的散熱效果，讓操作溫度甚至可達 85 ℃ [28]-[31]。日本名城大學團隊與名古屋大學團隊合作，憑藉著優異的經驗與製程技術爲基礎，著力於光場設計以達到更好的出光效果，在圖 7-18 中藉由加入高折射率材料於介電質反射鏡與 GaN 介面中光學侷限層的範圍，因爲在電流侷限範圍內較厚，其外圍是較低折射率材料進而達到光學侷限的效果 [32]；同一年日本名城大學團隊也與橫濱 Stanley 電氣公司研發實驗室合作提出了另一結構，針對此概念在 2018 年名城大學團隊在混合式 DBR 結構中，蝕刻 p-GaN 並回塡 SiO₂ 作爲電流侷限層與光學侷限層，並觀察到雷射現象，其出光功率達到了 6 mW [33]，如圖 7-19。混合式 GaN VCSEL 在磊晶與製程技術提升下，在雷射輸出功率也達到非常高的輸出，但是必須使用昂貴的 GaN 基板是一大問題，此外下出光是利用拋光減薄並沉積抗反射層（anti-reflection, AR）以達到高出光效果，如何大面積的製作元件是另一項問題。

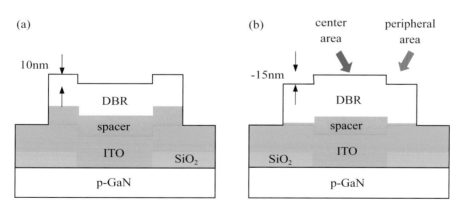

圖 7-18　(a) 標準結構示意圖；(b) 電流侷限層範圍增厚高折射率材料

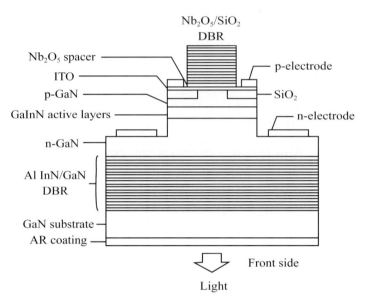

圖 7-19　名城大學與橫濱 Stanley 電氣公司研發實驗室團隊以蝕刻回填方式製作之混合式 VCSEL 結構圖

7.4.2　介電質氮化鎵 VCSEL

在 2017 年許多團隊不約而同的都發表了 GaN VCSEL 操作時熱對於結構特性影響的熱模擬探討 [34][35]，在 GaN 基板之混合式 VCSEL 有著最好的散熱效果，但是礙於 GaN 基板價格昂貴，製成的 GaN VCSEL 的成本較高；除了以 GaN 為基板外，以倒裝結構（Flip-chip）利用晶圓鍵結技術於高導熱基板上則是較好的選擇，倒裝結構主要是以介電質材料 DBR 組成全介電質式 GaN VCSEL，介電質 DBR 優勢是材料高折射率差，可以在較少層數下達到極高反射率。

在 2008 年由日本日亞化學團隊緊接在本團隊發表世界上第一顆電激發藍光 VCSEL 後，成功實現室溫連續波操作電激發藍光 VCSEL，此元件利用雷射剝離（laser lift-off, LLO）以及金屬接合（metal bonding）技術製作出介電質式 VCSEL 如圖 7-20 所示 [36]。但由於藍寶石基板和氮化鎵晶格不匹配，為了得到更佳的雷射特性，因此翌年將磊晶結構直接成長於氮化鎵基板上來得到高品質的發光層，並在室溫操作下量測到雷射訊號，如此可得更佳的輸出功率 [37]；在 2011 年更是製作出以 GaN 為基礎的不同波段 VCSEL，如圖 7-21 其發光範圍從 400～500 nm [38]，充分展現其團隊製程技術。

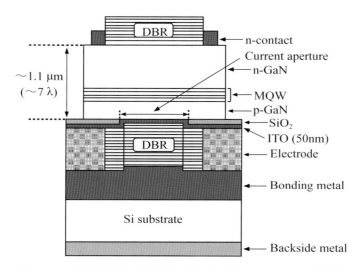

圖 7-20　日本日亞化學團隊之全介電質式 VCSEL 結構圖

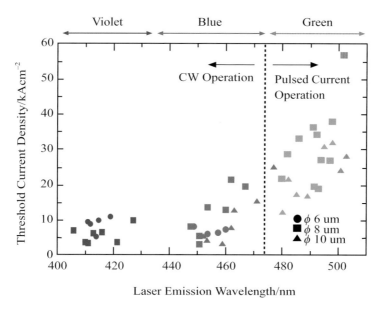

圖 7-21　日本日亞化學團隊之全介電質式 VCSEL 元件之發光範圍

　　介電質式 VCSEL 發展較混合式 VCSEL 來的順利，於 2012 年日本松下團隊也同樣採用化學機械研磨（chemical-mechanical polishing, CMP）與晶圓鍵結方式來製作 VCSEL[39]。2014 年中國廈門大學團隊也利用 LLO 與晶圓鍵結技術成功製作出室溫連續電流注入 GaN VCSEL [40]；而本研究團隊則是在 2017 年成功利用雷射剝離與晶圓鍵結技術製作雙介電質式 VCSEL，且元件操作溫度爲此系列結構之最高溫 350 K，如圖 7-22 所示，能有這麼高的操作溫度歸因於以下幾點，p-side down 的元件結構使得量子井附近的產熱能很快速的導入底下的散熱基板，在十對的量子井結構中有較大的對載子溢流的容忍度，較小的下 DBR 直徑使得導熱途徑縮短，以及較厚的 n 型 GaN 以增加元件散熱效果，進而達到高溫操作 [41]。

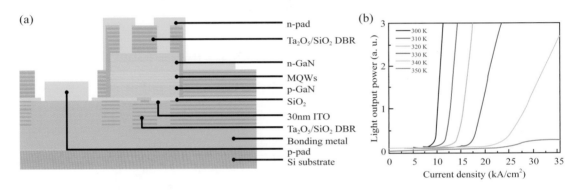

圖 7-22　(a) 電激發雙介電質 DBR GaN VCSEL；(b) 不同溫度下雷射閾值曲線圖

綜觀以上所描述的 GaN VCSEL 不管是長在藍寶石基板或是氮化鎵基板上，晶格成長方向都是 C 軸，因爲 C 軸方向的 GaN 爲極化材料，其內建電場會影響量子井內電子與電洞分布進而使的發光效率降低，也因爲電子與電洞波函數重疊比例下降會造成發光峰值紅移，此效應稱爲量子侷限史塔克效應（quantum confined stark effect, QCSE）。因此在同年度美國加州大學中村修二教授團隊使用非極化（nonpolar）GaN 基板來製作 VCSEL 元件，除此之外此團隊還提出另一種新的製程方式，利用光電化學蝕刻（photo electrochemical, PEC）的方式製作出室溫操作脈衝電激發的 m 晶面非極性 GaN VCSEL，其結構如圖 7-23 所示 [42]。

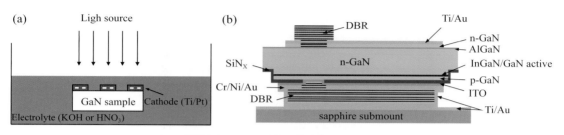

圖 7-23　(a) 光電化學蝕刻製作示意圖；(b) VCSEL 結構圖

　　此新製程方式擁有和混和式 VCSEL 一樣的一個優點，就是可以精準控制共振腔長度，主要是在磊晶過程中在 n-GaN 下方插入量子井且能隙較主要發光量子井來的小，藉此可以選擇性吸收波長較長之光源來達到 PEC 的效果，而不會影響到主要發光量子井的結構，而使用非極性 GaN 基板也避免了 QCSE 效應對發光效率的影響，開啓了另一種製作 GaN VCSEL 的技術。到了 2014 年其元件在脈衝注入下操作溫度可達 40 ℃[43]，也因爲使用 m 晶面非極性基板製作樣品，量子井中的光學增益呈現非等向性，雷射極化率可高達 100%，且元件所發出的雷射光都是沿著 a 方向極化的。隔年此團隊使用離子佈植方式製作電流侷限層，由先前探討可知使用離子佈植製作電流侷限層有側向電流侷限效果，實驗結果顯示雷射閾值也較使用 SiN$_x$ 作爲電流侷限層來的低 [44]。

　　除了電流侷限層的設計外，此團隊又引入另一項結構，以穿隧接面 tunnel junction（TJ）結構取代 ITO 透明導電層 [45]，ITO 在 VCSEL 結構中雖然可以讓電流均勻分布在電流孔徑中，但是本身對於藍光波段有一定的吸收，又位於靠近主動層的光學共振路徑上，所引起的內部損耗無法忽略，而 tunnel junction 的結構可以使用 N 型 GaN 與電極來取代 P 型 GaN 與 ITO，可以有效改善並降低共振腔的內部損耗，還可以增加元件的橫向的散熱效果，只是此結構需要使用分子束磊晶成長（MBE），在控制與製程上都有許多限制。

　　美國加州大學團隊又在此結構設計上使用光化學蝕刻控制 QWs 的面積並製作空氣間隙來達到電流侷限效果（圖 7-24）[46]，實驗結果雷射閾值雖然與先前研究結果差異不大，但是因爲主動層兩旁的空氣間隙提供了非常大的折射率差異，再加上電流的注入不均勻導致高階模態的產生；隨著實驗技術進步與元件優化，2018 年在 TJ 基礎下的 GaN VCSEL 成功在連續注入電流下操作 [47]，在製程方面甚至可以使用 MOCVD 成長 TJ 結構，這對於 TJ 的應用無疑是一大改善 [48]。

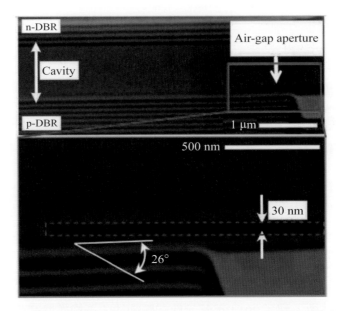

圖 7-24　用光電化學蝕刻製作以空氣層來達到電流侷限效果

　　上述兩大製程仍都存在問題，在混和式 GaN VCSEL 中如何長出高品質的 GaN 材料的 DBR 非常困難，而在介電質式 GaN VCSEL 中如何精準控制共振腔長實屬不易，在使用 PEC 製程的技術中如何大面積製作雷射元件也不是那麼容易實現。此時有團隊另闢蹊徑發揮磊晶的技術使用側向成長來製作介電質式 GaN VCSEL，早在 2013 年就有團隊在藍寶石基板上利用側向磊晶技術製作出垂直共振腔結構，如圖 7-25，可惜沒有觀察到雷射訊號 [49]。

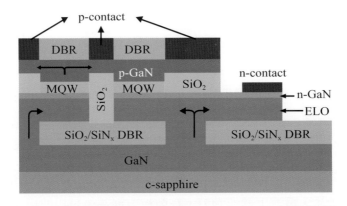

圖 7-25　利用側向磊晶包覆介電質 DBR VCSEL 結構示意圖

　　直到 2015 年日本索尼團隊利用此製程方式，在 GaN 基板上沉積完介電質 DBR 後以磊晶側向成長完成 VCSEL 結構並實現室溫連續波電激發操作，如圖 7-26[50]-[52]。側向成長除了要克服介電質 DBR 在高溫磊晶下品質下降的問題，如何控制磊晶的技術也是關鍵，製程的發展解決了磊晶 DBR 的問題，讓藍光 VCSEL 的製程發展又有另一項可能。

　　近期值得一提的是在 2018 年日本索尼團隊為了控制與改善橫向模態的繞射損耗，如圖 7-27 所示在 N 型 GaN 背後製作曲面鏡式的光學侷限結構，用以類比大型雷射共振腔的設計，此結構可以有效控制橫向模態的大小並降低小孔徑時的繞射損耗 [53]，只不過製作此結構需要保留相當厚的 N 型 GaN 層，共振腔的長度可能長達 50 個光學波長以上，儘管此結構可以精準控制在單一橫模輸出，但是在雷射縱模上可能會出現多模操作的現象，此外過長的共振腔也會因內部損耗較大使得雷射閾值電流密度增加。

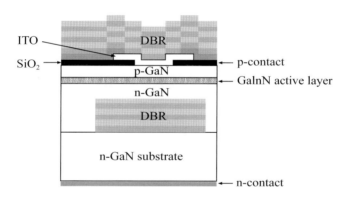

圖 7-26　側向磊晶包覆介電質式 VCSEL 結構圖

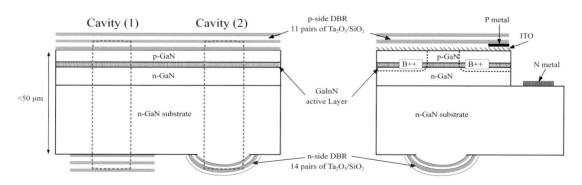

圖 7-27　側向磊晶包覆介電質結構與曲面鏡光學侷限結構示意圖、電激發曲面鏡光學侷限結構示意圖

7.4.3 HCG 氮化鎵 VCSEL

不管是磊晶或是介電質的 DBR，其製程都有一定的困難度；近年來，一種高折射率差光柵（High contrast grating, HCG）的結構被提出來，使用一層 1/4 至 1/2 光學波長的薄膜，在此薄膜上製作一維週期性的光柵，光柵的週期略小於或等於目標光學波長，並將此光柵置放於周圍折射率較低的環境下，形成高折射率差異，此結構能使入射光的光場在光柵入射面形成同相的建設性干涉而在出射面形成破壞性干涉，因此可以達到極高的反射率，正好適合 VCSEL 對反射鏡面的要求，因此 HCG 反射鏡可以取代 p 型 DBR，和主動層與 n 型 DBR 形成 VCSEL 的共振腔，可以展示出優異的光電特性 [54]，而此種 HCG 反射鏡由於懸浮在空氣中，可藉由電壓調製來移動 HCG 反射鏡的相對位置，使得 VCSEL 共振腔的長度產生改變，進而達到雷射波長調整的功能，形成微型化可調波長的 VCSEL，在光通訊、光連結與生醫影像的光學同調斷層掃描（Optical coherence tomography, OCT）的應用上極具潛力！此外，由於一維 HCG 反射鏡對 TE 與 TM 光的反射率不同，會使得 HCG VCSEL 的出光可以維持一定的偏振，這對一般圓對稱光學侷限 VCSEL 其偏振不能固定方向的缺點來說，提供額外的好處！

對氮化鎵 VCSEL 而言，磊晶或是介電質的 DBR 的製程困難度又更高，且雷射光的偏振也沒有固定的方向，若是能將 HCG 反射鏡取代 DBR 的話，應該可以獲致許多好處。然而 HCG 反射鏡通常需要被低折射率的材料圍繞，在傳統 GaAs 與 InP 的材料系統裡，係利用可選擇性濕蝕刻的材料，將 HCG 薄膜底下的半導體材料掏空，製作出懸浮在空氣中的 HCG 反射鏡，此種結構的反射頻譜 stopband 很大，也具有極高的反射率，不過缺點就是無法導熱與導電，且結構比較脆弱；而在 GaN 的材料系統中，不易找到可選擇性濕蝕刻的材料，以將 HCG 薄膜底下的半導體材料掏空，因此必須採取其他的做法來實現 HCG 反射鏡。

國立陽明交通大學盧廷昌教授團隊嘗試將 TiO_2 的薄膜作為 HCG 的材料 [55]，其折射率在藍紫光波段略高於 GaN，並將其直接製作在 GaN 的薄膜上，製作成 HCG 的示意結構如圖 7-28(a) 所示，就不需要將 HCG 懸浮於空氣中。影響到 HCG 反射鏡反射率與光學特性主要有以下幾個因素：光柵週期（grating period, Λ）、光柵凸起處的寬度（w）、占空比（Duty cycle, DC = L/w）、光柵高度（h）、入射光的波長及 TE 或 TM 極化等，若假設入射光是從 GaN 側垂直入射 HCG，計算對於 369.3 nm 此波長的反射率其 TE 與 TM 的反射率對 DC 與 Λ 變化的掃描圖如圖 7-28(b)、(c) 所示。我們可以看到此種 TiO₂ 的 HCG 也可以達到大於 90% 以上的高反射率，而 TE 和 TM 其具備高反射率的光柵所需的結構不同，光柵的高度也會使得 TE 和 TM 能達到高反射率的條件不同，如圖 7-28(d) 所示，對 TE 入射光來說，達到高反射率所需的光柵高度較小；相反的，對 TM 入射光來說，達到高反射率所需的光柵高度較大，因此，吾人可以藉由調整 TiO₂ 薄膜的厚度或是光柵條件

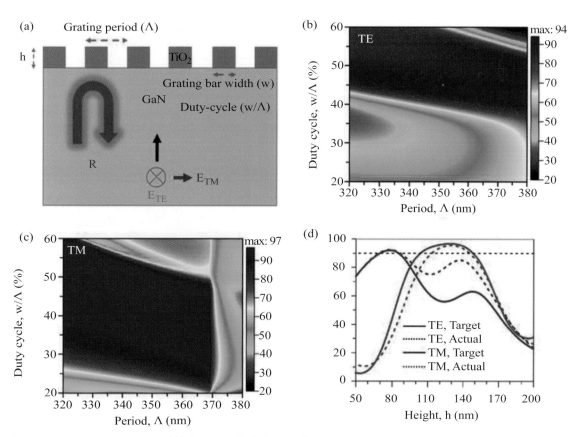

圖 7-28　(a) TiO₂ HCG 反射鏡在 GaN 薄膜上的示意圖。分別對 (b) TE 偏振光和 (c) TM 偏振在光波長為 369.3 nm 的反射率圖隨著 DC 和週期的變化，TE 偏振光的 HCG 的光柵高度為 75 nm，TM 偏振光的 HCG 的光柵高度為 130 nm。(d) 模擬的反射率與光柵高度的關係圖，其中 TM 偏振光用紅色線表示，TE 偏振光用藍色線表示。實線表示目標結構，包含 368 nm 週期的光柵，32% 的 DC，虛線表示從 SEM 圖像中提取的實際製作的 HCG 光柵，週期為 344 nm，DC 為 42% 的反射率計算結果。

來決定 VCSEL 的偏振是 TE 或是 TM 極化。

　　圖 7-29(a) 表示一個 HCG 氮化鎵 VCSEL 的示意圖，包括底部的 SiO$_2$/Ta$_2$O$_5$ DBR、GaN 共振腔和由 TiO$_2$ 薄膜製作的 HCG 反射鏡，HCG 是由電子束微影的方式來定義圖樣，此結構並沒有電極，共振腔中也沒有量子井，僅供光激發驗證此結構的可行性。圖 7-29(b)、(c)表示HCG製作出來的掃描式電子顯微鏡（SEM）圖，顯示出HCG的形貌良好。

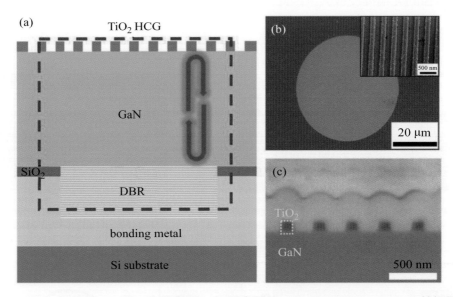

圖 7-29　(a) HCG 氮化鎵 VCSEL 的示意圖，包括底部的 SiO$_2$/Ta$_2$O$_5$ DBR、GaN 共振腔和 HCG 反射鏡。紅色虛線方框和紫色彎箭頭表示用於計算輸出發射強度光譜和來回震盪波的模擬範圍。(b) 製作出來的直徑為 45 微米的 TiO$_2$ HCG VCSEL 的平面 SEM 圖像。插圖顯示了放大的 HCG 形貌。(c) TiO$_2$ HCG 的橫截面 SEM 圖像。

　　經由在室溫光激發的測試下，此結構可以發射出雷射光，其雷射波長約在 370 nm，符合 GaN 的能隙波長，其閾值條件為 0.79 MW/cm^2；其發出的雷射光遠場發散角為 14 度，如圖 7-30(a) 所示，更重要的是，當使用不同 HCG 結構時，其遠場偏振的方向完全不同，如圖 7-30(b) 所示，雷射光的極化方向為垂直於光柵；而如圖 7-30(c) 所示，雷射光的極化方向為平行於光柵，不僅證明此種直接將 TiO$_2$ 光柵製作於 GaN 表面的高反射鏡可以達到雷射操作的效果，且其雷射光的偏振方向亦可調控，此外，由於此光柵不是懸浮在空氣中的薄膜，其元件特性的穩定度與可靠度將大幅提升 [56]。

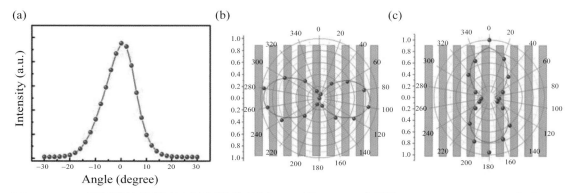

圖 7-30　(a) 量測到的雷射光之遠場發散角圖，(b) 和 (c) TM（週期：360 nm，DC：38%）和 TE（週期：375 nm，DC：44%）偏振的規一化雷射光發射強度的極座標圖。灰色條代表 HCG 的光柵方向。

　　接下來，該研究團隊將可供電流注入的 p-n 二極體結構與包含多重量子井主動層的結構納入共振腔結構中，並製作出 p/n 電極，其結構示意圖如圖 7-31(a) 所示，而詳細的製程步驟則可參考此篇文獻 [57]。此 VCSEL 的電流開口孔徑直徑為 10 微米，在室溫下的脈衝操作中顯示出 25 毫安的閾值電流，雷射波長約在 400 nm 附近，並且在 TE 電場偏振下具有 0.5 nm 的線寬，雷射光束的發散度為 10 度。這種 TiO$_2$-HCG VCSEL 的展示了實現

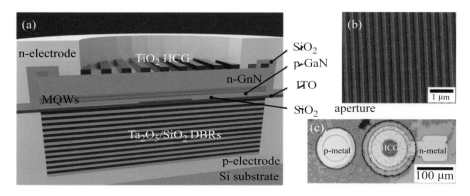

圖 7-31　(a) 具電極結構的 HCG 氮化鎵 VCSEL 的三維示意圖。元件製作從在 ITO 和 p-GaN 上沉積介電質 DBR 開始，翻轉黏合到矽基板上，通過雷射光誘導剝離去除藍寶石，將 n-GaN 拋光到約 4.5 微米的厚度，然後沉積 TiO$_2$，再通過電子束微影和蝕刻來創建 HCG 結構。(b) TiO$_2$ HCG 結構的平面掃描電子顯微鏡圖像。光柵的週期為 344 nm，高度為 112 nm，DC 為 48%。(c) 由光學顯微鏡拍攝的 HCG 氮化鎵 VCSEL 的頂視圖像。可以看到 HCG 和 n/p 接觸金屬區域。

固定極化功能的新方式，並且還可以帶來額外的好處，例如在生長後再以 HCG 的條件來調整共振波長！該研究團隊更進一步將 HCG 直接做在 GaN 的表面，如此一來可以大幅降低 TiO$_2$ 帶來的光學吸收損耗，使其閾值電流下降到 10.2 毫安，並同樣維持在 TE 電場偏振的雷射光，更可以簡化製程的步驟與材料 [58]。

目前 GaN VCSEL 的發展仍有許多不同製程方式與結構不斷被提出，此外研究團隊也紛紛在尋找能更有效簡化製程步驟以及提高樣品良率的方法，使得目前元件得以連續電流注入下操作且操作溫度可達 350 K，單一雷射元件的輸出功率可提升至 15 mW 以上的商業應用程度 [59][60]，而陣列型的雷射功率也可達瓦級以上 [61]，但在成本與製程考量下何種結構與製程的最佳方案都還尚未定論，其相關應用都尚在開發中，相信在不久的未來可以看到藍光 VCSEL 元件成功導入商業化並展現出相當優異的特性，以應用在如超小型高亮度同調光源或甚至以二維陣列的方式應用在大型雷射投影上。

參考資料

[1] I. Akasaki, H. Amano, K. Itoh, N. Koide, and K. Manabe, "GaN based UV/blue light-emitting devices," Inst. Phys. Conf. Ser., vol. 129, pp. 851-856, 1992.

[2] S. Nakamura, M. Senoh, S.-I. Nagahama, N. Iwasa, T. Yamada, T. Matsushita, H. Kiyoku, Y. Sugimoto, T. Kozaki, H. Umemoto, M. Sano, and K. Chocho, "Violet InGaN/GaN/AlGaN-based laser diodes with an output power of 420 mW," Jpn. J. Appl. Phys., vol. 37, pp. L627-L629, 1998.

[3] H. M. Ng, T. D. Moustakas, and S. N. G. Chu, "High reflectivity and broad bandwidth AlN/GaN distributed Bragg reflectors grown by molecular-beam epitaxy," Appl. Phys. Lett., vol. 76, pp. 2818, 2000.

[4] G. S. Huang, T. C. Lu, H. H. Yao, H. C. Kuo, S. C. Wang, C.-W. Lin, and L. Chang, "Crack-free GaN/AlN distributed Bragg reflectors incorporated with GaN/AlN superlattices grown by metalorganic chemical vapor deposition," Appl. Phys. Lett., vol. 88, pp. 061904, 2006.

[5] T. Someya and Y. Arakawa, "Highly reflective GaN/Al$_{0.34}$Ga$_{0.66}$N quarter-wave reflectors grown by metal organic chemical vapor deposition," Appl. Phys. Lett., vol. 73, pp. 3653, 1998.

[6] K. E. Waldrip, J. Han, J. J. Figiel, H. Zhou, E. Makarona, and A. V. Nurmikko, "Stress

engineering during metalorganic chemical vapor deposition of AlGaN/GaN distributed Bragg reflectors," Appl. Phys. Lett., vol. 78, pp. 3205, 2001.

[7] J.-F. Carlin and M. Ilegems, "High-quality AlInN for high index contrast Bragg mirrors lattice matched to GaN," Appl. Phys. Lett., vol. 83, pp. 668-670, 2003.

[8] E. Feltin, J.-F. Carlin, J. Dorsaz, G. Christmann, R. Butté, M.Laügt, M. llegems, and N. Grandjean, "Crack-free highly reflective AlInN/AlGaN Bragg mirrors for UV applications," Appl. Phys. Lett. 88 pp. 051108, 2006

[9] X. H. Zhang, S. J. Chua, W. Liu, L. S. Wang, A. M. Yong, and S. Y. Chow, "Crack-free fully epitaxial nitride microcavity with AlGaN/GaN distributed Bragg reflectors and InGaN/GaN quantum wells," Appl. Phys. Lett., vol. 88, pp. 191111, 2006.

[10] J. M. Redwing, D. A. S. Loeber, N. G. Anderson, M. A. Tischler, and J. S. Flynn, "An optically pumped GaN-AlGaN vertical cavity surface emitting laser," Appl. Phys. Lett., vol. 69, pp. 1-3, 1996.

[11] T. Someya, K. Tachibana, J. Lee, T. Kamiya, and Y. Arakawa, "Lasing emission from an In0.1Ga0.9N vertical cavity surface emitting laser," Jpn. J. Appl. Phys., vol. 37, pp. L1424-L1426, 1998.

[12] Y.-K. Song, H. Zhou, M. Diagne, I. Ozden, A. Vertikov, A. V. Nurmikko, C. Carter-Coman, R. S. Kern, F. A. Kish, and M. R. Krames, "A vertical cavity light emitting InGaN quantum well heterostructure," Appl. Phys. Lett., vol. 74, pp. 3441-3443, 1999.

[13] T. Someya, R. Werner, A. Forchel, M. Catalano, R. Cingolani, and Y. Arakawa, "Room temperature lasing at blue wavelengths in gallium nitride microcavities," Science, vol. 285, pp. 1905-1906, 1999.

[14] T. Tawara, H. Gotoh, T. Akasaka, N. Kobayashi, and T. Saitoh, "Low-threshold lasing of InGaN vertical-cavity surface-emitting lasers with dielectric distributed Bragg reflectors," Appl. Phys. Lett., vol. 83, pp. 830-832, 2003.

[15] C.-C. Kao, Y. C. Peng, H. H. Yao, J. Y. Tsai, Y. H. Chang, J. T. Chu, H. W. Huang, T. T. Kao, T. C. Lu, H. C. Kuo, and S. C. Wang, "Fabrication and performance of blue GaN-based vertical-cavity surface emitting laser employing AlN/GaN and Ta2O5/SiO2 distributed Bragg reflector," Appl. Phys. Lett., vol. 87, pp. 081105, 2005.

[16] J.-T. Chu, T.-C. Lu, M. You, B.-J. Su, C.-C. Kao, H.-C. Kuo, and S.-C. Wang, "Emission characteristics of optically pumped GaN-based vertical-cavity surface-emitting lasers," Appl.

Phys. Lett., vol. 89, pp. 121112, 2006.

[17] T-C. Lu, C.-C. Kuo, H.-C. Kuo, G.-S. Huang, and S.-C. Wang, "CW lasing of current injection blue GaN-based vertical cavity surface emitting laser," Appl. Phys. Lett., vol. 92, pp. 141102, 2008.

[18] Y. Higuchi, K. Omae, H. Matsumura, T. Mukai, "Room-temperature CW lasing of a GaN-based vertical-cavity surface-emitting laser by current injection," Appl. Phys. Express vol. 1, pp. 121102, 2008

[19] T-C. Lu, S.-W Chen, C.-K. Chen, T.-T Wu, C.-H Chen, P.-M. Tu, Z.-Y Li, H.-C. Kuo, and S.-C. Wang "CW Operation of Current Injected GaN Vertical Cavity Surface Emitting Lasers at Room Temperature," Appl. Phys. Lett., vol. 97, pp. 071114, 2010.

[20] B.-S. Cheng, Y.-L. Wu, T.-C. Lu, C.-H. Chiu, C.-H. Chen, P.-M. Tu, H.-C. Kuo, S.-C. Wang, C.-Y. Chang, "High Q microcavity light emitting diodes with buried AlN current apertures," Appl. Phys. Lett., vol. 99, pp. 041101, 2011.

[21] G. Cosendey, A. Castiglia, G. Rossbach, J.-F. Carlin, N. Grandjean, "Blue monolithic AlInN-based vertical cavity surface emitting laser diode on free-standing GaN substrate," Appl. Phys. Lett., vol. 101, pp. 151113, 2012.

[22] E. Hashemi, J. Bengtsson, J. Gustavsson, M. Stattin, G. Cosendey, N. Grandjean, A. Haglund, "Analysis of structurally sensitive loss in GaN-based VCSEL cavities and its effect on modal discrimination," Opt. Express, vol. 22, pp. 411, 2014.

[23] E. Hashemi, J. Bengtsson, J. Gustavsson, M. Calciati, M. Goano, A. Haglund, "Thermal lensing effects on lateral leakage in GaN-based vertical-cavity surface-emitting laser cavities," Opt. Express, vol. 25, pp., 2017.

[24] Y.Y. Lai, S.C. Huang, T.L. Ho, T.C. Lu, S.C. Wang, "Numerical analysis on current and optical confinement of III-nitride vertical-cavity surface-emitting lasers," Opt. Express, vol. 22, pp., 2014.

[25] Y.-Y. Lai, Y.-H. Chou, Y.-S. Wu, Y.-P. Lan, T.-C. Lu, S.-C. Wang, "Fabrication and characteristics of a GaN-based microcavity laser with shallow etched mesa," Appl. Phys. Express, vol. 7, pp. 062101, 2014.

[26] Y.Y. Lai, T.C. Chang, Y.C. Li, T.C. Lu, S.C. Wang, "Electrically Pumped III-N Microcavity Light Emitters Incorporating an Oxide Confinement Aperture," Nanoscale Res. Lett., vol. 12, pp., 2017.

[27] P.S. Yeh, C.C. Chang, Y.T. Chen, D.W. Lin, J.S. Liou, C.C. Wu, J.H. He, H.C. Kuo, "GaN-based vertical-cavity surface emitting lasers with sub-milliamp threshold and small divergence angle," Appl. Phys. Lett., vol. 109, pp. 241103, 2016.

[28] T. Furuta, K. Matsui, K. Horikawa, K. Ikeyama, Y. Kozuka, S. Yoshida, T. Akagi, T. Takeuchi, S. Kamiyama, M. Iwaya, I. Akasaki, "Room-temperature CW operation of a nitride-based vertical-cavity surface-emitting laser using thick GaInN quantum wells," Jpn. J. Appl. Phys., vol. 55, pp. 05fj11, 2016.

[29] K. Ikeyama, Y. Kozuka, K. Matsui, S. Yoshida, T. Akagi, Y. Akatsuka, N. Koide, T. Takeuchi, S. Kamiyama, M. Iwaya, I. Akasaki, "Room-temperature continuous-wave operation of GaN-based vertical-cavity surface-emitting lasers with n-type conducting AlInN/GaN distributed Bragg reflectors," Appl. Phys. Express, vol. 9, pp. 102101, 2016.

[30] K. Matsui, Y. Kozuka, K. Ikeyama, K. Horikawa, T. Furuta, T. Akagi, T. Takeuchi, S. Kamiyama, M. Iwaya, I. Akasaki, "GaN-based vertical cavity surface emitting lasers with periodic gain structures," Jpn. J. Appl. Phys., vol. 55, pp. 05fj08, 2016.

[31] K.F. Matsui, Takashi; Hayashi, Natsumi; Kozuka, Yugo; Akagi, Takanobu; Takeuchi, Tetsuya; Kamiyama, Satoshi; Iwaya, Motoaki; Akasaki, Isamu "3-mW RT-CW GaN-Based VCSELs and Their Temperature Dependence," Present at the IWN, Orlando, USA, 2016.

[32] N. Hayashi, J. Ogimoto, K. Matsui, T. Furuta, T. Akagi, S. Iwayama, T. Takeuchi, S. Kamiyama, M. Iwaya, I. Akasaki, "A GaN-Based VCSEL with a Convex Structure for Optical Guiding," Phys. Status Solidi A, vol. 215, pp. 1700648, 2018.

[33] M. Kuramoto, S. Kobayashi, T. Akagi, K. Tazawa, K. Tanaka, T. Saito, T. Takeuchi, "Enhancement of slope efficiency and output power in GaN-based vertical-cavity surface-emitting lasers with a SiO2-buried lateral index guide," Appl. Phys. Lett., vol. 112, pp. 111104, 2018.

[34] S. Mishkat-Ul-Masabih, J. Leonard, D. Cohen, S. Nakamura, D. Feezell, "Techniques to reduce thermal resistance in flip-chip GaN-based VCSELs," Phys. Status Solidi A, vol. 214, pp. 1600819, 2017.

[35] Y. Mei, R.-B. Xu, H. Xu, L.-Y. Ying, Z.-W. Zheng, B.-P. Zhang, M. Li, J. Zhang, "A comparative study of thermal characteristics of GaN-based VCSELs with three different typical structures," Semicond. Sci. Technol., vol. 33, pp. 015016, 2018.

[36] Y. Higuchi, K. Omae, H. Matsumura, T. Mukai, "Room-Temperature CW Lasing of a GaN-

Based Vertical-Cavity Surface-Emitting Laser by Current Injection," Appl. Phys. Express, vol. 1, pp. 121102, 2008.

[37] K. Omae, Y. Higuchi, K. Nakagawa, H. Matsumura, T. Mukai, "Improvement in Lasing Characteristics of GaN-based Vertical-Cavity Surface-Emitting Lasers Fabricated Using a GaN Substrate," Appl. Phys. Express, vol. 2, pp. 052101, 2009.

[38] D. Kasahara, D. Morita, T. Kosugi, K. Nakagawa, J. Kawamata, Y. Higuchi, H. Matsumura, T. Mukai, "Demonstration of Blue and Green GaN-Based Vertical-Cavity Surface-Emitting Lasers by Current Injection at Room Temperature," Appl. Phys. Express, vol. 4, pp. 072103, 2011.

[39] T. Onishi, O. Imafuji, K. Nagamatsu, M. Kawaguchi, K. Yamanaka, S. Takigawa, "Continuous Wave Operation of GaN Vertical Cavity Surface Emitting Lasers at Room Temperature," IEEE J. Quantum Electron., vol. 48, pp. 1107, 2012.

[40] W.-J. Liu, X.-L. Hu, L.Y. Ying, J.-Y. Zhang, B.-P. Zhang, "Room temperature continuous wave lasing of electrically injected GaN-based vertical cavity surface emitting lasers," Appl. Phys. Lett., vol. 104, pp. 251116, 2014.

[41] T.-C. Chang, S.-Y. Kuo, J.-T. Lian, K.-B. Hong, S.-C. Wang, T.-C. Lu, "High-temperature operation of GaN-based vertical-cavity surface-emitting lasers," Appl. Phys. Express, vol. 10, pp. 112101, 2017.

[42] C. Holder, J.S. Speck, S.P. DenBaars, S. Nakamura, D. Feezell, "Demonstration of Nonpolar GaN-Based Vertical-Cavity Surface-Emitting Lasers," Appl. Phys. Express, vol. 5, pp. 092104, 2012.

[43] C.O. Holder, J.T. Leonard, R.M. Farrell, D.A. Cohen, B. Yonkee, J.S. Speck, S.P. DenBaars, S. Nakamura, D.F. Feezell, "Nonpolar III-nitride vertical-cavity surface emitting lasers with a polarization ratio of 100% fabricated using photoelectrochemical etching," Appl. Phys. Lett., vol. 105, pp. 031111, 2014.

[44] J.T. Leonard, D.A. Cohen, B.P. Yonkee, R.M. Farrell, T. Margalith, S. Lee, S.P. DenBaars, J.S. Speck, S. Nakamura, "Nonpolar III-nitride vertical-cavity surface-emitting lasers incorporating an ion implanted aperture," Appl. Phys. Lett., vol. 107, pp. 011102, 2015.

[45] J.T. Leonard, E.C. Young, B.P. Yonkee, D.A. Cohen, T. Margalith, S.P. DenBaars, J.S. Speck, S. Nakamura, "Demonstration of a III-nitride vertical-cavity surface-emitting laser with a III-nitride tunnel junction intracavity contact," Appl. Phys. Lett., vol. 107, pp. 091105, 2015.

[46] J.T. Leonard, B.P. Yonkee, D.A. Cohen, L. Megalini, S. Lee, J.S. Speck, S.P. DenBaars, S. Nakamura, "Nonpolar III-nitride vertical-cavity surface-emitting laser with a photoelectrochemically etched air-gap aperture," Appl. Phys. Lett., vol. 108, pp. 031111, 2016.

[47] C.A. Forman, S. Lee, E.C. Young, J.A. Kearns, D.A. Cohen, J.T. Leonard, T. Margalith, S.P. DenBaars, S. Nakamura, "Continuous-wave operation of m-plane GaN-based vertical-cavity surface-emitting lasers with a tunnel junction intracavity contact," Appl. Phys. Lett., vol. 112, pp. 111106, 2018.

[48] S. Lee, C.A. Forman, C. Lee, J. Kearns, E.C. Young, J.T. Leonard, D.A. Cohen, J.S. Speck, S. Nakamura, S.P. DenBaars, "GaN-based vertical-cavity surface-emitting lasers with tunnel junction contacts grown by metal-organic chemical vapor deposition," Appl. Phys. Express, vol. 11, pp. 062703, 2018.

[49] S. Okur, R. Shimada, F. Zhang, S.D.A. Hafiz, J. Lee, V. Avrutin, H. Morkoç, A. Franke, F. Bertram, J. Christen, Ü. Özgür, "GaN-Based Vertical Cavities with All Dielectric Reflectors by Epitaxial Lateral Overgrowth," Jpn. J. Appl. Phys., vol. 52, pp. 08jh03, 2013.

[50] S. Izumi, N. Fuutagawa, T. Hamaguchi, M. Murayama, M. Kuramoto, H. Narui, "Room-temperature continuous-wave operation of GaN-based vertical-cavity surface-emitting lasers fabricated using epitaxial lateral overgrowth," Appl. Phys. Express, vol. 8, pp. 062702, 2015.

[51] T. Hamaguchi, H. Nakajima, M. Ito, J. Mitomo, S. Satou, N. Fuutagawa, H. Narui, "Lateral carrier confinement of GaN-based vertical-cavity surface-emitting diodes using boron ion implantation," Jpn. J. Appl. Phys., vol. 55, pp. 122101, 2016.

[52] T. Hamaguchi, N. Fuutagawa, S. Izumi, M. Murayama, H. Narui, "Milliwatt-class GaN-based blue vertical-cavity surface-emitting lasers fabricated by epitaxial lateral overgrowth," Phys. Status Solidi A, vol. 213, pp. 1170, 2016.

[53] T. Hamaguchi, M. Tanaka, J. Mitomo, H. Nakajima, M. Ito, M. Ohara, N. Kobayashi, K. Fujii, H. Watanabe, S. Satou, R. Koda, H. Narui, "Lateral optical confinement of GaN-based VCSEL using an atomically smooth monolithic curved mirror," Sci Rep, vol. 8, pp. 10350, 2018.

[54] M. C. Y. Huang, Y. Zhou, C. J. Chang-Hasnain, "A surface-emitting laser incorporating a high-index-contrast subwavelength grating." Nat. Photonics, Vol. 1(2), pp. 119. 2007

[55] 張祖齊。「高折射率差光柵氮化鎵垂直共振腔面射型雷射之研究」。博士論文，國立交通大學光電工程研究所，(2019)

[56] Tsu-Chi Chang, Kuo-Bin Hong, Shuo-Yi Kuo, and Tien-Chang Lu, "Demonstration of

polarization control GaN-based micro-cavity lasers using a rigid high-contrast grating reflector," Sci. Rep. Vol. 9, pp. 13055, (2019)

[57] Tsu-Chi Chang, Ehsan Hashemi, Kuo-Bin Hong, Jörgen Bengtsson, Johan Gustavsson, Åsa Haglund and Tien-Chang Lu, "Electrically injected GaN-based vertical-cavity surface-emitting lasers with TiO2 high-index-contrast grating reflectors," ACS Photonics, Vol. 7(4), pp. 861 (2020)

[58] Kuo-Bin Hong, Tsu-Chi Chang, Filip Hjort, Niclas Lindvall, Wen-Hsuan Hsieh, Wei-Hao Huang, Po-Hsun Tsai, Tomasz Czyszanowski, Åsa Haglund, and Tien-Chang Lu, "Monolithic high-index contrast grating mirror for GaN-based vertical-cavity surface-emitting laser," Photon. Res., Vol. 9(11), pp. 2214, (2021)

[59] H. Nakajima, T. Hamaguchi, M. Tanaka, M. Ito, T. Jyokawa, T. Matou, K. Hayashi, M. Ohara, N. Kobayashi, H. Watanabe, R. Koda, K. Yanashima, "Single transverse mode operation of GaN-based vertical-cavity surface-emitting laser with monolithically incorporated curved mirror." Appl. Phys. Express. Vol. 12, pp. 084003, (2019)

[60] M. Kuramoto, S. Kobayashi, K. Tazawa, K. Tanaka, T. Akagi, T. Saito, "In-phase supermode operation in GaN-based vertical-cavity surface-emitting laser." Appl. Phys. Lett. Vol. 115, pp. 041101, (2019)

[61] M. Kuramoto, S. Kobayashi, T. Akagi, K. Tazawa, K. Tanaka, K. Nakata, T. Saito, "Watt-class blue vertical-cavity surface-emitting laser arrays." Appl. Phys. Express. Vol. 12, pp. 091004, (2019)

國家圖書館出版品預行編目資料

VCSEL技術原理與應用／盧廷昌,尤信介著.
－－二版.－－臺北市：五南, 2023.10
面；　公分
ISBN 978-626-366-644-3(平裝)

1.CST: 雷射光學　2.CST: 半導體

448.68　　　　　　　　　　112015890

5DK8

VCSEL技術原理與應用

作　　　者 ── 盧廷昌（395.7）、尤信介（438.2）

發 行 人 ── 楊榮川

總 經 理 ── 楊士清

總 編 輯 ── 楊秀麗

副總編輯 ── 王正華

責任編輯 ── 金明芬、張維文

封面設計 ── 王麗娟、陳亭瑋

出 版 者 ── 五南圖書出版股份有限公司

地　　　址：106台北市大安區和平東路二段339號4樓

電　　　話：(02)2705-5066　傳　　　真：(02)2706-6100

網　　　址：https://www.wunan.com.tw

電子郵件：wunan@wunan.com.tw

劃撥帳號：01068953

戶　　　名：五南圖書出版股份有限公司

法律顧問　林勝安律師

出版日期　2019年 9 月初版一刷
　　　　　2023年10月二版一刷

定　　　價　新臺幣560元

經典永恆・名著常在

五十週年的獻禮——經典名著文庫

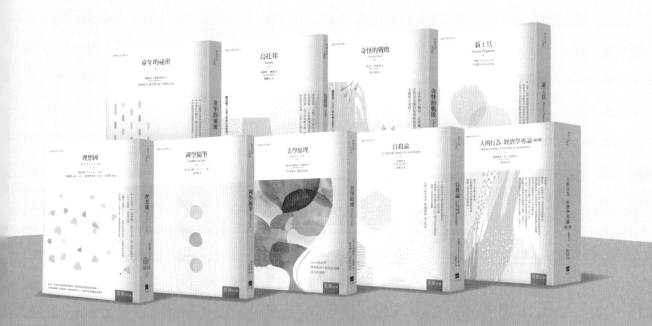

五南，五十年了，半個世紀，人生旅程的一大半，走過來了。

思索著，邁向百年的未來歷程，能為知識界、文化學術界作些什麼？

在速食文化的生態下，有什麼值得讓人雋永品味的？

歷代經典・當今名著，經過時間的洗禮，千錘百鍊，流傳至今，光芒耀人；

不僅使我們能領悟前人的智慧，同時也增深加廣我們思考的深度與視野。

我們決心投入巨資，有計畫的系統梳選，成立「經典名著文庫」，

希望收入古今中外思想性的、充滿睿智與獨見的經典、名著。

這是一項理想性的、永續性的巨大出版工程。

不在意讀者的眾寡，只考慮它的學術價值，力求完整展現先哲思想的軌跡；

為知識界開啟一片智慧之窗，營造一座百花綻放的世界文明公園，

任君遨遊、取菁吸蜜、嘉惠學子！